Go

语言之路

李文周 著

电子工业出版社
Publishing House of Electronics Industry
北京·BEIJING

内 容 简 介

Go 语言具有简捷明了的语法、标准库，生态系统丰富，支持并发编程和跨平台编译，适合开发大型应用。本书基于 Go 1.20 版本编写，对 Go 语言的语法和使用方法进行了详尽的介绍，包括基础语法、数组、切片、映射、函数、类型、包与依赖管理、接口、反射、并发编程、泛型、测试、常用标准库和第三方库的基本原理及使用方法，并力图通过最佳实践案例详细讲解使用过程中遇到的常见问题和解决方法，以期帮助读者读者更好地理解 Go 语言的语法特性和应用技巧。

本书适合有一定编程基础的 Go 语言初学者阅读。

图书在版编目（CIP）数据

Go 语言之路 / 李文周著. —北京：电子工业出版社，2023.11
ISBN 978-7-121-46627-4

Ⅰ.①G… Ⅱ.①李… Ⅲ.①程序语言－程序设计 Ⅳ.①TP312

中国国家版本馆 CIP 数据核字（2023）第 214095 号

责任编辑：张　晶
印　　刷：三河市良远印务有限公司
装　　订：三河市良远印务有限公司
出版发行：电子工业出版社
　　　　　北京市海淀区万寿路 173 信箱　　邮编：100036
开　　本：787×980　　1/16　　印张：30.25　　字数：726 千字
版　　次：2023 年 11 月第 1 版
印　　次：2023 年 11 月第 1 次印刷
定　　价：100.00 元

凡所购买电子工业出版社图书有缺损问题，请向购买书店调换。若书店售缺，请与本社发行部联系，联系及邮购电话：(010) 88254888，88258888。

质量投诉请发邮件至 zlts@phei.com.cn，盗版侵权举报请发邮件至 dbqq@phei.com.cn。

本书咨询联系方式：faq@phei.com.cn。

前　　言

Go 语言于 2007 年诞生，目前已经成为主流编程语言之一。

Go 语言早期主要在 Google 内部用以解决大规模并发访问和网络通信的问题。2012 年，Go 语言发布了 1.0 版本，这标志着 Go 语言的成熟和稳定。

2013—2018 年，随着云计算和微服务的发展，Go 语言逐渐受到了业界的关注。许多大型企业和组织开始采用 Go 语言进行开发，例如 Dropbox、SoundCloud、Uber、字节跳动、滴滴等。Go 语言在云原生领域得到了广泛应用，成为 Kubernetes 等云原生系统的默认编程语言之一。

随着社区的不断壮大，Go 语言逐渐成为一门主流编程语言。越来越多的开发者加入 Go 语言的社区，贡献了大量的库、框架和工具。同时，Go 语言在不断地进行标准化和完善，不断推出新的特性。

近年来，Go 语言迅速占领了开发领域的重要地位，成为众多公司和开发者的首选语言。其简捷、高效、并发性强的特点使得它在处理大型系统和复杂工程问题时表现出色，为开发者提供了良好的体验。随着云计算、容器化、微服务、服务网格等技术的兴起，Go 语言的应用场景愈发广泛，这也进一步推动其社区的繁荣和发展。可以预见，Go 语言的发展前景将会更加广阔。

本书由来

Go 语言与传统的面向对象编程语言有很大的不同，对于初学者可能是一项挑战。2015 年年底，我因为工作原因接触了 Go 语言，那时网上关于 Go 语言的学习资料不多，我就边查资料边学习，并把自己的学习笔记发布到博客（liwenzhou.com）上，这个习惯一直坚持下来。现在，我把学习 Go

语言的笔记和心得整理成这本书，形成一份 Go 语言学习指南，希望能帮助更多的读者加入 Gopher 大家庭。

我一直认为学习新技术的最快方法是尽快用起来。本书的特色在于结合实际案例讲解每一个知识点，这些案例有的是我接触过的项目，有的是练习题，还有的是常见的应用场景。通过这些案例，读者可以更好地理解 Go 语言的语法特性和应用技巧。

本书结构

本书共有 14 章，第 1 章介绍 Go 语言的发展简史和特性，并带领读者搭建 Go 语言开发环境。第 2 章到第 5 章介绍 Go 语言的基础概念，包括基础语法、基本数据类型、函数和结构体类型。第 6 章介绍 Go 语言包的概念以及如何通过 Go modules 进行依赖管理。第 7 章介绍 Go 语言的接口类型和面向接口编程理念。第 8 章介绍在 Go 语言中使用运行时反射的方法。第 9 章介绍 Go 语言内置的并发原语——goroutine 和 channel，并列举了一些常用的并发编程范式。第 10 章介绍 Go 语言中泛型的概念和适用场景。第 11 章介绍单元测试和基础性能测试，包括 Go 语言内置的 go test 工具及常见的测试工具和方法。第 12 章介绍常用标准库，如 fmt、het/http 等。第 13 章介绍常用第三方库，包括数据库访问、Web 开发、日志和配置管理等。第 14 章则列举了一些我收集的 Go 语言最佳实践案例。

关于本书中的代码

本书中的代码片段和部分习题答案可以在 Github 代码仓库 "Q1mi/the-road- to-learn-golang" 中找到。其中 code-snippets 文件夹存放的是书中的代码片段，exercise-answers 文件夹存放的是课后习题的参考答案。

学习资料

Go 语言社区非常活跃，初学者可以很容易地在社区中找到学习资料。

- golang.org 是开源 Go 项目和 Go 发行版的主页。
- go.dev 是 Go 开发者中心，有丰富的学习资源、Go 特性的使用示例以及企业使用 Go 的典型案例。
- pkg.go.dev 是 Go 语言依赖包的检索中心。

致谢

感谢电子工业出版社的编辑张晶老师，一直激励、帮助我完成这本书。

感谢每一位阅读我文章的读者和给予反馈的读者。

感谢我的家人一直在背后默默地支持我。

最后，我想感谢所有支持和关注我的人们，正是有你们的支持和鼓励，我才能不断地学习和进步。希望这本书能够为想要学习和掌握 Go 语言的朋友提供一些帮助。谢谢你们！

李文周

目　　录

第 1 章

概述

本章学习目标

- 了解 Go 语言发展历史。
- 熟悉 Go 语言的语法特性。
- 安装 Go 语言和开发工具。
- 编写第一个 Go 语言程序。

Go 语言自 2012 年公开发布后，凭借语法简单且运行效率高的特性，被越来越多的公司和开发者选为主要的开发语言。

1.1 Go 语言简介

Go 是一种开源编程语言，它可以构建简单、可靠、高效的程序。Go 语言起源于 2007 年，并在 2009 年正式对外发布。

1.1.1 Go 语言发展简史

Go 语言是静态强类型、编译型、自带垃圾回收功能的编程语言，它内存安全，原生支持并发、指针和泛型，具有强大的标准库，同时具有良好的代码跨平台性。

Go 语言自开源以来，一直在持续迭代、升级，不断完善语言特性，优化自身性能。Go 语言的主要发布历史如下。

- 2007 年 9 月 21 日：Robert Griesemer、Rob Pike 和 Ken Thompson 计划创造一门新的语言（Go 语言），并进入雏形设计阶段。

- 2009 年 11 月 10 日：首次对外发布，正式开源。
- 2012 年 03 月 28 日：Go 1.0 发布。
- 2013 年 08 月 19 日：Go 1.5 发布，完成"自举"。
- 2018 年 08 月 24 日：Go 1.11 发布，引入 go modules，完善 Go 语言依赖管理。
- 2022 年 03 月 15 日：Go1.18 发布，引入泛型。

1.1.2 Go 语言特性

世界上已经有太多太多的编程语言了，为什么还需要 Go 语言？

目前，市面上的大多数编程语言（如 Java、Python 等）基于单线程环境，虽然一些编程语言的框架在不断地提高多核资源的使用效率，例如 Java 的 Netty 等，但开发人员仍然需要花费大量时间和精力弄明白这些框架的运行原理。

为并发而生

在 Go 语言发布的 2009 年，多核处理器已经上市。Go 语言在多核并发上拥有原生的设计优势，从底层原生支持并发，无须第三方库，开发者无须具有相关编程技巧和开发经验。

很多公司，特别是中国的互联网公司，即将或者已经使用 Go 语言完成对旧系统的改造。经过改造的系统可以使用更少的硬件资源获得更高的并发和 I/O 吞吐能力。Go 语言能够充分挖掘硬件的潜力，适合当前精细化运营的市场大环境。

Go 语言基于 goroutine 并发，可以将 goroutine 理解为一种虚拟线程。Go 语言运行时会参与调度 goroutine，并将 goroutine 合理地分配到每个 CPU 中，从而最大限度地利用 CPU 资源。开启一个 goroutine 的消耗非常小（大约 2KB），你可以轻松创建数百万个 goroutine。

goroutine 的特点如下。

- 具有可增长的分段堆栈，这意味着它们只在需要时才会使用更多内存。
- 启动时间比线程快。
- 原生支持利用 channel 安全地进行通信。
- 共享数据结构时无须使用互斥锁。
- 启动 goroutine 非常简单，只需在函数调用前添加 go 关键字。

性能强悍

同 C、C++一样，Go 语言也是编译型的语言，它直接将人类可读的代码编译成处理器可以直接运行的二进制文件，比 Python、PHP 等解释型语言的执行效率更高，性能更好。

Go 语言在性能上更接近 Java，虽然它在某些测试用例上的表现不如 Java，但毕竟 Java 已经经历了多年的积累和优化。未来的 Go 语言会通过不断优化来提升单核运行性能。

语法简捷

Go 语言简单易学，学习曲线平缓，不像 C、C++ 动辄需要两到三年的学习期。Go 语言的风格类似于 C 语言，被称为"互联网时代的 C 语言"。它的语法在 C 语言的基础上进行了大幅的简化，去掉了不需要的表达式括号，只有 for 一种循环表示方法，却可以实现数值、键-值等各种遍历。

代码风格统一

Go 语言提供了一套格式化工具——go fmt。在不同的开发环境或者编辑器中，可以使用格式化工具对代码进行修改，这样就保证了不同开发者提交的代码格式是统一的。

开发效率高

Go 语言实现了开发效率与执行效率的完美结合，让你"以 Python 的开发效率实现 C 的性能"，如图 1-1 所示。

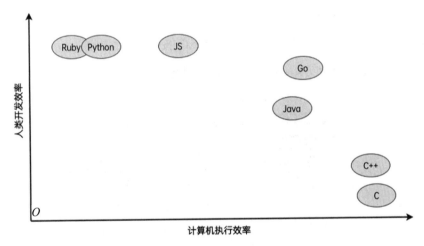

图 1-1

目前，Go 语言主要用于业务开发、网络开发、系统工具开发、数据库开发和区块链开发。近年来，Go 语言在云原生领域的应用也十分火热，很多著名的开源项目，例如 Docker、Kubernetes、etcd 和 Prometheus 等都是使用 Go 语言开发的。

1.2　下载与安装

可从 Go 官网[1]下载安装文件。

1　https://golang.org/dl/。

在 Windows 操作系统和 macOS 操作系统下，推荐下载可执行文件版；在 Linux 操作系统下，推荐下载压缩文件版。图 1-2 中的版本可能不是最新的，但各版本的安装方法是类似的。Go 语言更新迭代比较快，推荐使用最新版本，体验最新特性。

图 1-2

Windows 操作系统

我们以 64 位 Windows 10 操作系统为例演示如何安装 Go1.21.3 可执行文件。

（1）将安装文件下载到本地。

（2）双击安装文件，在弹出的选项卡中单击"Next"按钮，开始安装。

（3）在弹出的对话框中指定安装目录，如图 1-3 所示，建议选择容易记住的目录。然后单击"Next"按钮。

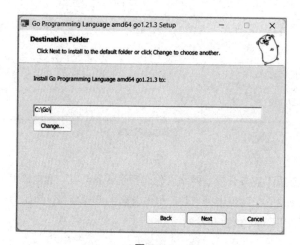

图 1-3

（4）在弹出的页面中单击"Install"按钮，继续安装，如图 1-4 所示。

（5）等待程序自动执行完毕，单击"Finish"按钮，结束安装。

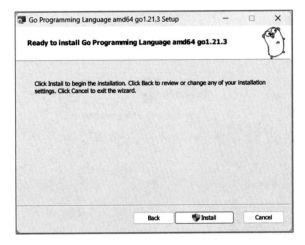

图 1-4

Linux 操作系统

除非你真的需要在 Linux 操作系统下编写代码，否则不需要在 Linux 操作系统下安装 Go。你在电脑上编写的 Go 代码通过跨平台编译后得到的可执行文件可以直接复制到 Linux 服务器上运行。

在版本选择页面选择并下载好 go1.21.3.linux-amd64.tar.gz 文件。

```
wget https://go.dev/dl/go1.21.3.linux-amd64.tar.gz
```

将下载好的文件解压到/usr/local 目录下。

```
tar -zxvf go1.21.3.linux-amd64.tar.gz -C /usr/local  # 解压
```

如果提示没有权限，那么需要加上 sudo 以 root 用户的身份运行，执行完毕就可以在/usr/local/下看到 go 目录了。

Linux 下有两个文件可以配置环境变量，其中/etc/profile 是对所有用户生效的，$HOME/.profile 是对当前用户生效的。根据自己的情况打开一个文件，添加如下代码，保存并退出。

```
export GOROOT=/usr/local/go
export PATH=$PATH:$GOROOT/bin
```

修改 /etc/profile 后需要重启才能生效，修改 $HOME/.profile 后，使用 source 命令加载 $HOME/.profile 文件即可生效。

最后别忘记检查。

```
~ go version
go version go1.21.3 linux/amd64
```

macOS 操作系统

下载可执行文件，在安装界面单击"继续"按钮即可，如图 1-5 所示，默认安装路径为/usr/local/go。

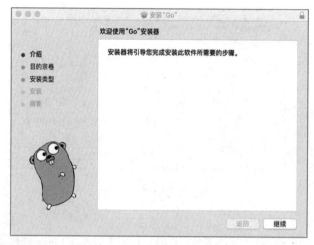

图 1-5

GOROOT 和 GOPATH 都是环境变量，其中 GOROOT 是 Go 的安装路径。从 Go 1.8 版本开始，Go 在安装完成后会自动为 GOPATH 设置一个目录，在 Go 1.14 及之后的版本中，Go Module 模式的启用使得我们不一定要将代码写到 GOPATH 目录下，因此**配置 GOPATH** 不再是必须的，使用默认设置即可。

在终端输入以下命令并按"Enter"键，即可查看计算机上的 GOPATH 路径。

```
go env
```

对于 Go 1.14 及之后的版本，推荐使用 go mod 模式管理依赖环境，该模式不再强制要求将代码写在 GOPATH 下面的 src 目录中，可以在计算机的任意位置编写 Go 代码。Go 语言还提供了一个 GOPROXY 控制 Go module 下载的源代码，确保 Go 项目构建的确定性和安全性。GOPROXY 的默认配置为 https://proxy.golang.org,direct，这里推荐使用 https://goproxy.io 或 https://goproxy.cn。

可以执行下面的命令修改 GOPROXY。

```
go env -w GOPROXY=https://goproxy.cn,direct
```

1.3　编辑器

Go 采用 UTF-8 编码的文本文件存放源代码，理论上使用任何一款文本编辑器都可以开发，这里推荐使用 VS Code 和 GoLand。VS Code 是微软公司开源的轻量级代码编辑器，而 GoLand 是 jetbrains 出品的付费 IDE。这里主要介绍 VS Code。

VS Code（Visual Studio Code）编辑器支持几乎所有的主流开发语言的语法高亮、智能代码补全、自定义热键、括号匹配、代码片段、代码对比 Diff、GIT 等特性，同时支持插件扩展，支持 Windows、macOS 及 Linux 操作系统。VS Code 添加 Go 扩展插件后足以满足日常的 Go 开发需求。

可以在 VS Code 官方[1]下载安装文件，请根据实际情况选择对应的安装包。

安装中文简体插件

单击左侧菜单栏最后一项管理扩展，在搜索框中输入 chinese，选中结果列表第一项，单击"Install"按钮安装。安装完毕后会提示重启 VS Code，之后即可显示中文。安装界面如图 1-6 所示。

图 1-6

VS Code 主界面如图 1-7 所示。

1　https://code.visualstudio.com/Download。

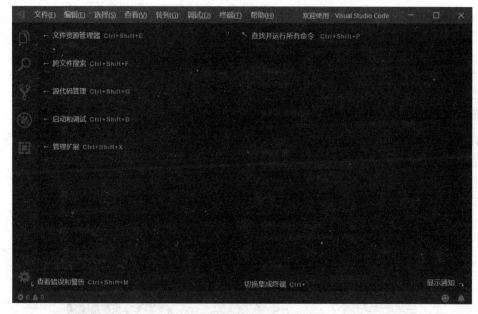

图 1-7

安装 Go 扩展插件

现在为 VS Code 编辑器安装 Go 扩展插件。单击左侧菜单栏最后一项管理扩展，在搜索框中输入 Go，选中结果列表第一项，单击"安装"按钮进行安装，如图 1-8 所示。

图 1-8

1.4　第一个程序

现在来创建第一个程序——hello。首先在桌面创建一个 hello 目录。

go mod init

在使用 go module 模式新建项目时，需要通过"go mod init 项目名"命令对项目进行初始化，该命令会在项目根目录下生成 go.mod 文件。例如，使用 hello 作为项目名称，执行如下命令。

```
go mod init hello
```

编写代码

接下来在该目录中创建一个 main.go 文件。

```
package main  // 声明 main 包，表明当前是一个可执行程序
import "fmt"  // 导入内置 fmt 包
func main(){  // main 函数，是程序执行的入口
    fmt.Println("Hello World!")  // 在终端输出 Hello World!
}
```

注意：如果此时右下角弹出提示让你安装插件，那么请务必单击"install all"按钮进行安装。在这一步之前，需要执行 go env -w GOPROXY=https://goproxy.cn,direct 命令配置 GOPROXY。

编译

go build 命令表示将源代码编译成可执行文件。在 hello 目录下执行以下命令。

```
go build
```

编译得到的可执行文件会保存在当前执行编译命令的目录下。Windows 操作系统会在当前目录下找到 hello.exe 可执行文件，然后在终端直接执行该文件。

```
c:\desktop\hello>hello.exe
Hello World!
```

还可以使用-o 参数来指定编译后得到的可执行文件的名字。

```
go build -o heiheihei.exe
```

切换默认终端

在 Windows 操作系统下，如果 VS Code 的终端界面出现如图 1-9 所示的场景（注意框选部分），那么表示 VS Code 此时正使用 powershell 作为默认终端。

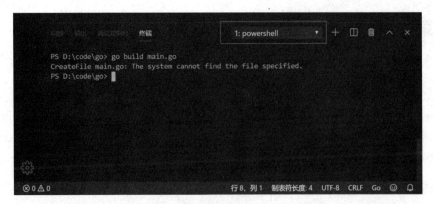

图 1-9

推荐将默认终端切换为 cmd.exe。单击 powershell 后的下拉提示符，在下拉菜单中选择选择"默认 Shell"，如图 1-10 所示。

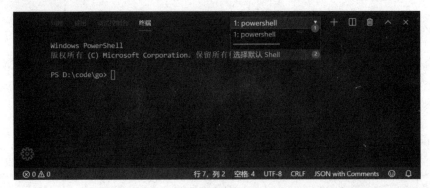

图 1-10

在选项卡中选中后缀为 cmd.exe 的选项，如图 1-11 所示。然后重启 VS Code 中已经打开的终端或者重启 VS Code。

图 1-11

如果没有出现下拉提示符，那么也没有关系，按下 Ctrl+Shift+P 组合键，会出现如图 1-12 所示的对话框，输入 shell，单击指定选项即可。

图 1-12

执行

go run 表示执行。go run main.go 也可以执行程序，该命令会将文件编译后在临时目录执行。

> **注意**：如果不清楚 go run 的执行机制，那么最好先使用 go build 对文件进行编译。

安装

go install 表示安装，该命令先编译源代码，得到可执行文件，然后将可执行文件移动到 GOPATH 的 bin 目录下。因为我们把 bin 目录添加到了环境变量中，所以可以在任何地方直接执行可执行文件。

跨平台编译

go build 生成的可执行文件默认都是当前操作系统的可执行文件，Go 语言支持跨平台编译，即可以在当前操作系统（例如 Windows）下编译其他操作系统（例如 Linux）的可执行文件。

如果想**在 Windows 操作系统下编译 Linux 可执行文件**，那么需要怎么做呢？只需要在编译时指定目标操作系统和处理器架构即可。

> **注意**：无论你在 Windows 操作系统下使用 VS Code 编辑器还是 GoLand 编辑器，都要注意终端的类型，因为不同终端的命令不一样。目前，Windows 操作系统通常默认使用 PowerShell 终端。

如果 Windows 操作系统使用的是 cmd，那么按如下方式指定环境变量。

```
SET CGO_ENABLED=0  // 禁用 CGO
SET GOOS=linux  // 目标操作系统是 Linux
SET GOARCH=amd64  // 目标处理器架构是 amd64
```

如果 Windows 操作系统使用的是 PowerShell 终端，那么设置环境变量的命令如下。

```
$ENV:CGO_ENABLED=0
$ENV:GOOS="linux"
$ENV:GOARCH="amd64"
```

在 Windows 终端下执行完上述命令后，再执行下面的命令，得到的就是能够在 Linux 操作系统下运行的可执行文件了。

```
go build
```

在 Windows 操作系统下编译 macOS 64 位可执行文件时，在 cmd 终端下执行如下命令。

```
SET CGO_ENABLED=0
SET GOOS=darwin
SET GOARCH=amd64
go build
```

在 PowerShell 终端下执行如下命令。

```
$ENV:CGO_ENABLED=0
$ENV:GOOS="darwin"
$ENV:GOARCH="amd64"
go build
```

在 **macOS 操作系统**下编译 **Linux 64** 位可执行文件的命令如下。

```
CGO_ENABLED=0 GOOS=linux GOARCH=amd64 go build
```

在 **macOS 操作系统**下编译 **Windows 64** 位可执行文件的命令如下。

```
CGO_ENABLED=0 GOOS=windows GOARCH=amd64 go build
```

在 **Linux 操作系统**下编译 **macOS 64** 位可执行文件的命令如下。

```
CGO_ENABLED=0 GOOS=darwin GOARCH=amd64 go build
```

在 **Linux 操作系统**下编译 **Windows 64** 位可执行文件的命令如下。

```
CGO_ENABLED=0 GOOS=windows GOARCH=amd64 go build
```

现在，开启你的 Go 语言学习之旅吧。

第 2 章

基础语法

本章学习目标

- 了解 Go 语言的语法规则。
- 熟悉 Go 语言中的关键字和保留字。
- 掌握变量与常量的声明和使用方法。
- 掌握 Go 语言中的基本数据类型。
- 掌握常用运算符和流程控制语句的使用方法。

就像学习汉语、英语一样，我们在学习一门新的编程语言之前也需要掌握语法，这里的语法可以简单理解为语言的规则，不同的编程语言有不同的语法规则。Go 语言的语法比大多数编程语言的语法简捷，相信各位读者都能很轻松地掌握。

在学习 Go 语言的语法之前，我们先介绍现代主流编程语言中几个常用的概念。

2.1　标识符

标识符是开发者定义的具有特定含义的符号。一门编程语言在设计时定义的标识符通常被称为关键字和预定义标识符，而我们在编程时使用的标识符是用来为变量、常量、函数等命名的，不能与语言内置的关键字重复。

Go 语言的标识符由字母（A~Z、a~z）、数字（0~9）和下画线(_)组成，并且只能以字母和下画线开头，例如 abc、_、_123、a123。

> **注意：** 标识符中的字母区分大小写，单独一个_也是合法的标识符。

关键字指编程语言中预先定义好的具有特殊含义的标识符。Go 语言中有如下 25 个关键字。

```
break        default      func        interface    select
case         defer        go          map          struct
chan         else         goto        package      switch
const        fallthrough  if          range        type
continue     for          import      return       var
```

此外，Go 语言中还有如下 37 个预定义的标识符，它们分别对应内置常量、类型和函数。

```
Constants:   true  false  iota  nil

    Types:   int  int8  int16  int32  int64
             uint  uint8  uint16  uint32  uint64  uintptr
             float32  float64  complex128  complex64
             bool  byte  rune  string  error

Functions:   make  len  cap  new  append  copy  close  delete
             complex  real  imag
             panic  recover
```

虽然我们可以将这些预定义标识符用作变量名，但是通常不推荐这样做。我们在代码中定义标识符时，应该避免与 Go 语言中内置的关键字和预定义标识符重复，以确保我们编写的代码是语义清晰和明确的。

2.2 变量

程序运行过程中使用的数据需要加载到内存中。当我们使用某个数据时，需要先找到存储该数据的内存，然后从这块内存上将数据读取出来。想象一下，如果我们直接在代码中通过内存地址操作数据，那么代码的可读性会非常差，而且非常容易出错。所以，我们习惯使用变量表示内存地址，通过变量可以快速找到相应内存，进而获取想要的数据。

变量名

在编写代码时，需要为变量指定变量名。除了满足标识符的要求，变量名还要长短适宜、见名知意。推荐使用**驼峰式命名**：当变量名由多个单词组成时，优先使用大小写分隔，而不是使用下画线分隔，例如使用 ListenAndServe 和 ReadFromFile，而不是 listen_and_serve 和 read_from_file。

变量类型

变量是一种便捷的占位符，用于引用计算机内存地址，该内存地址保存的数据类型可能不一样。现代主流编程语言通常提供一套比较固定的类型，包括整型、浮点型和布尔型等。

变量声明

Go 语言中的每个变量都有自己的类型，变量必须经过声明才能使用，同一作用域不支持声明同名变量。Go 语言声明变量的方式有标准声明和批量声明。

标准声明格式如下。

```
var 变量名 变量类型
```

标准变量声明以关键字 var 开头，变量类型放在变量的后面，行尾无须分号。举例如下。

```
var name string
var age int
var isOk bool
```

每声明一个变量都需要写 var 关键字的方式比较烦琐，因此，Go 语言还支持**批量声明**，具体格式如下。

```
var (
    a string
    b int
    c bool
    d float32
)
```

变量初始化

Go 语言在声明变量时，会自动初始化变量对应的内存区域。每个变量都会被初始化成其类型的默认值，如下所示。

- 整型和浮点型变量的默认值为 0。
- 字符串变量的默认值为空字符串。
- 布尔型变量的默认值为 false。
- 切片、函数、指针变量的默认值为 nil。

当然，我们也可在声明变量时为其指定初始值，变量初始化的标准格式如下。

```
var 变量名 类型 = 表达式
```

例如：

```
var name string = "七米"
var age int = 18
```

或者一次初始化多个变量。

```
var name, age = "七米", 18
```

有时候，我们在声明变量时会将变量的类型省略，这时编译器会根据等号右边的值来推导变量的类型以完成初始化。

```
var name = "七米"  // string 型
var age = 18       // int 型
```

在函数或方法内部，我们还可以使用更简略的 := 方式声明并初始化变量，其格式如下。

```
name := "七米"
age := 18
```

注意： 简短变量声明只能在函数或方法中使用。

```
package main

import (
    "fmt"
)

// age := 18 // 此处无法使用简短变量声明

func main() {
    age:= 20 // 函数中可以使用简短变量声明
    fmt.Println(age)
}
```

匿名变量

在使用多重赋值时，如果要忽略某个值，那么可以使用匿名变量（anonymous variable）。匿名变量用一个 _ 表示，例如：

```
func foo() (int, string) {
    return 18, "七米"
}
func main() {
    x, _ := foo()
    _, y := foo()
    fmt.Println("x=", x)
    fmt.Println("y=", y)
}
```

匿名变量不占用命名空间，不会分配内存，所以不存在重复声明。

变量的生命周期

变量的生命周期指在程序运行期间变量有效存在的时间，与变量的作用域关系密切。在 Go 程序编译阶段，编译器会根据实际情况（逃逸分析）自动选择在栈或者堆上分配局部变量的存储空间，通常不需要特别关心变量的实际存储位置。

练习题

请使用 3 种方式声明变量并保存"姓名：小明"。

2.3　常量

常量与变量相对，是声明后就恒定不变的值，多用于定义程序运行期间不会改变的值。

常量声明

常量的声明和变量声明的方法类似，只是把 var 换成了 const，在定义时必须赋予其一个确定的值。

```
const pi = 3.1415
const e = 2.7182
```

pi 和 e 两个常量的值在整个程序运行期间不会发生变化。

也可以一次声明多个常量。

```
const (
    pi = 3.1415
    e = 2.7182
)
```

当 const 同时声明多个常量时，如果某个常量后省略了值，则表示其值和上面一行的值相同。例如：

```
const (
    n1 = 100
    n2
    n3
)
```

在上例中，常量 n1、n2、n3 的值都是 100。

预声明标识符

在常量声明中，预声明标识符 iota 表示连续的无类型整数常量，它的初始值为 0。在使用 const 同时声明多个常量时，iota 的值会逐行增加（iota 可以理解为 const 语句块中的行索引），多用来声明一组相关的常量。

```
const (
    level0 = iota // 0
    level1 = iota // 1
    level2 = iota // 2
    level3 = iota // 3
)
```

上面的 iota 重复写了多次，这种场景可以简写为

```
const (
    level0 = iota // 0
    level1        // 1
    level2        // 2
    level3        // 3
)
```

常量定义示例

使用 _ 跳过某些值。

```
const (
    level0 = iota // 0
    level1        // 1
    _
    level3        // 3
)
```

在 iota 声明中插队。

```
const (
    n1 = iota // 0
    n2 = 100  // 100
    n3 = iota // 2
    n4        // 3
)
const n5 = iota // 0
```

定义数量级。这里用到了左移操作符 <<，1<<10 表示将 1 的二进制表示向左移 10 位，也就是由 1 变成了 10000000000，即十进制值的 1024。

```
const (
    _  = iota
    KB = 1 << (10 * iota) // 1 << (10 * 1)
    MB = 1 << (10 * iota) // 1 << (10 * 2)
    GB = 1 << (10 * iota) // 1 << (10 * 3)
    TB = 1 << (10 * iota) // 1 << (10 * 4)
    PB = 1 << (10 * iota) // 1 << (10 * 5)
)
```

将多个 iota 定义在一行。

```
const (
    a, b = iota + 1, iota + 2 // 1, 2
    c, d                      // 2, 3
    e, f                      // 3, 4
)
```

练习题

定义一组常量 Second、Minute、Hour，分别表示 1s、60s 和 3600s。

2.4　基本数据类型

Go 语言有丰富的数据类型，除了基本的整型、浮点型、布尔型、字符串型，还有数组、切片、结构体、函数、map、通道（channel）等。总体来说，Go 语言的基本数据类型和其他语言大同小异。

整型

整型分为有符号整型和无符号整型两类，如表 2-1 所示。其中，有符号整型按长度分为 int8、int16、int32、int64，对应的无符号整型为 uint8、uint16、uint32、uint64。

表 2-1

类　　型	描　　述
uint8	无符号 8 位整型 (0~255)
uint16	无符号 16 位整型 (0~65535)
uint32	无符号 32 位整型 (0~4294967295)
uint64	无符号 64 位整型 (0~18446744073709551615)
int8	有符号 8 位整型 (-128~127)
int16	有符号 16 位整型 (-32768~32767)
int32	有符号 32 位整型 (-2147483648~2147483647)
int64	有符号 64 位整型 (-9223372036854775808~9223372036854775807)

其中，uint8 是我们熟知的 byte 类型，int16 对应 C 语言中的 short 类型，int64 对应 C 语言中的 long 类型。特殊整型如表 2-2 所示。

表 2-2

类　　型	描　　述
uint	在 32 位操作系统中相当于 uint32，在 64 位操作系统中相当于 uint64
int	在 32 位操作系统中相当于 int32，在 64 位操作系统中相当于 int64
uintptr	无符号整型，用于存放一个指针

注意：
（1）在使用 int 和 uint 时，不能假定它们是 32 位或 64 位的整型，要考虑它们在不同平台上的差异。
（2）Go 语言内置的获取对象长度的 len() 函数返回的长度均使用 int 表示。

浮点型

Go 语言支持 float32 和 float64 两种浮点型，这两种浮点型的数据格式遵循 IEEE 754 标准。

- float32 类型浮点数的最大值约为 3.4×10^{38}，可以使用常量 math.MaxFloat32 表示。
- float64 类型浮点数的最大值约为 1.8×10^{308}，可以使用常量 math.MaxFloat64 表示。

使用类型推断方式声明浮点型变量时，该变量会被推断为 float64。

```
var f1 float32 = 1.23 // float32
var f2 = 1.23          // float64
```

> **注意：** 目前计算机中的浮点数表示都是不精确的，在进行高精度的科学计算时，应当使用 math 标准库，在涉及金钱类的运算时，通常需要先把浮点数转为整型数字再运算。

复数型

Go 语言内置的复数型有 complex64 和 complex128 两种。计算机使用两个浮点数分别表示复数的实部和虚部，complex64 的实部和虚部都是 float32，complex128 的实部和虚部都是 float64。

```
var c1 complex64
c1 = 1 + 2i
var c2 complex128
c2 = 2 + 3i
c3 := 4 + 5i // complex128
```

Go 语言中有以下 3 个与复数操作相关的内置函数。

```
c := complex(1.2, 3.4) // 构造复数 c (1.2+3.4i)
fc1 := real(c)         // 获取复数 c 的实部 1.2
fc2 := imag(c)         // 获取复数 c 的虚部 3.4
```

数字字面量

Go 语言中的数字字面量语法可以让开发者以二进制、八进制或十六进制浮点数的格式定义数字。例如：

```
v1 := 0b00101101 // 代表二进制的 101101，相当于十进制的 45
v2 := 0o377      // 代表八进制的 377，相当于十进制的 255
v3 := 0x1p-2     // 代表十六进制的 1 除以 2²，也就是 0.25
```

同时，它允许我们使用 _ 来分隔数字。例如：

```
v4 := 123_456 // v4 := 123456
```

布尔型

Go 语言中以 bool 类型声明布尔型数据，布尔型数据只有 true（真）和 false（假）两个值。

```
var no bool // 默认为 false
ok := true  // true
```

字符串型

Go 语言的字符串属于原生数据类型，使用方法与其他原生数据类型（int、bool、float32、float64 等）一样。

字符串的值为 ""（双引号）中的内容，通常是文本内容。Go 语言字符串的内部使用 UTF-8 编码实现，可以在源码中直接添加非 ASCII 码字符。例如：

```
s1 := "hello"
s2 := "你好" // 支持直接添加非 ASCII 码字符
```

Go 语言常见的字符串转义符包括回车、换行、单双引号、制表符等，如表 2-3 所示。

表 2-3

转 义 符	含　　义
\r	回车符（返回行首）
\n	换行符（直接跳到下一行的同列位置）
\t	制表符
\'	单引号
\"	双引号
\\	反斜杠

例如，使用变量 path 表示 Windows 操作系统下的文件路径。

```
path := "c:\\Code\\lesson1\\app.exe"
```

当 Go 语言要定义一个多行字符串时，必须使用`（反引号）字符。

```
s1 :=`第一行
第二行
第三行
`
fmt.Println(s1)
```

反引号内部的换行将被作为字符串中的换行，但是所有的转义字符均无效，文本会原样输出。

字符串的常用操作方法及含义如表 2-4 所示。

表 2-4

操作方法	含　义
len(str)	求长度
+或 fmt.Sprintf	拼接字符串
strings.Split	分割
strings.Contains	判断是否包含
strings.HasPrefix, strings.HasSuffix	前缀/后缀判断
strings.Index(), strings.LastIndex()	子串出现的位置
strings.Join(a[]string, sep string)	join 操作

字符串类型的底层实现是如下所示的二元数据结构。

```go
// runtime/string.go
type stringStruct struct {
    str unsafe.Pointer  // 指向底层字节数组的指针
    len int             // 字节数组的长度
}
```

要修改字符串，需要先将其转换成 []rune 或 []byte，然后转换为 string。无论哪种转换，都会重新分配内存，并复制字节数组。

```go
func changeString() {
    s1 := "big"
    // 强制类型转换
    byteS1 := []byte(s1)
    byteS1[0] = 'p'
    fmt.Println(string(byteS1))

    s2 := "白萝卜"
    runeS2 := []rune(s2)
    runeS2[0] = '红'
    fmt.Println(string(runeS2))
}
```

byte 和 rune

组成每个字符串的元素叫作字符，可以通过遍历或者单个获取字符串元素获得。区别于字符串使用的双引号，字符是用"（单引号）包裹起来的。有些编程语言（如 Python）同时允许使用双引号或单引号定义字符串，但是 Go 语言只允许使用双引号和反引号定义字符串，使用单引号定义字符类型。例如：

```go
var b1 = 'a'      // 字符变量默认类型为 rune 型
var b2 byte = 'a' // byte 型，本质上是 uint8
b3 := '中'         // rune 型，本质上是 int32
```

Go 语言的字符有两种类型，其中 byte 代表 ASCII 码的一个字符，rune 代表一个 UTF-8 字符。byte 和 rune 本质上都是整型，为了便于编程，Go 语言给出了这两个别名。其中 byte 是 uint8 的别名，rune 是 int32 的别名。

Go 语言使用了特殊的 rune 类型来处理 Unicode 编码的字符，让基于 Unicode 的文本处理更为方便。也可以使用 byte 类型处理默认字符串，以便同时照顾到性能和扩展性。如果我们需要在代码中处理中文、日文或者其他复合字符，则需要用到 rune 类型。

```
// 遍历字符串
func traversalString() {
    s := "hello 中国"
    for i := 0; i < len(s); i++ { // byte
        fmt.Printf("%v(%c) ", s[i], s[i])
    }
    fmt.Println()
    for _, r := range s { // rune
        fmt.Printf("%v(%c) ", r, r)
    }
    fmt.Println()
}
```

输出：

```
104(h) 101(e) 108(l) 108(l) 111(o) 228(ä) 184( ) 173() 229(å) 155() 189(½)
104(h) 101(e) 108(l) 108(l) 111(o) 20013(中) 22269(国)
```

在 UTF-8 编码下，一个中文汉字由 3 或 4 字节组成，所以我们不能简单地按照字节去遍历包含中文的字符串，否则会出现上面输出中第一行的结果。

字符串底层是字节数组，字符串的长度就是组成字符串的字节的数量。字符串本身是不能修改的。

类型转换

Go 语言只有强制类型转换，没有隐式类型转换。强制类型转换的基本语法如下。

```
T(表达式)
```

其中，T 表示要转换的类型。表达式包括变量、复杂算子和函数返回值等，该语法只能在两个类型支持相互转换的时候使用。

例如，计算直角三角形的斜边长时使用 math 包的 Sqrt 函数，该函数接收的是 float64 类型的参数，而变量 a 和变量 b 都是 int 类型的，这时就需要将变量 a 和变量 b 的类型强制转换为 float64。

```
func sqrtDemo() {
    var a, b = 3, 4
```

```
    var c int
    // math.Sqrt()接收的参数是 float64 类型，需要强制转换
    c = int(math.Sqrt(float64(a*a + b*b)))
    fmt.Println(c)
}
```

字符串和数字之间不支持强制类型转换，需要借助其他工具，例如 strconv 包等。将一个整数转为字符串，一种方法是使用 fmt.Sprintf 函数返回一个格式化的字符串。

```
i := 123              // 整型
s1 := fmt.Sprintf("%d", i) // 字符串
```

另一种方法是使用 strconv.Itoa。

```
s2 := strconv.Itoa(i) // 字符串
```

如果要将一个字符串解析为整数，那么可以使用 strconv.Atoi 函数、strconv.ParseInt 函数，以及用于解析无符号整数的 strconv.ParseUint 函数。因为可能出现转换失败的情况，所以这些函数都会返回一个表示错误的值。

```
s := "123" // 字符串
// 将字符串 s 解析为 int 型数字
i1, err := strconv.Atoi(s)
fmt.Println(i1, err)
// 将字符串 s 解析为 int64 型数字
i2, err := strconv.ParseInt(s, 10, 64)
fmt.Println(i2, err)
// 将字符串 s 解析为 uint64 型数字
i3, err := strconv.ParseUint(s, 10, 64)
fmt.Println(i3, err)
```

将一个大尺寸的整数类型转换为一个小尺寸的整数类型，或者将一个浮点数转为整数，可能改变数值或丢失精度。

```
var i1 int16 = 256 // int16 型
i2 := int8(i1)     // 强制转为 int8 型
fmt.Println(i2)    // i2=0，丢失了高 8 位的值

f := 3.141         // float64 型
i := int(f)        // 强制转为 int 型
fmt.Println(i) // i=3，丢失了小数点之后的值
```

练习题

编写代码分别定义整型、浮点型、布尔型、字符串型变量，使用 fmt.Printf 函数搭配 %T 占位符分别输出上述变量的值和类型。

2.5　指针

　　区别于 C、C++的指针，Go 语言的指针不能偏移和运算，是安全指针。要弄清 Go 语言的指针，需要先知道 3 个概念：内存地址、指针类型和指针。

内存地址

　　我们在编程时提到的内存地址表示的是操作系统管理的整个内存中的一个偏移量，通常使用十六进制表示，例如 0x1234CDEF。如果把内存比作超市或图书馆门口的一大排储物柜，那么内存地址就是每个小柜子上的编号，如图 2-1 所示。

001	002	003	004	005	006	007	008	009	010
011	012	013	014	015	016	017	018	019	020
021	022	023	024	025	026	027	028	029	030
031	032	033	034	035	036	037	038	039	040

图 2-1

　　程序运行过程中的值（变量）加载到内存后都会拥有一个内存地址，代表该值在内存中的位置。为这些值设置一个变量名，既可以通过变量名找到这个值，也可以通过内存地址找到这个值。变量名与内存地址的关系如图 2-2 所示。

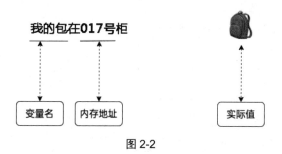

图 2-2

指针类型

　　Go 语言通常把指针类型定义为*T，其中 T 可以为任意类型，类型 T 称为指针类型*T 的基类型（base type）。如果一个指针类型的基类型为 T，就把该指针类型称为 T 指针类型。例如，int、float、bool、string 等类型对应的指针类型分别为*int、*float、*bool、*string。

```
string     // 字符串类型
*string    // 字符串指针类型
```

一个指针可以被理解为一个对应指针类型的值，指针的值是变量的内存地址。通常称一个指针为一个内存地址，或者称一个内存地址为一个指针。指针的零值为 nil。

```
var s string      // 字符串类型
var p *string     // 字符串指针类型
fmt.Println(s, p) // <nil>
```

上面代码中变量 p 的值就是一个指针，它保存了一个字符串类型变量 s 的内存地址。

注意：相同类型的指针支持相互比较，两个指针只有在指向同一个变量或者都为 nil 时才相等。

创建指针

Go 语言有以下两种创建指针的方法。

第一种方法是将&字符放在变量前面，对变量进行"取地址"操作，具体语法如下。

```
&v  // v 的类型为 T
```

其中 v 代表被取地址的变量，其类型为 T。

上述表达式返回的是变量 v 的内存地址，类型为*T，叫作 T 的指针类型。例如：

```
v := 10           // int 型变量 b
p := &v           // *int 型变量 p
fmt.Println(v, p) // 10 0xc0000b4008
fmt.Println(&p)   // 0xc0000ae018
```

变量 v 的值是 10，变量 p 的值是变量 v 的内存地址 0xc0000b4008，我们通过图 2-3 来理解变量 p 与变量 v 的关系。

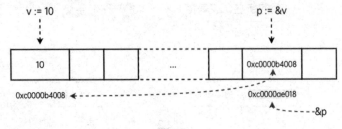

图 2-3

第二种方法是使用内置 new(T)函数获得*T 指针，具体的语法格式为

```
new(T)  // 返回*T 类型
```

其中，T 代表任意类型。

new(T)会创建一个未命名的 T 类型变量，将其初始化为类型零值，并返回一个指针（该变量的地址），该指针属于*T 类型。

```
p := new(int)          // 创建一个值为 0 的未命名变量，返回其地址赋值给 p
fmt.Println(p)         // 0xc00001a078
fmt.Printf("%T\n", p)  // *int
```

相较于取变量地址的方式，new(T)并不需要提前声明好一个变量，可以直接在表达式中使用。

指针取值

指针代表变量的内存地址，可以在不使用变量名的情况下读取或更新变量的值。在指针前面使用*字符表示地址 p 处的值。

```
*p  // 表示地址 p 处的值
```

我们来看一段关于*p 的示例代码。

```
v := 10
p := &v           // 取变量 v 的地址，保存到指针 p 中
fmt.Println(*p)  // 10
*p = 100          // 相当于 v = 100
fmt.Println(v)   // 100
```

上面代码中*p 表示变量 v 的值，可以通过*p = 100 直接对其赋值。

虽然指针的用途十分广泛，但它不能进行偏移和运算，因此其操作非常简单。对于指针，我们只需记住两个符号：&（取值的内存地址）和*（根据内存地址取值）。

2.6　运算符

运算符用于执行程序中的数学或逻辑运算，Go 语言内置的运算符包括算术运算符、关系运算符、逻辑运算符、位运算符和赋值运算符。

算术运算符

Go 语言中的算术运算符和加、减、乘、除、求余操作是一样的，如表 2-5 所示。

表 2-5

运 算 符	描　　述	运 算 符	描　　述
+	相加	/	相除
−	相减	%	求余
*	相乘		

注意：++（自增）和 --（自减）在 Go 语言中是单独的语句，并不属于运算符。

关系运算符

当我们需要对两个值进行比较时，可以使用关系运算符，最终得到布尔值，如表 2-6 所示。

表 2-6

运 算 符	描 述
==	检查两个值是否相等，如果相等，则返回 True，否则返回 False
!=	检查两个值是否不相等，如果不相等，则返回 True，否则返回 False
>	检查左边值是否大于右边值，如果是，则返回 True，否则返回 False
>=	检查左边值是否大于或等于右边值，如果是，则返回 True，否则返回 False
<	检查左边值是否小于右边值，如果是，则返回 True，否则返回 False
<=	检查左边值是否小于或等于右边值，如果是，则返回 True，否则返回 False

逻辑运算符

我们可以对布尔值或返回布尔值的表达式使用逻辑运算符，从而得到布尔值的结果，如表 2-7 所示。

表 2-7

运 算 符	描 述
&&	逻辑 AND 运算符。如果两边的操作数都是 True，则为 True，否则为 False
||	逻辑 OR 运算符。如果两边的操作数有一个为 True，则为 True，否则为 False
!	逻辑 NOT 运算符。如果条件为 True，则为 False，否则为 True

位运算符

程序中的所有数在计算机内存中都是以二进制的形式存储的，位运算就是直接对整数在内存中的二进制位进行操作，如表 2-8 所示。

表 2-8

运 算 符	描 述	运 算 符	描 述
&	按位与	&^	按位清除
|	按位或	<<	左移 n 位就是乘以 2 的 n 次方
^	按位异或	>>	右移 n 位就是除以 2 的 n 次方。

赋值运算符

赋值运算符的作用是将一个表达式的值赋给算术运算符左侧的值，如表 2-9 所示。例如，x=123 表示将 123 这个值赋给变量 x。

表 2-9

运 算 符	描 述	运 算 符	描 述
=	简单的赋值运算符，将右侧表达式的值赋给左侧	<<=	左移后赋值
+=	相加后赋值	>>=	右移后赋值
-=	相减后赋值	&=	按位与后赋值
*=	相乘后赋值	|	按位或后赋值
/=	相除后赋值	^=	按位异或后赋值
%=	求余后赋值	<<=	左移后赋值

练习题

有一堆数字，其中只有一个数字出现了一次，其他数字都出现了两次。那么如何使用位运算找到那个只出现了一次的数字呢？

2.7　流程控制语句

流程控制是编程语言控制逻辑走向和执行次序的重要部分，可以说是一门语言的"经脉"。Go 语言中最常用的流程控制语句有 if 和 for，而 switch 和 goto 主要是为了简化代码、减少重复代码而生的，属于扩展类的流程控制语句。

if 条件判断

Go 语言中 if 条件判断的**基本格式**如下。

```
if 表达式1 {
    分支1
} else if 表达式2 {
    分支2
} else{
    分支3
}
```

当表达式 1 的结果为 true 时，执行分支 1，否则判断表达式 2；如果满足，则执行分支 2，如果不满足，则执行分支 3。if 条件判断中的 else if 和 else 都是可选的。

Go 语言规定与 if 匹配的{（左括号）必须与 if 和表达式放在同一行，{ 放在其他位置会触发编译错误。同理，与 else 匹配的{ 也必须与 else 写在同一行，同时，else 必须与上一个 if 或 else if 右边的 } 在同一行。

例如：

```
func ifDemo1() {
    score := 65
    if score >= 90 {
        fmt.Println("A")
    } else if score > 75 {
        fmt.Println("B")
    } else {
        fmt.Println("C")
    }
}
```

if 条件判断还有一种**特殊写法**，可以在 if 表达式之前添加一个执行语句，再根据变量值进行判断。例如：

```
func ifDemo2() {
    if score := 65; score >= 90 {
        fmt.Println("A")
    } else if score > 75 {
        fmt.Println("B")
    } else {
        fmt.Println("C")
    }
}
```

思考一下，上面两种写法的区别在哪里？

答案是两种写法中变量 score 的作用域不一样，ifDemo1 中变量 score 的作用域是整个函数，而 ifDemo2 中变量 score 只在 if 语句块中有效。

for 循环

Go 语言中的所有循环类型均可以使用 for 关键字来实现。for 循环的基本格式如下。

```
for 初始语句; 条件表达式; 结束语句 {
    循环体语句
}
```

在条件表达式返回 true 时，循环体开始不停地循环，直到条件表达式返回 false 时，才自动退出，下面的代码会依次输出 0、1、2、3、4，然后退出。

```
for i := 0; i < 5; i++ {
    fmt.Println(i)
}
```

for 循环的初始语句可以省略，但是初始语句后的分号必须写。例如：

```
var i uint8
for ; i < 5; i++ {
    fmt.Println(i)
```

```
    }
```

也可以同时省略 for 循环的初始语句和结束语句。例如：

```
i := 0
for i < 10 {
    fmt.Println(i)
    i++
}
```

这种写法类似于其他编程语言（例如 Python）中的 while 循环，在 while 后添加一个条件表达式，如果满足条件表达式，则持续循环，否则结束循环。

For 可以实现无限循环。

```
for {
    循环体语句
}
```

可以通过 break、goto、return、panic 语句强制退出 for 循环，或者通过 continue 语句跳过本次循环直接进入下一次循环。例如：

```
for i := 0; i < 5; i++ {
    if i == 3 {
        // 当 i== 3 时跳过本次循环，直接进入下一次循环
        continue
    }
    fmt.Println(i)
}
```

通过 break 语句跳出循环。例如：

```
for i := 0; i < 5; i++ {
    if i == 3 {
        // 当 i== 3 时跳出 for 循环
        break
    }
    fmt.Println(i)
}
```

for range

for range 可以遍历数组、切片、字符串、map 及通道（channel），通过 for range 遍历的返回值有以下规律。

- 数组、切片、字符串返回索引和值。
- map 返回键和值。
- 通道只返回通道内的值。

这里提到的部分数据类型目前还没有介绍，你只需要对它们有一些印象。我们会在第 3 章讲解 for range 遍历数组、切片、map 的用法，在第 9 章介绍 for range 遍历通道的用法。

switch 条件判断

当我们遇到条件判断分支过多的场景时，使用 if 条件判断会稍显烦琐。例如：

```
if finger == 1 {
    fmt.Println("大拇指")
} else if finger == 2 {
    fmt.Println("食指")
} else if finger == 3 {
    fmt.Println("中指")
} else if finger == 4 {
    fmt.Println("无名指")
} else if finger == 5 {
    fmt.Println("小拇指")
} else {
    fmt.Println("无效的数字")
}
```

在这种场景中，使用 switch 语句可以很方便地对大量的值进行条件判断，当 switch 语句中某个 case 的条件被满足时，会执行该 case 下方的语句。Go 语言规定每个 switch 语句中只能有一个 default 分支，当所有 case 都不满足时，会默认执行该分支。

```
switch finger {
case 1:
    fmt.Println("大拇指")
case 2:
    fmt.Println("食指")
case 3:
    fmt.Println("中指")
case 4:
    fmt.Println("无名指")
case 5:
    fmt.Println("小拇指")
default:
    fmt.Println("无效的数字")
}
```

一个 case 分支中可以使用多个值做判断，多个值之间要使用英文逗号分隔开，例如下面这个判断奇数偶数的例子。

```
switch n := 7; n {
case 1, 3, 5, 7, 9:
    fmt.Println("奇数")
```

```
case 2, 4, 6, 8:
    fmt.Println("偶数")
default:
    fmt.Println(n)
}
```

case 分支中不仅可以使用值，还可以直接使用表达式做判断，这时 switch 语句后面就不需要写判断变量了。例如：

```
score := 92
switch {
case score >= 95:
        fmt.Println("S")
case score >= 90 && score < 95:
        fmt.Println("A")
case score >= 60:
        fmt.Println("B")
default:
        fmt.Println("C")
}
```

在 swith case 分支判断语句中使用特殊的 fallthrough 语法可以在执行完满足条件的 case 分支后继续执行下一个分支，需要注意的是，fallthrough 只能作为 case 分支的最后一个语句出现。fallthrough 是为了兼容 C 语言中的 swith case 而设计的，而我们在新编写的 Go 语言项目中很少会用到它。

```
switch {
case s == "a":
    fmt.Println("a")
case s == "b":
    fmt.Println("b")
    fallthrough // 继续执行下一个分支
case s == "c":
    fmt.Println("c")
default:
    fmt.Println("...")
}
```

标签

标签用来定义一个代码块，可以在 break、continue 和 goto 语句中使用。在使用标签时有以下注意事项：标签被定义后必须被使用，标签名允许与变量名重复。我们通过 3 个示例来介绍标签的使用方法。

1. goto

goto 语句通过标签进行代码间的无条件跳转，对快速跳出循环、避免重复退出有一定的帮助，能简化一些代码的实现过程。

例如，在退出双层嵌套的 for 循环时，如果想在内层的 for 循环中直接跳出外层的 for 循环，那么可以借助辅助变量 breakflag 来实现，如下所示。

```go
var breakFlag bool
for i := 0; i < 5; i++ {
    for j := 10; j < 15; j++ {
        if j == 12 {
            // 设置退出标签
            breakFlag = true
            break
        }
        fmt.Println(i, j)
    }
    // 外层 for 循环判断
    if breakFlag {
        fmt.Println("结束for循环")
        break
    }
}
```

对于类似上面的场景，可以使用 goto 语句简化代码逻辑，如下所示。

```go
for i := 0; i < 5; i++ {
    for j := 10; j < 15; j++ {
        if j == 12 {
            // 跳转到退出标签
            goto breakTag
        }
        fmt.Println(i, j)
    }
}
return
// 标签
breakTag:
    fmt.Println("结束for循环")
```

2. break

break 语句可以结束 for、switch 和 select 的代码块。break 语句还可以在语句后面添加标签，表示退出某个标签对应的代码块，标签必须定义在对应的 for、switch 和 select 的代码块上。例如：

```go
func breakDemo1() {
breakLabel:
```

```
    for i := 0; i < 5; i++ {
        for j := 10; j < 15; j++ {
            if j == 12 {
                break breakLabel
            }
            fmt.Println(i, j)
        }
    }
    fmt.Println("循环结束")
}
```

3. continue

continue 语句可以结束当前循环，开始下一次的循环迭代过程，仅限在 for 循环内使用。在 continue 语句后添加标签时，表示继续标签对应的下一次循环。例如：

```
func continueDemo() {
forLoop:
    for i := 0; i < 5; i++ {
        for j := 10; j < 15; j++ {
            if i == 2 && j == 12 {
                continue forLoop
            }
            fmt.Println(i, j)
        }
    }
}
```

练习题

编写代码，使用 fmt.Printf 语句和 for 循环语句在终端输出如下乘法表。

```
1*1=1
1*2=2    2*2=4
1*3=3    2*3=6    3*3=9
1*4=4    2*4=8    3*4=12   4*4=16
1*5=5    2*5=10   3*5=15   4*5=20   5*5=25
1*6=6    2*6=12   3*6=18   4*6=24   5*6=30   6*6=36
1*7=7    2*7=14   3*7=21   4*7=28   5*7=35   6*7=42   7*7=49
1*8=8    2*8=16   3*8=24   4*8=32   5*8=40   6*8=48   7*8=56   8*8=64
1*9=9    2*9=18   3*9=27   4*9=36   5*9=45   6*9=54   7*9=63   8*9=72   9*9=81
```

　　本章介绍了 Go 语言中的标识符、变量和常量、基本数据类型、指针、运算符及流程控制语句。通过对本章的学习，读者可以快速了解 Go 语言的基础语法，并且能够自己动手编写一些简单的程序。刚接触 Go 语言的读者可能没有办法在很短的时间内完全掌握本章所有内容，这是很正常的，没有必要焦虑。后续章节的案例会不断地使用到本章的内容，相信读者通过持续练习，一定可以掌握 Go 语言的语法。

练习题参考答案

2.2

```
var name string = "小明"
var name = "小明"
name := "小明"
```

2.3

```
const (
    Second = 1
    Minute = 60
    Hour   = 3600
)
```

或者

```
const (
    Second = 1
    Minute = 60 * Second
    Hour   = 60 * Minute
)
```

2.4

fmt.Printf 是 Go 语言内置的格式化输出函数, 搭配 %T 占位符可以将变量的类型输出到终端。

```
var (
    name  = "Q1mi"
    age   = 18
    score = 91.5
    pass  = true
)
fmt.Printf("name: %T\n", name)
fmt.Printf("age:%T\n", age)
fmt.Printf("score:%T\n", score)
fmt.Printf("pass:%T\n", pass)
```

输出:

```
name: string
age:int
score:float64
pass:bool
```

2.6

我们可以将所有的数字逐一执行异或操作，最终得到的数字就是只出现了一次的数字。

```
nums := []int{1, 5, 2, 1, 2}
res := 0
for _, num := range nums {
    res ^= num // 异或
}
fmt.Println(res)
```

2.7

```
for i := 1; i < 10; i++ {
    for j := 1; j <= i; j++ {
        fmt.Printf("%d*%d=%d\t", j, i, i*j)
    }
    fmt.Println()
}
```

第 3 章
数组、切片和映射

本章学习目标

- 掌握数组的概念和使用方法。
- 掌握切片的概念和使用方法。
- 掌握映射的概念和使用方法。

数组、切片和映射都属于 Go 语言的复合数据类型，本章将逐一介绍它们的概念及基本使用方法，并重点介绍切片和映射的应用场景及注意事项。

3.1 数组

数组（Array）是同一种数据类型元素的集合，它就像一个长度固定的盒子，里面装着零个或多个相同的数据元素。

Go 语言数组的大小从声明时就确定了，使用时可以修改数组成员，但是不可以修改数组大小。也正是因为数组的这个特点，我们在平常的编码过程中很少直接使用它，更多的是使用切片。切片的长度可以变化，关于切片的内容我们会在下一节介绍。

数组的声明

声明数组变量的基本语法如下。

```
var 数组变量名 [元素数量]T
```

其中，元素数量必须为常量或常量表达式，T 为元素的数据类型。

定义一个长度为 3、元素类型为 int 的数组 a，表示方法如下。

```
var a [3]int
```

定义一个长度为 5、元素类型为 string 的数组 b，按如下语句声明。

```
var b [5]string
```

需要注意的是，数组的长度必须是常量或常量表达式，下面的代码无法通过编译。

```
var n = 10
var c = [n]int // 数据的长度 n 为变量，导致编译失败
```

数组长度是数组类型的一部分。例如，[3]int 和[4]int 是不同的两个类型，因此不同类型的变量之间不能直接比较和赋值。

```
var x [3]int
var y [4]int
x = y // 不可以这样做，因为此时 x 和 y 是不同的类型
```

数组中的每个元素都可以通过索引访问，索引从 0 开始，最后一个元素的索引是数组的长度减 1。需要注意的是，Go 语言数组不支持负数索引。

```
var x [3]int
fmt.Println(x[0])  // 输出数组的第一个元素
fmt.Println(x[-1]) // 不支持使用负数作为索引
```

Go 语言有一个内置的工具函数 len，可以使用它来获取数组中的元素数量。例如：

```
fmt.Println(len(x))        // 3
fmt.Println(x[len(x)-1]) // 输出数组 x 的最后一个元素
```

数组声明后默认的元素值都是对应的类型零值，例如 int 型数组的元素默认都是 0，字符串型数组的元素默认都是空字符串。

```
var s1 [3]int
fmt.Println(s1) // [0 0 0]

var s2 [2]string
fmt.Println(s2)          // [ ]，空字符串看不出效果，可使用下面的语句查看
fmt.Printf("%#v\n", s2) // [2]string{"", ""}
```

数组的初始化

我们还可以在声明数组变量的同时对数组进行初始化，具体的方式也有很多。

方法一：使用数组字面量（初始值列表）设置数组元素的值。

```
var testArray [3]int        // 数组元素会初始化为 int 型的零值
var numArray = [3]int{1, 2} // 使用指定的初始值完成初始化
var cityArray = [4]string{"北京", "上海", "广州", "深圳"}
fmt.Println(testArray) // [0 0 0]
fmt.Println(numArray) // [1 2 0]
```

```
fmt.Println(cityArray) // [北京 上海 广州 深圳]
```

方法二：方法一中每次提供的初始值数量需要与数组长度一致，在一般情况下，还可以通过在数组长度位置使用英文省略号（...）让编译器根据初始值的数量自行推断数组的长度。例如：

```
var testArray [3]int
var numArray = [...]int{1, 2}
var cityArray = [...]string{"北京", "上海", "广州", "深圳"}
fmt.Println(testArray)                          // [0 0 0]
fmt.Println(numArray)                           // [1 2]
fmt.Printf("type of numArray:%T\n", numArray)   // type of numArray:[2]int
fmt.Println(cityArray)                          // [北京 上海 广州 深圳]
fmt.Printf("type of cityArray:%T\n", cityArray) // type of cityArray:[4]string
```

方法三：我们没有必要在声明时一一指定所有数组的初始值，可以通过指定索引值（索引:值）的方式来初始化数组。例如：

```
a := [...]int{1: 1, 3: 5}         // 索引 1 处的值为 1，索引 3 处的值为 5
fmt.Println(a)                    // [0 1 0 5]
fmt.Printf("type of a:%T\n", a)   // type of a:[4]int
```

遍历数组

除了按照索引访问，我们还可以借助 for 循环依次访问数组中的所有元素。假设有一个存放城市名称的数组变量 cityArray 如下。

```
var cityArray = [...]string{"北京", "上海", "广州", "深圳"}
```

可以通过以下几种方法遍历数组 cityArray 。

```
// 方法 1: for 循环遍历
for i := 0; i < len(cityArray); i++ {
    fmt.Println(cityArray[i])
}
// 方法 2: for range 遍历
// 输出索引和元素值
for idx, city := range cityArray {
    fmt.Println(idx, city)
}
// 方法 2: for range 遍历
// 只输出元素值
for _, city := range cityArray {
    fmt.Println(city)
}
```

多维数组

Go 语言支持定义多维数组，这里以二维数组（数组中的元素也是一个数组）为例，讲解如何定义和使用二维数组。

创建一个保存国内大型城市名称的二维数组 cityArray2。

```
cityArray2 := [2][4]string{
    {"北京", "上海", "广州", "深圳"},
    {"杭州", "成都", "武汉", "重庆"},
}
fmt.Println(cityArray2)        // [[北京 上海 广州 深圳] [杭州 成都 武汉 重庆]]
fmt.Println(cityArray2[1][2]) // 支持索引取值:武汉
```

按如下方式遍历二维数组。

```
for _, v1 := range cityArray2 { // 获取内层数组
    for _, city := range v1 { // 遍历内层数组
        fmt.Printf("%s\t", city)
    }
    fmt.Println()
}
```

输出:

```
北京      上海      广州      深圳
杭州      成都      武汉      重庆
```

需要注意的是，多维数组只有第一层可以使用...让编译器自动推导数组长度。例如:

```
// 多维数组第一层支持使用...推导数组长度的写法
a := [...][2]string{
    {"北京", "上海"},
    {"广州", "深圳"},
    {"成都", "重庆"},
}

// 错误的写法
// 多维数组的内层不支持使用...符号
b := [3][...]string{
    {"北京", "上海"},
    {"广州", "深圳"},
    {"成都", "重庆"},
}
```

数组是值类型

数组是占用一块连续内存的值类型，赋值操作和函数传参会复制整个数组（得到一个副本），修改副本的值不会改变原始变量的值。

```
// 声明一个数组变量a
a := [3]int{10, 20, 30}
a2 := a                // 将数组a赋值给数组a2
a2[1] = 200            // 修改a2的值
fmt.Println("a", a)   // a [10 20 30]
```

```
fmt.Println("a2", a2) // a2 [10 200 30]

// 声明一个二维数组 b
b := [3][2]int{
    {1, 1},
    {1, 1},
    {1, 1},
}
b2 := b                 // 将数组 b 赋值给 b2
b2[0][1] = 200          // 修改 b2 内层数组的值
fmt.Println("b", b)   // b [[1 1] [1 1] [1 1]]
fmt.Println("b2", b2) // b2 [[1 200] [1 1] [1 1]]
```

如果数组中的元素类型是可比较的，就可以使用==和!=来比较两个数组。

```
var a [3]int
var b = [...]int{1, 2, 3}
var c = [3]int{1, 2, 3}
fmt.Println(a == b, b == c, a == c) // false true false
```

不同长度的数组属于不同的类型，不能执行比较操作。

```
a := [2]int{1, 2}
b := [...]int{1, 2, 3}
fmt.Println(a == b) // 编译错误，[2]int 和 [3]int 无法比较
```

练习题

1. 编写代码求数组 a := [...]int{1, 3, 5, 7, 8}中所有元素的和。

2. 编写代码找出数组中和为指定值的两个元素的索引。例如，从数组 b := [...]int{1, 3, 5, 7, 8}中找出[0 3]和[1 2]两个索引数组。

3.2 切片

由于数组的长度属于类型的一部分，一经定义就不能改变，所以在编程中使用数组有一定的局限性。例如，统计班级中各个兴趣小组都有哪些同学，如果使用字符串数组来保存读书小组所有同学的姓名，那么由于事先并不知道读书小组的人数，也就不能确定数组的长度。

```
var readGroup [读书小组的人数]string
```

在日常编程中有很多类似的场景，因此我们需要一个长度可变的数据类型。

切片简介

切片（slice）是可以存储相同类型元素的长度可变的序列，它非常灵活，支持自动扩容。切片

是基于数组类型封装的，依托于底层数组，就像一个长度可变的滑动窗口在底层数组上移动，可以包含数组的全部或部分元素。切片和底层数组的关系如图 3-1 所示。

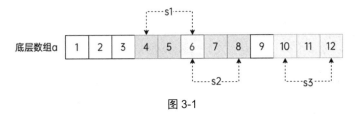

图 3-1

很显然，多个切片可能对应同一个底层数组，并且切片之间可以重叠，所以当我们修改一个切片时，有可能影响拥有相同底层数组的其他切片。

想要完整表示一个切片，必须具备三个要素：起始元素的地址、长度和容量，如图 3-2 所示。

- 起始元素的地址（array）指切片中的底层数组中第一个元素的地址。
- 长度（len）指切片中元素的数量。
- 容量（cap）指切片中第一个元素到可能达到的最后一个元素的数量。

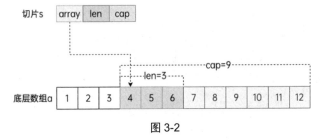

图 3-2

可以通过内置的 len 函数获取切片的长度，通过内置的 cap 函数获取切片的容量。

创建切片

我们在编码过程中经常会用到的创建切片的方法有如下几种。

（1）直接声明：声明一个切片类型变量的基本语法如下。

```
var name []T
```

其中，name 表示变量名，T 表示切片中的元素类型。

这种声明切片的方式与声明数组变量相似。例如：

```
var s1 []string // 声明一个字符串切片
var s2 []int    // 声明一个整型切片

fmt.Println(s1, len(s1), cap(s1)) // [] 0 0
fmt.Println(s2, len(s2), cap(s2)) // [] 0 0
```

（2）切片字面量：切片字面量指在声明切片变量的同时指定其初始值。

```
s1 := []string{"七米", "qimi"}
s2 := []int{1, 2, 3}

fmt.Println(s1, len(s1), cap(s1)) // [七米 qimi] 2 2
fmt.Println(s2, len(s2), cap(s2)) // [1 2 3] 3 3
```

还可以使用索引的方式指定初始值。

```
s3 := []int{1, 2, 3, 99: 100}
fmt.Println(len(s3), cap(s3)) // 100 100
```

（3）切片表达式：切片表达式指从字符串、数组、指向数组或切片的指针构造子字符串或切片。它有两种变体，其中一种是指定 low 和 high 两个索引界限值。

由于切片的底层是数组，所以我们可以基于数组通过切片表达式得到切片，切片表达式中的 low 和 high 表示索引范围（左包含，右不包含）。例如，下面的代码表示从数组 a 中选出 1≤索引值<4 的元素组成切片 s，切片 s 的长度为 high–low，容量为底层数组的容量。

```
// 对数组取切片
a := [5]int{1, 2, 3, 4, 5}
s := a[1:3] // s := a[low:high]
fmt.Printf("s:%v type:%T len:%v cap:%v\n", s, s, len(s), cap(s))

// 对字符串取切片得到的还是字符串类型
b := "hello world"
s2 := b[1:3] // s2 := b[low:high]
fmt.Printf("s2:%v type:%T len:%v\n", s2, s2, len(s2))
```

输出：

```
s:[2 3] type:[]int len:2 cap:4
s2:el type:string len:2
```

方便起见，可以省略切片表达式中的任何索引。如果省略 low，则默认为 0；如果省略 high，则默认为切片操作数的长度。

```
a[2:] // 等同于 a[2:len(a)]
a[:3] // 等同于 a[0:3]
a[:]  // 等同于 a[0:len(a)]
```

> **注意**：对于数组或字符串，如果 $0 \leqslant low \leqslant high \leqslant len(a)$，则索引合法；否则会索引越界（out of range）。

对切片再执行切片表达式时（切片再切片），high 的上限是切片的容量 cap(a)，而不是长度。**常量索引**必须是非负的，并且可以用 int 类型的值表示。对于数组或常量字符串，常量索引必须在有效范围内。如果 low 和 high 两个指标都是常数，则它们必须满足 low≤high。如果索引在运行时超出范围，就会发生运行时 panic。

```
a := [5]int{1, 2, 3, 4, 5}

s := a[1:3] // s := a[low:high]
fmt.Printf("s:%v len:%v cap:%v\n", s, len(s), cap(s))

s2 := s[3:4] // 索引的上限是 cap(s)而不是 len(s)
fmt.Printf("s2:%v len:%v cap:%v\n", s2, len(s2), cap(s2))
```

输出：

```
s:[2 3] len:2 cap:4
s2:[5] len:1 cap:1
```

另一种变体是除了指定 low 和 high 索引界限值，还指定容量的完整形式。

注意：字符串不支持完整切片表达式。

```
a[low:high:max]
```

上面的代码会构造与简单切片表达式 a[low:high]的类型、长度和元素相同的切片。另外，它会将得到的结果切片的容量设置为 max-low。在完整切片表达式中，只有第一个索引值（low）可以省略，该值默认为 0。

```
a := [5]int{1, 2, 3, 4, 5}

s1 := a[1:3:4] // 通过额外指定 max，控制切片的容量
fmt.Printf("s1:%v len:%v cap:%v\n", s1, len(s1), cap(s1))

s2 := a[1:3]
fmt.Printf("s2:%v len:%v cap:%v\n", s2, len(s2), cap(s2))
```

输出结果：

```
s1:[2 3] len:2 cap:2
s2:[2 3] len:2 cap:4
```

完整切片表达式需要满足的条件是 0≤low≤high≤max≤cap(a)，其他条件和简单切片表达式相同。

（4）make 函数构造切片：上面的方式是基于已有的数组或切片来创建新的切片，如果需要动态创建一个切片，就需要使用内置的 make 函数，具体语法格式如下。

```
make([]T, size, cap)
```

其中，T 表示切片的元素类型；size 表示切片中元素的数量；cap 表示可选的切片的容量，默认与 size 相同。

例如:

```
// 创建一个长度为 2, 容量为 2 的字符串型切片
s1 := make([]string, 2)
fmt.Printf("s1:%#v len:%v cap:%v\n", s1, len(s1), cap(s1))
// 创建一个长度为 2, 容量为 10 的整型切片
s2 := make([]int, 2, 10)
fmt.Printf("s2:%#v len:%v cap:%v\n", s2, len(s2), cap(s2))
```

输出:

```
s1:[]string{"", ""} len:2 cap:2
s2:[]int{0, 0} len:2 cap:10
```

使用 make 函数可以将切片所需容量一次申请到位, 切片的元素数量小于或等于该切片的容量。

切片的本质

切片的本质是对底层数组的二次封装, 从下方的源码中可以看出其包含了三个信息: 指向底层数组元素的指针 (array)、切片的长度 (len) 和切片的容量 (cap)。

```
// src/runtime/slice.go
type slice struct {
    array unsafe.Pointer
    len   int
    cap   int
}
```

例如, 现在有一个数组 a := [8]int{0, 1, 2, 3, 4, 5, 6, 7}, 针对该数组 a 使用切片表达式 s1 := a[:5] 得到切片 s1 的示意图如图 3-3 所示。

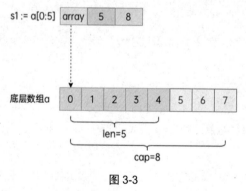

图 3-3

切片 s2 := a[3:6] 的示意图如图 3-4 所示。

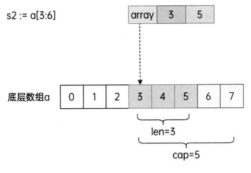

图 3-4

nil 切片与 empty 切片

关于 nil 切片与 empty 切片，我们首先来看下面的代码。

```
var s1 []int
s2 := []int{}
s3 := make([]int, 0)

fmt.Printf("s1:%v len:%v cap:%v\n", s1, len(s1), cap(s1))
fmt.Printf("s2:%v len:%v cap:%v\n", s2, len(s2), cap(s2))
fmt.Printf("s3:%v len:%v cap:%v\n", s3, len(s3), cap(s3))
```

输出：

```
s1:[] len:0 cap:0
s2:[] len:0 cap:0
s3:[] len:0 cap:0
```

s1、s2 和 s3 三个切片看起来没什么不同，你可能将它们都称为"空切片"，但其实它们并不完全相同。

```
fmt.Println(s1 == nil, s2 == nil, s3 == nil) // true false false
```

我们使用%#v 输出它们的 Go 语言表示，来看一下它们之间的区别。

```
fmt.Printf("s1:%#v s2:%#v s3:%#v\n", s1, s2, s3)
```

输出：

```
s1:[]int(nil) s2:[]int{} s3:[]int{}
```

上面示例代码中的 s1 是一个 nil 切片，它不仅没有大小和容量，也没有指向任何底层的数组。而 s2 和 s3 都属于 empty 切片，它们没有大小和容量，指向了一个特殊的内存地址 zerobase——所有 0 字节分配的基地址，如图 3-5 所示。

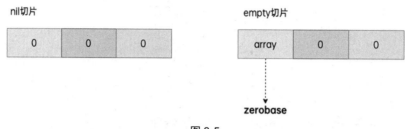

图 3-5

此外，要判断一个切片 s 是否为空，请始终使用 len(s) == 0，而不要使用 s == nil。由于切片中的元素不是直接存储的值，所以 Go 语言不允许切片之间直接使用==进行比较。切片唯一合法的比较操作是和 nil 比较。

切片遍历

切片的遍历方式和数组是一致的，支持索引遍历和 for range 遍历。

```
// 定义一个切片 s
s := []int{1, 3, 5}
// 索引遍历
for i := 0; i < len(s); i++ {
    fmt.Println(i, s[i])
}
// for range 遍历
for index, value := range s {
    fmt.Println(index, value)
}
```

append 函数

Go 语言内置的 append 函数用来将元素追加到切片的末尾。使用 append 函数为切片追加元素时，可以一次追加一个，也可以一次追加多个。

```
var s []int
s = append(s, 1)       // 追加 1 个元素
fmt.Println(s)         // [1]
s = append(s, 2, 3, 4) // 追加多个元素
fmt.Println(s)         // [1 2 3 4]
```

append 函数还支持在切片末尾追加另一个切片中的元素，此时需要搭配使用...符号将被添加的切片展开。

```
s1 := []string{"北京", "上海", "广州", "深圳"}
s2 := []string{"杭州", "成都"}

s1 = append(s1, s2...) // 将 s2 中的元素追加到 s1 末尾
fmt.Println(s1)        // [北京 上海 广州 深圳 杭州 成都]
```

注意：可以在 append 函数中直接使用 nil slice。

```
var s []int // nil slice
s = append(s, 1, 2, 3)
```

由于 append 函数是向切片的末尾追加元素，所以当我们使用 make 函数初始化切片时，要特别注意是否为切片指定了初始大小，如果指定了初始大小，那么这些元素将被初始化为对应类型的零值。

```
// 创建一个大小和容量均为 3 的整型切片
s1 := make([]int, 3)
s1 = append(s1, 1, 2, 3)
fmt.Println(s1) // [0 0 0 1 2 3]

// 创建一个大小为 0，容量为 3 的整型切片
s2 := make([]int, 0, 3)
s2 = append(s2, 1, 2, 3)
fmt.Println(s2) // [1 2 3]
```

每个切片都会指向一个底层数组，当我们向切片中添加元素时，如果其底层数组的容量足够，就会直接把新元素追加到底层数组中；如果底层数组不能容纳新增的元素，切片就会自动按照一定的策略进行扩容，此时该切片指向的底层数组就会更换。扩容操作往往发生在调用 append 函数时，Go 编译器不允许调用 append 函数后不使用其返回值，所以我们通常使用原变量接收 append 函数的返回值。

例如，定义一个切片变量 numSlice，然后依次向其中添加 0~9 共 10 个数字，观察切片的扩容现象。

```
var numSlice []int
for i := 0; i < 10; i++ {
    numSlice = append(numSlice, i)
    fmt.Printf("%v len:%d cap:%d ptr:%p\n",
        numSlice, len(numSlice), cap(numSlice), numSlice)
}
```

输出：

```
[0] len:1 cap:1 ptr:0xc0000a8000
[0 1] len:2 cap:2 ptr:0xc0000a8040
[0 1 2] len:3 cap:4 ptr:0xc0000b2020
[0 1 2 3] len:4 cap:4 ptr:0xc0000b2020
[0 1 2 3 4] len:5 cap:8 ptr:0xc0000b6000
[0 1 2 3 4 5] len:6 cap:8 ptr:0xc0000b6000
[0 1 2 3 4 5 6] len:7 cap:8 ptr:0xc0000b6000
[0 1 2 3 4 5 6 7] len:8 cap:8 ptr:0xc0000b6000
```

```
[0 1 2 3 4 5 6 7 8] len:9 cap:16 ptr:0xc0000b8000
[0 1 2 3 4 5 6 7 8 9] len:10 cap:16 ptr:0xc0000b8000
```

从上面的结果可以看出：

- append 函数将元素追加到切片的最后并返回该切片。
- numSlice 按照一定的规则自动进行扩容。

上述代码在运行过程中进行了 5 次内存再分配，在日常编程中，我们应该提前预估切片的使用容量，争取在声明变量时一次把内存申请到位，尽量避免在代码运行过程中频繁触发扩容操作。

切片的扩容策略

既然切片是支持自动扩容的，那么切片的扩容策略是什么呢？我们可以通过查看$GOROOT/src/runtime/slice.go 文件中关于切片扩容部分的源码来了解具体的扩容策略（基于 Go1.21.1 版本）。

```
// src/runtime/slice.go
newcap := oldCap
doublecap := newcap + newcap
if newLen > doublecap {
  newcap = newLen
} else {
  const threshold = 256
  if oldCap < threshold {
    newcap = doublecap
  } else {
    // 检查 0 < newcap 以检测溢出并防止出现无限循环
    for 0 < newcap && newcap < newLen {
      // 从小切片的 2 倍增长过渡到大切片的 1.25 倍增长。
      // 这个公式在两者之间提供了平滑过渡。
      newcap += (newcap + 3*threshold) / 4
    }
    // 当 newcap 计算溢出时，将 newcap 设置为请求的 cap。
    if newcap <= 0 {
      newcap = newLen
    }
  }
}
```

从上面的代码可以看出以下内容。

- 如果新切片的长度（newLen）大于 2 倍的旧容量（doublecap），则最终容量（newcap）是新切片的长度（newLen）。
- 否则，如果旧切片的容量（oldCap）小于 256，则最终容量（newcap）是旧容量（oldCap）的两倍，即（newcap=doublecap）。
- 否则，如果旧切片的容量（oldCap）大于或等于 256，则最终容量（newcap）开始循环增加

(newcap + 3*threshold) / 4，直到最终容量（newcap）大于或等于新切片的长度（newLen）。
- 如果最终容量（newcap）计算值溢出，则最终容量（newcap）是新切片的长度（newLen）。

> **注意**：切片扩容还会根据切片中元素的类型不同而做不同的处理（内存对齐），例如 int 和 string 类型的处理方式就不一样。

切片的赋值拷贝

下面的代码演示了切片的赋值操作导致两个切片共享同一个底层数组，此时对一个切片进行修改会影响另一个切片的内容。

```
s1 := make([]int, 3) // [0 0 0]
s2 := s1              // 将 s1 赋值给 s2，s1 和 s2 共用一个底层数组
s2[0] = 100
fmt.Println(s1) // [100 0 0]
fmt.Println(s2) // [100 0 0]
```

上面的代码是比较直观的赋值操作，但是在实际编程中会有很多比较隐蔽的共用同一个底层数组的场景。例如：

```
s1 := []int{1, 2, 3, 4, 5}
s2 := s1[:3]

s2[1] = 200     // 修改 s2，影响 s1
fmt.Println(s1) // [1 200 3 4 5]
```

在使用切片时，这个地方需要特别注意。

copy 函数

从上面的示例代码中我们知道，不同切片因为共用底层数组可能引发一些意想不到的问题，如果我们明确不希望两个切片之间共用一个底层数组，那么可以使用 Go 语言内建的 copy 函数将一个切片的数据复制到另一个切片空间中，copy 函数的使用格式如下。

```
copy(destSlice, srcSlice []T)
```

其中，srcSlice 表示数据来源切片；destSlice 表示目标切片。

例如：

```
s1 := []int{1, 2, 3, 4, 5}
s2 := make([]int, 5, 5)
copy(s2, s1)    // 将切片 s1 中的元素复制到切片 s2 中
fmt.Println(s1) // [1 2 3 4 5]
fmt.Println(s2) // [1 2 3 4 5]
s2[0] = 1000    // 修改 s2
fmt.Println(s1) // [1 2 3 4 5]
fmt.Println(s2) // [1000 2 3 4 5]
```

从切片中删除元素

Go 语言并没有删除切片中间某个元素并保持剩余元素顺序的专用方法，我们可以借助切片本身的特性来实现。相关操作的示例代码如下。

```
s := []string{"我", "不", "爱", "编", "程"}
//删除索引为1的元素
s = append(s[:1], s[2:]...)
fmt.Println(s) // [我 爱 编 程]
```

因此，要从切片 s 中删除索引为 index 的元素，可以使用 s = append(s[:index], s[index+1:]...)。

当然，也可以使用 copy 函数来实现类似的功能。

```
s := []string{"我", "不", "爱", "编", "程"}
// 删除索引为1的元素
copy(s[1:], s[2:])
fmt.Println(s[:len(s)-1]) // [我 爱 编 程]
```

练习题

请写出下面代码的输出结果。

```
var a = make([]int, 5, 10)
for i := 0; i < 10; i++ {
    a = append(a, i)
}
fmt.Println(a)
```

3.3 映射

哈希表[1]（hash table）是计算机科学中非常重要的数据结构，它能够对数据序列进行快速的查找、添加、修改和删除。Go 语言的映射就实现了类似的功能。

映射的定义

Go 语言的映射（map）是一种无序的基于键-值对（key-value）的数据类型，语法如下。

```
map[KeyType]ValueType
```

其中，KeyType 表示键的类型；ValueType 表示与键对应的值的类型。

在 Go 语言中，一个映射中的所有键必须都是相同的类型，所有值也必须都是相同的类型，键和值的类型不一定相同。只有能使用==操作符进行比较的类型才能作为映射的键，任何类型都可以作

---

1 又叫散列表。

为映射的值，不建议使用浮点型作为映射的键。

映射类型的变量默认初始值为 nil。

```
var m map[string]string
fmt.Println(m == nil) // true
```

我们可以使用映射字面量的方式创建携带初始值的映射变量。

```
// 创建一个 key 是 string, value 是 int 的映射
m1 := map[string]int{
    "七米": 100,
    "张三": 60,
}
fmt.Println(m1) // map[七米:100 张三:60]
```

也可以使用 Go 内置的 make 函数来创建映射。具体语法为

```
make(map[KeyType]ValueType, cap)
```

其中，cap 表示可选的映射的容量。

使用 make 函数创造的映射，不管有没有指定容量都不再是 nil。

```
m2 := make(map[string]string)
fmt.Println(m2 == nil) // false
```

在使用 make 函数创建映射时，容量参数不是必需的，映射会根据需要自动扩容，但是我们依然应该在初始化映射时就为其指定一个合适的容量，这样能有效减少运行时的内存分配，提高代码的执行效率。

映射的基本使用方法

映射中的数据都是成对出现的，我们通过 map[key] 的方式访问映射中的元素。

```
scoreMap := make(map[string]int, 2)
// 添加元素
scoreMap["七米"] = 100
scoreMap["张三"] = 60
fmt.Printf("scoreMap:%v\n", scoreMap)
fmt.Printf("type:%T\n", scoreMap)
// 根据 key 访问元素
fmt.Println(scoreMap["七米"])
```

输出：

```
scoreMap:map[七米:100 张三:60]
type:map[string]int
100
```

可以使用 len 函数来获取映射中的元素数量。

```
fmt.Println(len(scoreMap)) // 2
```

注意：不能直接对 nil 映射添加元素，下面的操作会导致程序运行异常。

```
var m map[string]int
m["七米"] = 100  // panic：对 nil 映射添加元素
```

因此，在执行添加操作前，要先使用 make 函数对 nil 映射进行初始化。

```
var m map[string]int
m = make(map[string]int)
m["七米"] = 100  // 运行正常
```

我们一般在声明映射变量时直接使用 make 函数完成初始化操作，并且为其指定一个合适的容量。

```
var m = make(map[string]int, 1)
m["七米"] = 100  // 运行正常
```

delete 函数

使用 Go 内置函数 delete 可以从映射中删除一组键-值对，delete 函数的调用格式如下。

```
delete(map, key)
```

其中，map 表示要删除键-值对的 map；key 表示要删除的键-值对的键。示例代码如下。

```
scoreMap := make(map[string]int, 4)
scoreMap["七米"] = 100
scoreMap["张三"] = 60
scoreMap["小明"] = 85
fmt.Println(scoreMap)  // map[七米:100 小明:85 张三:60]
delete(scoreMap, "小明")  // 将小明:85 从映射中删除
fmt.Println(scoreMap)  // map[七米:100 张三:60]
```

判断键是否存在

通过 map[key]访问映射中的元素时，无论 key 是否存在都会返回值，如果键在映射中，就会返回该键对应的值；如果键不在映射中，就会返回对应类型的零值。这样的特性在有些场景中不太友好，例如下面的情况。

```
// 定义一个存储用户年龄的映射
ageMap := map[string]int{
    "七米": 30,
    "张三": 28,
}
// 尝试查找小明的年龄
name := "小明"
fmt.Println(ageMap[name]) // 0
```

小明的年龄暂时没有录入 ageMap，于是我们在查询 ageMap 时得到了一个 0，这个 0 显然不能作为小明的年龄。

Go 语言有一个判断映射中是否存在某个键的特殊写法，具体格式如下。

```
value, ok := map[key]
```

注意：这里的 ok 是一个约定成俗的变量名，虽然可以使用任意的变量名代替它，但是在很多返回布尔值的场景中，我们习惯使用 ok 这个变量名。

优化上面的代码片段。

```
// 定义一个存储用户年龄的映射
ageMap := map[string]int{
    "七米": 30,
    "张三": 28,
}
// 如果 key 存在，则 ok 为 true，v 为对应的值
// 如果 key 不存在，则 ok 为 false，v 为值类型的零值
name := "小明"
v, ok := ageMap[name]
if ok {
    fmt.Printf("%s 的年龄: %v\n", name, v)
} else {
    fmt.Printf("%s 的年龄: 保密\n", name)
}
```

显然，经过这次改动，程序更合理了。

映射的遍历

与切片一样，可以对映射使用 for range 进行遍历，只不过这里获取的是键和值。

```
scoreMap := make(map[string]int, 4)
scoreMap["七米"] = 100
scoreMap["张三"] = 60
scoreMap["小明"] = 85
for name, score := range scoreMap {
    fmt.Println(name, score)
}
```

当我们只想遍历键或者值时，可以按下面的写法，使用_忽略不想要的值。

```
// 只遍历取出映射中的 key
for name := range scoreMap {
    fmt.Println(name)
}
// 只遍历取出映射中的值
for _, score := range scoreMap {
```

```
    fmt.Println(score)
}
```

注意：遍历映射时的元素顺序与添加元素的顺序无关，即映射的迭代顺序是不固定的。

按照指定顺序遍历映射

在某些场景中，我们可能需要按照某个特定的顺序遍历映射，这时可以先对映射的键进行排序，然后根据键去映射中取值的方式，间接实现按顺序遍历映射。例如：

```
var scoreMap = map[string]int{
    "stu03": 88,
    "stu01": 92,
    "stu05": 60,
    "stu02": 82,
    "stu06": 98,
    "stu04": 92,
}
// 取出映射中的所有 key 存入切片 keys
var keys = make([]string, 0, len(scoreMap))
for key := range scoreMap {
    keys = append(keys, key)
}
// 对 keys 切片进行排序
sort.Strings(keys)
// 按照排序后的 key 遍历 map
for _, key := range keys {
    fmt.Println(key, scoreMap[key])
}
```

映射类型的切片

映射也可以作为切片的元素，下面的代码演示了切片中的元素为映射类型时的操作。

```
var mapSlice = make([]map[string]string, 3)
// 对切片中的映射元素进行初始化
mapSlice[0] = make(map[string]string, 4)
mapSlice[0]["name"] = "七米"
mapSlice[0]["password"] = "123456"
mapSlice[0]["address"] = "北京"
for index, value := range mapSlice {
    fmt.Printf("index:%d value:%v\n", index, value)
}
```

值为切片类型的映射

切片类型也可以作为映射中的值，下面的代码演示了映射中值为切片类型的操作。

```
// 声明一个键为字符串，值为字符串切片的映射
var sliceMap = make(map[string][]string, 3)
fmt.Println(sliceMap)
key := "中国"
value, ok := sliceMap[key]
if !ok {
    // 如果 key 不存在，则初始化一个值切片
    value = make([]string, 0, 2)
}
value = append(value, "北京", "上海")
sliceMap[key] = value
fmt.Println(sliceMap)
```

练习题

1. 编写一个程序，统计一个全英文字符串中每个单词出现的次数，并存储到映射变量 m 中。例如，s := "how do you do"中 how=1 do=2 you=1。

提示：可以使用 strings.Split(s, " ")将字符串 s 按空格拆分成字符串切片。

2. 观察下面的代码，写出最终的输出结果。

```
m := make(map[string][]int)
s := []int{1, 2}
s = append(s, 3)
fmt.Printf("%+v\n", s)
m["qimi"] = s
s = append(s[:1], s[2:]...)
fmt.Printf("%+v\n", s)
fmt.Printf("%+v\n", m["qimi"])
```

3. 观察下面的代码，写出程序的运行结果。

```
m := make(map[string][]int, 1)
m["七米"] = make([]int, 0, 100)
v := m["七米"]
v = append(v, 1)
for k, v := range m {
    fmt.Println(k, v)
}
v = append(v, 100)
for k, v := range m {
    fmt.Println(k, v)
}
```

本章介绍了 Go 语言常用的三个复合数据类型：数组、切片和映射。其中，切片是基于数组实现的一种灵活的数据结构，而映射能够方便我们表达和存储基于键-值对的数据。在后续的编码过程中，

我们将频繁地使用到它们。

练习题参考答案

3.1

1.

```
a := [...]int{1, 3, 5, 7, 8}
var sum int
for _, v := range a {
    sum += v
}
fmt.Println(sum)
```

2.

```
b := [...]int{1, 3, 5, 7, 8}
l := len(b)
// 遍历数组的每个元素
for i1 := 0; i1 < l; i1++ {
    // 从当前元素的下一个元素开始寻找与当前元素的和为 8 的元素
    for i2 := i1 + 1; i2 < l; i2++ {
        if b[i1]+b[i2] == 8 {
         // 找到和等于 8 的两个元素，将它们的索引打印出来
            fmt.Println([...]int{i1, i2})
        }
    }
}
```

3.2

输出结果为[0 0 0 0 0 0 1 2 3 4 5 6 7 8 9]。注意：make 函数在对切片变量做初始化时，指定长度后，会把相应的元素置为类型零值，与下面的代码有所区别。

```
var a = make([]int, 0, 10)
for i := 0; i < 10; i++ {
    a = append(a, i)
}
fmt.Println(a) // [0 1 2 3 4 5 6 7 8 9]
```

3.3

1. 注意灵活运用 value, ok := map[key]。

```
s := "how do you do"
wordCount := make(map[string]int, 8)
for _, v := range strings.Split(s, " ") {
```

```
    value, ok := wordCount[v]
    if ok {
        wordCount[v] = value + 1
    } else {
        wordCount[v] = 1
    }
}
for k, v := range wordCount {
    fmt.Println(k, v)
}
```

2. 注意：映射中"qimi"对应的值和最后的 s 已经不是同一个切片，它们的底层数组一致，但长度不一样。

```
m := make(map[string][]int)
s := []int{1, 2}
s = append(s, 3)
fmt.Printf("%+v\n", s) // [1 2 3]
m["qimi"] = s
s = append(s[:1], s[2:]...)
fmt.Printf("%+v\n", s)         // [1 3]
fmt.Printf("%+v\n", m["qimi"]) // [1 3 3]
fmt.Println(len(s), len(m["qimi"])) // 2 3
```

3. 本题与上题类似，我们可以通过输出 m["七米"]和 v 的长度来证明它们不是相同的切片。

```
m := make(map[string][]int, 1)
m["七米"] = make([]int, 0, 100)
v := m["七米"]
v = append(v, 1)
for k, v := range m {
    fmt.Println(k, v) // 七米 []
}
v = append(v, 100)
for k, v := range m {
    fmt.Println(k, v) // 七米 []
}
fmt.Println(len(m["七米"]), len(v)) // 0 2
fmt.Println(cap(m["七米"]), cap(v)) // 100 100
```

3.3 节的第 2 题与第 3 题都是在日常编码时经常遇到的场景，大家在使用切片时一定要注意类似问题。

第 4 章

函数

本章学习目标
- 掌握函数的声明和调用过程。
- 掌握函数变量和返回值的使用方法。
- 了解和掌握闭包函数。
- 了解内置函数 defer、panic 和 recover。

函数是组织好的、可重复使用的、用来实现单一或关联功能的代码段，它对外隐藏了内部的实现细节，可以被重复地调用执行，使用函数可以提高程序的模块性和代码的复用率。在之前的章节中，我们已经接触了几个 Go 语言内置函数，例如获取切片长度的 len 函数和获取切片容量的 cap 函数。对于大多数编程语言来说，函数都是极其重要的特性之一。

4.1 函数声明

Go 语言中使用 func 关键字声明函数，具体格式如下。

```
func 函数名(参数)(返回值){
    函数体
}
```

其中：

- 函数名：由字母、数字、下画线组成，但不能由数字开头。在同一个包内，函数名不能重复（包的概念详见 6.1 节）。
- 参数：由参数变量和参数变量的类型组成，多个参数之间使用半角逗号（,）分隔。

- 返回值：返回值由返回值变量和其类型组成，也可以只写返回值的类型。Go 语言函数支持多个返回值，多个返回值必须用半角括号（()）包裹，并用半角逗号（,）分隔。
- 函数体：实现指定功能的代码块。

如果需要计算若干组整数的平方和，那么可以按如下格式声明一个函数。

```
func squareSum(x int, y int) (res int) {
    res = x*x + y*y
    return res
}
```

上面的函数参数列表和函数返回值都是由变量名和变量类型组成的，可以把它们看成省略了 var 关键字的变量声明，其中，参数 x、y 和返回值 res 都是 int 类型。在函数中通过 x*x + y*y 语句计算平方和并赋值给变量 res，最后通过 return 将 res 返回给调用方。

函数的参数和返回值都是可选的，例如，我们可以定义一个既不需要参数也没有返回值，只是输出一句话的函数。

```
func saySomething() {
    fmt.Println("永远不要高估自己! ")
}
```

注意：函数声明后可以不被使用，除 init() 函数外，同一个包中不允许声明名称相同的函数。

我们已经掌握了一些自行定义函数的方法，接下来继续学习如何使用函数。

4.2 函数的调用

定义了函数之后，我们可以通过函数名() 的方式来调用函数。这里的调用可以简单地理解为在这个位置执行函数内部的代码。例如，调用上面定义的两个函数，代码如下。

```
func main() {
    saySomething()
    res := squareSum(10, 20)
    fmt.Println(res)
}
```

注意：当调用有返回值的函数时，可以不接收返回值。

```
squareSum(10, 20)  // 调用 squareSum 函数并丢弃返回值
```

现在，相信你已经学会了如何定义一个函数并调用它，接下来我们开始学习 Go 语言函数的进阶内容。

4.3　参数

我们把函数定义阶段的参数称为形参，把函数调用阶段传入的参数称为实参。

Go 语言的函数调用过程中的传参是按值传递的，函数接收到的是复制得到的实参副本。

```go
func modify(x int){
    x = 100  // 此处改变形参的值不会影响实参
}
func main(){
    x := 1
    modify(x)
    fmt.Println(x)  // 1
}
```

当传入的函数实参为某些特殊类型（指针、slice、map、函数、channel）时，改变形参的值会影响实参。以下代码以指针为例。

```go
func modify2(y *int){
    *y = 100  // 此处传入的是实参的地址，根据地址赋值会影响实参
}
func main(){
    y := 1
    modify2(&y)
    fmt.Println(y)  // 100
}
```

类型简写

如果参数中相邻变量的类型相同，则可以省略参数的类型。例如：

```go
func intSum(x, y int) int {
    return x + y
}
```

在上面的代码中，intSum 函数有两个参数，这两个参数的类型均为 int，此时可以省略参数 x 的类型，因为参数 y 后面有类型说明，推理可得参数 x 也是该类型。同理，当函数有多个类型相同的返回值时，也可以使用类型简写。

可变参数

可变参数指函数的参数数量不固定。Go 语言中的可变参数通过在形参后添加...来标识。

注意：可变参数通常作为函数的最后一个参数。

例如，现在需要一个能计算若干整数和的函数 intSum2，在调用该函数时会传递不确定数量的整数，此时我们可以把该函数定义为

```go
func intSum2(x ...int) int {
    fmt.Println(x) // x是一个切片
    sum := 0
    for _, v := range x {
        sum = sum + v
    }
    return sum
}
```

调用上面的函数。

```go
ret1 := intSum2()
ret2 := intSum2(10)
ret3 := intSum2(10, 20)
ret4 := intSum2(10, 20, 30)
fmt.Println(ret1, ret2, ret3, ret4) //0 10 30 60
```

当普通参数搭配可变参数使用时,可变参数要放在普通参数的后面,示例代码如下。

```go
func intSum3(x int, y ...int) int {
    fmt.Println(x, y)
    sum := x
    for _, v := range y {
        sum = sum + v
    }
    return sum
}
```

调用上述函数。

```go
ret5 := intSum3(100)
ret6 := intSum3(100, 10)
ret7 := intSum3(100, 10, 20)
ret8 := intSum3(100, 10, 20, 30)
fmt.Println(ret5, ret6, ret7, ret8) // 100 110 130 160
```

可以看出,函数的可变参数本质上是一个切片。

4.4 返回值

在调用函数时,内部代码执行完毕或遇到 return 语句则函数结束,Go 语言通过 return 关键字输出返回值。

多返回值

Go 语言函数支持多返回值,如果函数有多个返回值,那么在定义函数时必须用()将所有返回值包裹起来。

例如，

```
func calc(x, y int) (int, int) {
    sum := x + y
    sub := x - y
    return sum, sub
}
```

调用函数时需要使用对应数量的变量按顺序接收函数的所有返回值，如果想忽略某个返回值，则可以使用特殊的_接收。

```
res1, res2 := calc(10, 20)   // 使用 res1 和 res2 两个变量分别接收和查找两个返回值
res3, _  := calc(100, 200)   // 使用 res3 接收第一个返回值，丢弃第二个返回值
```

命名返回值

函数定义阶段可以直接给返回值命名，函数体中可以直接使用这些变量，最后通过 return 关键字返回。如以下代码所示。

```
func calc(x, y int) (sum, sub int) {
    sum = x + y
    sub = x - y
    return
}
```

特殊返回值

在某些场景中，nil 可以作为特殊返回值返回。例如，当一个函数的返回值类型为 slice 时，nil 可以看作一个有效的 slice，此时没必要显式返回一个长度为 0 的 slice。

```
func someFunc(x string) []int {
    if x == "" {
        return nil // 没必要返回[]int{}
    }
    ...
}
```

4.5 变量作用域

全局变量

全局变量是定义在函数外部的变量，它在程序整个运行周期内都有效，在函数中可以访问到全局变量。

```
package main
import "fmt"
// 定义全局变量 num
```

```
var num int64 = 10
func testGlobalVar() {
    fmt.Println("num=", num) // 函数中可以访问全局变量 num
}
func main() {
    testGlobalVar() //num=10
}
```

局部变量

局部变量又分为两种：函数内局部变量和语句块局部变量。

函数内定义的变量无法在该函数外使用，例如在下面的代码中，main 函数无法使用 testLocalVar 函数中定义的变量。

```
func testLocalVar() {
    // 定义一个函数局部变量 x, 仅在该函数内生效
    var x int64 = 100
    fmt.Println("x=", x)
}
func main() {
    testLocalVar()
    fmt.Println(x) // 此时无法使用变量 x
}
```

如果局部变量和全局变量重名，那么优先访问局部变量。

```
package main
import "fmt"
// 定义全局变量 num
var num int64 = 10

func testNum() {
    num := 100  // 定义局部变量
    fmt.Println("num=", num) // 函数中优先使用局部变量
}
func main() {
    testNum() // num=100
}
```

接下来看一下语句块中定义的局部变量，通常我们会在 if 条件判断语句、for 循环语句和 switch 语句中使用这种定义变量的方式。例如：

```
func testLocalVar2(x, y int) {
    fmt.Println(x, y) // 函数的参数只在本函数中生效
    if x > 0 {
        z := 100 // 变量 z 只在 if 语句块生效
        fmt.Println(z)
```

```
    }
    fmt.Println(z)// 此处无法使用变量 z
}
```

还有我们之前讲过的 for 循环语句中定义的变量，也只在 for 语句块中生效。

```
func testLocalVar3() {
    for i := 0; i < 10; i++ {
        fmt.Println(i) // 变量 i 只在当前 for 语句块中生效
    }
    fmt.Println(i) // 此处无法使用变量 i
}
```

4.6 函数类型与变量

函数在 Go 语言中属于"一等公民"。所谓一等公民（first class）指函数与其他数据类型的地位是平等的，可以赋值给其他变量，也可以作为参数传入另一个函数，或者作为别的函数的返回值。

函数签名

函数的类型通常被称为**函数签名**。当两个函数拥有相同的参数列表和返回值列表（数量和顺序必须都相同）时，我们就可以认为这两个函数属于相同的类型或函数签名相同。函数签名与函数名称、参数名称和返回值名称均无关。

```
func f1(x int, y int)int{ ... }
func f2(x, y int)int{ ... }
func f3(x, y int)(res int){ ... }
```

上面三个不同的函数拥有相同的函数签名。

函数变量

Go 语言函数也是一种类型，签名相同的函数属于相同的函数类型，可以将函数类型的值保存到变量中。函数类型的零值为 nil。

```
func sayHello(name string) {
    fmt.Println("hello", name)
}

func main() {
    var f func(string) // 声明函数类型变量 f
    f = sayHello       // 将 sayHello 赋值给变量 f
    f("七米")           // 输出：hello 七米
}
```

我们还可以使用 type 关键字为函数类型定义类型别名，具体格式如下。

```
type calculation func(int, int) int
```

上面的语句定义了一个 calculation 类型，它是 func(int, int) int 函数类型的别名。简单来说，凡是满足这个函数签名的都可以称为 calculation 类型。例如，下面的 add 和 sub 都属于 calculation 类型。

```
func add(x, y int) int {
    return x + y
}
func sub(x, y int) int {
    return x - y
}
```

add 和 sub 函数都能赋值给 calculation 类型的变量 c。

```
func main() {
    var c calculation              // 声明一个 calculation 类型的变量 c
    c = add                        // 把 add 赋值给 c
    fmt.Printf("type of c:%T\n", c) // type of c:main.calculation
    fmt.Println(c(1, 2))           // 像调用 add 一样调用 c
    f := add                       // 将函数 add 赋值给变量 f1
    fmt.Printf("type of f:%T\n", f) // type of f:func(int, int) int
    fmt.Println(f(10, 20))          // 像调用 add 一样调用 f
}
```

高阶函数指以其他函数为参数，或者返回一个函数作为结果的函数。Go 语言支持定义高阶函数。

函数作为参数的示例如下。

```
// add , 两个整数相加
func add(x, y int) int {
    return x + y
}
// sub , 两个整数相减
func sub(x, y int) int {
    return x - y
}

// calc, 把两个整数传入给定 op 函数进行计算并返回结果
func calc(x, y int, op func(int, int) int) int {
    return op(x, y)
}
func main() {
    addRes := calc(10, 20, add)
    fmt.Println(addRes) // 30
    subRes := calc(10, 20, sub)
    fmt.Println(subRes) // -10
}
```

函数作为返回值的示例。

```go
// do 根据传入的符号返回对应的函数和可能出现的错误
func do(s string) (func(int, int) int, error) {
    switch s {
    case "+":
        return add, nil
    case "-":
        return sub, nil
    default:
        err := errors.New("无法识别的操作符")
        return nil, err
    }
}
func main() {
    // 当函数有多个返回值时，使用两个变量分别接收对应的返回值
    f, err := do("+")
    if err != nil {
        // 如果出现错误就退出程序
        fmt.Println(err)
        return
    }
    res := f(10, 20)
    fmt.Println("res:", res) // 输出: res:30
}
```

4.7　匿名函数和闭包

匿名函数

函数还可以作为返回值，但是在函数内部只能定义匿名函数。匿名函数可以看作没有函数名的函数，其定义格式如下。

```go
func(参数)(返回值){
    函数体
}
```

由于匿名函数没有函数名，所以没办法像普通函数那样被调用，需要保存到某个变量中或者作为立即执行函数。

```go
func main() {
    // 将匿名函数保存到变量中
    add := func(x, y int) {
        fmt.Println(x + y)
    }
    add(10, 20) // 通过变量调用匿名函数
    // 自执行函数：匿名函数定义完毕加()直接执行
```

```
    func(x, y int) {
        fmt.Println(x + y)
    }(10, 20)
}
```

匿名函数多用于实现回调函数和闭包。

闭包

闭包指一个函数和与其相关的引用环境组合而成的实体。简单来说，**闭包=函数+引用环境**。

我们来看一个例子。

```
func adder() func(int) int {
    var x int
    // 返回一个匿名函数
    return func(y int) int {
        // 将 y 的值累加到其外层函数的局部变量 x
        x += y
        return x
    }
}
func main() {
    var f = adder()
    fmt.Println(f(10)) // 10
    fmt.Println(f(20)) // 30
    fmt.Println(f(30)) // 60
    f1 := adder()
    fmt.Println(f1(40)) // 40
    fmt.Println(f1(50)) // 90
}
```

在上面的代码中，变量 f 接收了 adder 函数的返回值，它是一个函数，并且引用了外部作用域中的 x 变量，因此是一个闭包。在 f 的生命周期内，变量 x 也一直有效。

上面示例代码中的 x 变量也可以是外层函数的参数，在函数调用时由外部传入，我们通常使用这种方式来获得需要的闭包函数。

```
// adder2，将 x 设置为参数更灵活，可以按需传入
func adder2(x int) func(int) int {
    return func(y int) int {
        x += y
        return x
    }
}
func main() {
    var f = adder2(10)
    fmt.Println(f(10)) // 20
```

```
    fmt.Println(f(20)) // 40
    fmt.Println(f(30)) // 70
    f1 := adder2(20)
    fmt.Println(f1(40)) // 60
    fmt.Println(f1(50)) // 110
}
```

接下来，我们看一个闭包的实际应用场景。

```
// makeSuffixFunc ，返回一个给文件名添加指定后缀的函数
func makeSuffixFunc(suffix string) func(string) string {
    return func(name string) string {
        // 判断文件名是否包含指定后缀
        if !strings.HasSuffix(name, suffix) {
            return name + suffix
        }
        return name
    }
}
func main() {
    // 创建一个添加.jpg 后缀的函数
    jpgFunc := makeSuffixFunc(".jpg")
    // 创建一个添加.txt 后缀的函数
    txtFunc := makeSuffixFunc(".txt")
    // 给文件名 avatar 添加.jpg 后缀
    fmt.Println(jpgFunc("avatar")) // avatar.jpg
    // 给文件名 readme 添加.txt 后缀
    fmt.Println(txtFunc("readme")) // readme.txt
}
```

闭包其实并不复杂，只需牢记闭包函数是一个引用了外层函数局部变量的函数。如果你还是不明白，那么可以暂且把它放在一边，不必过于纠结它的定义，当你需要使用闭包时自然会想到本节的内容。

练习题

有 50 枚硬币，你需要分配给 Matthew、Sarah、Augustus、Heidi、Emilie、Peter、Giana、Adriano、Aaron 和 Elizabeth 几位小朋友，分配规则如下。

- 名字中每包含 1 个 e 或 E 分 1 枚硬币。
- 名字中每包含 1 个 i 或 I 分 2 枚硬币。
- 名字中每包含 1 个 o 或 O 分 3 枚硬币。
- 名字中每包含 1 个 u 或 U 分 4 枚硬币。

编写一个程序，计算每个孩子分到了多少枚硬币以及最后剩余多少枚硬币。程序结构如下，请

通过 dispatchCoin 函数完成上述需求。

```go
package main
import "fmt"
var (
    coins = 50
    users = []string{
        "Matthew", "Sarah", "Augustus", "Heidi", "Emilie", "Peter",
        "Giana", "Adriano", "Aaron", "Elizabeth",
    }
    distribution = make(map[string]int, len(users))
)
// dispatchCoin 分硬币的函数
func dispatchCoin() int {
}
func main() {
    left := dispatchCoin()
    fmt.Println("剩下: ", left)
}
```

4.8　内置函数

Go 语言定义了一些能提供特殊功能的函数，称为内置函数，我们可以直接通过函数名使用它们。

defer 语句

函数调用语句前加上 defer 关键字就变成了延迟函数调用，这个被延迟调用的函数的所有返回值都需要被丢弃（不能使用变量接收返回值）。defer 语句没有使用次数的限制。

被延迟调用的函数不会立即执行，在包含 defer 语句的函数返回并进入退出阶段后，被延迟处理的语句将按 defer 定义的逆序执行。也就是说，先被 defer 的语句最后被执行，最后被 defer 的语句最先被执行。

例如：

```go
func main() {
    fmt.Println("start")
    defer fmt.Println(1)
    defer fmt.Println(2)
    defer fmt.Println(3)
    fmt.Println("end")
}
```

输出结果：

```
start
end
3
2
1
```

由于 defer 语句具有被延迟调用的特性，所以经常被应用在那些成对的操作中，例如打开和关闭、连接和断开、加锁和解锁，以帮助开发者在复杂的控制流程中正确释放资源。

例如，在编写读取文件内容的 readFromFile 函数时，使用 defer 语句延迟执行 f.Close() 操作，以保证在函数运行完毕后妥善地关闭文件，释放相关资源。

```go
func readFromFile(filename string) error {
    f, err := os.Open(filename)
    if err != nil {
        return err
    }
    defer f.Close() // 函数结束时关闭文件
    ...
    // 从文件中读取内容的操作
}
```

当然，defer 语句也可以用来做一些调试工作，例如在函数的入口和出口执行特定的语句，记录执行时间或相关变量等。下面是一个记录指定函数执行时间的函数。

```go
// recordTime ，记录函数执行时间
func recordTime(funcName string) func() {
    start := time.Now()
    fmt.Printf("enter %s\n", funcName)
    return func() {
        fmt.Printf("exit %s, cast:%v\n", funcName, time.Since(start))
    }
}
```

我们可以使用 defer 语句将它应用到需要记录耗时的函数内部，例如 readFromFile 函数。

```go
func readFromFile(filename string) error {
  defer recordTime("readFromFile")() // defer 延迟调用
    f, err := os.Open(filename)
    if err != nil {
        return err
    }
    defer f.Close() // 函数结束时关闭文件
    ...
    // 从文件中读取内容的操作
}
```

Go 语言函数底层的 return 语句并不是原子操作，它包括给返回值赋值和 RET 指令两步。而 defer

语句延迟执行的时机就在返回值赋值操作后、RET 指令执行前，它可以更新函数的返回值变量，如图 4-1 所示。

图 4-1

我们可以通过下面几个示例来理解 defer 语句对函数返回值的影响。

```go
func f1() int {
    x := 5
    defer func() {
        x++ // 只修改 x 的值，不会更新返回值
    }()
    return x // 返回值=5
}
func f2() (x int) {
    // 已提前声明好返回值变量 x
    defer func() {
        x++ // 会更新返回值
    }()
    return 5 // 返回值 x=5
}
func f3() (y int) {
    x := 5
    defer func() {
        x++ // 只修改 x 的值，不会更新返回值
    }()
    return x // 返回值 y=5
}
func f4() (x int) {
    defer func(x int) {
        x++ // 修改的是匿名函数局部变量 x，不会更新返回值
    }(x)
    return 5 // 返回值 x=5
}
func main() {
    fmt.Println(f1()) // 5
    fmt.Println(f2()) // 6
    fmt.Println(f3()) // 5
    fmt.Println(f4()) // 5
}
```

panic

Go 语言的类型系统会在编译时捕获很多错误，但有些错误只能在运行时检查，例如除数为 0、切片访问越界、空指针引用等，这些运行时错误会引发 panic。

通常来说，当一个函数调用发生 panic 时，会立即进入退出阶段，开始执行所有延迟调用函数，然后程序会异常退出并输出相应的日志。日志中会包含函数调用栈信息和具体的 panic 值，借助这些信息可以排查和解决程序中出现的问题。下面的示例演示了在代码中使用 0 作为除数时，程序异常退出的场景。

```go
package main
import "fmt"
func main() {
    x, y := 10, 0
    res := x / y
    fmt.Println(res)
}
```

输出：

```
panic: runtime error: integer divide by zero
goroutine 1 [running]:
main.main()
        ../the-road-to-learn-golang/ch05/div_zero.go:7 +0x11
exit status 2
```

除了上述运行时异常导致的 panic，我们还可以通过 Go 语言内置的 panic 函数来手动触发 panic。panic 函数可以接收任意值作为参数，但通常使用相关错误信息作为参数。

```go
func main() {
    fmt.Println(123)
    panic(456) // 手动触发panic，程序异常退出，不会执行后续语句
    fmt.Println(789)
}
```

输出：

```
123
panic: 456
goroutine 1 [running]:
main.main()
        ../the-road-to-learn-golang/ch05/panic.go:19 +0x95
exit status 2
```

Go 语言的 panic 机制类似于其他语言中的异常，区别于"无脑"执行 try … catch 的模式，panic 对场景的要求更苛刻。panic 会导致程序异常退出，因此一般只在程序出现不应该出现的逻辑错误时才会使用。强健的代码会优雅地处理可能出现的错误，例如错误的输入、已经关闭的连接等，我们

应该使用 Go 语言提供的错误机制，而不是滥用 panic。

例如，Go 语言内置的 regexp 包中有一个将字符串参数编译成正则表达式的函数 func Compile(expr string) (*Regexp, error)，如果传入的参数不是合法的正则表达式，就会返回错误。但是在正常情况下我们怎么会在代码中添加一个非法的正则表达式呢？考虑到我们通常没有必要去处理这种不可能出现的错误，使用 panic 才是比较合理的。regexp 包提供了一个包装函数，如下所示。

```go
func MustCompile(str string) *Regexp {
    regexp, err := Compile(str)
    if err != nil {
        panic(`regexp: Compile(` + quote(str) + `): ` + err.Error())
    }
    return regexp
}
```

这样就可以很方便地定义全局可用的正则匹配变量了。

```go
// 定义一个用于匹配手机号码的正则表达式变量
var phoneRE = regexp.MustCompile(`^1[3-9]\d{9}$`)
```

在很多地方都会看到类似的函数，它们通常约定成俗地使用 Must 作为函数名称的前缀。

recover

程序是可以从 panic 状态恢复的，此时需要使用 Go 语言内置的 recover 函数。通过在延迟调用函数中调用内置函数 recover，可以消除当前 goroutine 中的一个 panic，从而回到正常状态。

> **注意：** 在一个处于 panic 状态的 goroutine 退出之前，其中的 panic 不会蔓延到其他 goroutine。如果一个 goroutine 在 panic 状况下退出，那么它将使整个程序崩溃。因此，当我们需要从 panic 状态恢复时，需要在当前 goroutine 中执行 recover 函数。panic 可以在任何地方引发，但 recover 函数只在 defer 调用的函数中有效。关于 goroutine 的介绍详见 9.2 节。

来看一个例子。

```go
func funcA() {
    fmt.Println("func A")
}
func funcB() {
    panic("panic in B")
}
func funcC() {
    fmt.Println("func C")
}
func main() {
    funcA()
    funcB()
    funcC()
```

```
}
```

输出：

```
func A
panic: panic in B
goroutine 1 [running]:
main.funcB(...)
        .../code/func/main.go:12
main.main()
        .../code/func/main.go:20 +0x98
```

在程序运行期间，funcB 中的 panic 导致程序崩溃而异常退出，这时可以通过 recover 函数恢复程序，继续执行。我们可以在可能出现 panic 的函数 funcB 中添加 recover 函数。

```
func funcA() {
    fmt.Println("func A")
}
func funcB() {
    defer func() {
        err := recover()
        // 如果程序出现了 panic，那么可以通过 recover 恢复
        if err != nil {
            fmt.Printf("recover from panic:%v\n", err)
        }
    }()
    panic("panic in B")
}
func funcC() {
    fmt.Println("func C")
}
func main() {
    funcA()
    funcB()
    funcC()
}
```

也可以在 main 函数中添加 recover。

```
func funcA() {
    fmt.Println("func A")
}
func funcB() {
    panic("panic in B")
}
func funcC() {
    fmt.Println("func C")
}
```

```go
func main() {
    defer func() {
        err := recover()
        // 如果程序出现了 panic, 那么可以通过 recover 恢复
        if err != nil {
            fmt.Printf("recover from panic:%v\n", err)
        }
    }()
    funcA()
    funcB()
    funcC()
}
```

使用 recover 函数从 panic 中恢复时需要特别注意以下几点。

● 一定要在可能引发 panic 的语句之前调用 recover 函数。

● recover 函数必须搭配 defer 使用，并且不能直接使用 defer 延迟调用。

● recover 函数只能恢复当前 goroutine 的 panic。

下面的几种写法均不能正确地从 panic 中恢复。

```go
func demo1() {
    demo2()
    defer func() {
        recover()  // 一定要在可能引发panic的语句之前调用 recover 函数
    }()
    ...
}
func demo2() {
    ...
    panic("panic in demo2")
}
func demo3() {
    defer recover() // 不要使用defer直接调用recover
    panic("panic in demo1")
}
func demo4() {
    func() {
        defer recover() // 无效
    }()
    panic("panic in demo4")
}
func demo5() {
    func() {
        defer func() {
            recover() // 无效
        }()
```

```
    }()
    panic("panic in demo5")
}
```

> **注意**: Go 语言为我们提供了从 panic 中恢复的方法，除非你明确知道程序应该使用 panic 和 recover，否则不要使用它们。

new 和 make

我们来看一段十分糟糕的代码。

```
var a *int // nil
*a = 100
var s []int // nil
s[0] = 100
var m map[string]int // nil
m["七米"] = 100
```

执行上面的代码会引发 panic，为什么呢？这是因为在声明 a、s 和 m 这三个变量时没有触发内存申请。当我们声明一个值类型的变量时，Go 语言会默认已经为其分配内存。因此，在声明指针或包含指针类型的变量时，不仅要声明它的类型，还要为它申请内存空间，否则没办法直接存储值。为变量手动申请内存就要用到 Go 语言中内置的 new 函数和 make 函数。

new 函数的函数签名如下。

```
func new(Type) *Type
```

其中，Type 表示类型，new 函数只接受一个参数，这个参数是一个类型。*Type 表示类型指针，new 函数返回一个指向该类型内存地址的指针。

new 函数不太常用，使用 new 函数得到的是一个类型的指针，该指针对应的值为该类型的零值。例如：

```
a := new(int)
b := new(bool)
fmt.Printf("%T\n", a) // *int
fmt.Printf("%T\n", b) // *bool
fmt.Println(*a)       // 0
fmt.Println(*b)       // false
```

示例代码中的 var a *int 只是声明了一个指针变量 a，没有为其分配内存，所以不可以对其赋值。应该按照如下方式使用内置的 new 函数分配内存。

```
var a *int
a = new(int)
*a = 10
fmt.Println(*a)
```

make 函数也是用于分配内存的，区别于 new 函数，它只用于切片、映射和通道三个类型，而且它的返回值就是这三个类型本身，而不是它们的指针类型。make 函数的函数签名如下。

```
func make(t Type, size ...IntegerType) Type
```

示例代码中的切片和映射都需要使用 make 函数进行初始化。

```
var s []int // nil
s = make([]int, 1)
s[0] = 100
var m map[string]int // nil
m = make(map[string]int, 2)
m["七米"] = 100
```

make 函数是无可替代的，我们在使用切片、映射和通道时，都需要先使用 make 函数对它们进行初始化。new 函数与 make 函数的关系如下。

- 二者都是用来分配内存的。
- make 函数只用于 slice、map 及 channel 的初始化，返回这三个类型本身。
- new 函数用于值类型的内存分配，将值初始化为类型零值，返回指向该值的指针。

补充知识

Go 语言的源代码中有些函数的声明是没有函数体的，就像下面的示例代码一样。

```
// sync/atomic/doc.go
// SwapInt32 atomically stores new into *addr and returns the previous *addr value.
func SwapInt32(addr *int32, new int32) (old int32)
// SwapInt64 atomically stores new into *addr and returns the previous *addr value.
func SwapInt64(addr *int64, new int64) (old int64)
```

这里只是定义了函数的签名，真正的函数实现保存在其他地方。

细心的你会发现同目录下有一个名为 asm.s 的文件，里面是类似如下的汇编代码。

```
TEXT ·SwapInt32(SB),NOSPLIT,$0
    JMP runtime∕internal∕atomic·Xchg(SB)

TEXT ·SwapInt64(SB),NOSPLIT,$0
    JMP runtime∕internal∕atomic·Xchg64(SB)
```

真正实现的逻辑保存在 runtime/internal/atomic 目录下。还有一些代码是通过//go:linkname 连接的。例如：

```
// time/sleep.go
// Sleep pauses the current goroutine for at least the duration d.
// A negative or zero duration causes Sleep to return immediately.
func Sleep(d Duration)
```

这里的 Sleep 函数也只有函数签名，没有函数体。真正的实现逻辑保存在 runtime/time.go 文件中。

```go
// timeSleep puts the current goroutine to sleep for at least ns nanoseconds.
//go:linkname timeSleep time.Sleep
func timeSleep(ns int64) {
    if ns <= 0 {
        return
    }
    gp := getg()
    t := gp.timer
    if t == nil {
        t = new(timer)
        gp.timer = t
    }
    t.f = goroutineReady
    t.arg = gp
    t.nextwhen = nanotime() + ns
    gopark(resetForSleep, unsafe.Pointer(t), waitReasonSleep, traceEvGoSleep, 1)
}
```

这里使用//go:linkname 指令告诉编译器，在编译时将当前源文件中的私有函数 timeSleep 链接到指定的 time.Sleep。因为这个指令破坏了类型系统和包的模块化，因此在使用时必须导入 unsafe 包。

练习题

阅读下面的代码，写出程序的执行结果。

```go
func calc(index string, a, b int) int {
    ret := a + b
    fmt.Println(index, a, b, ret)
    return ret
}

func main() {
    x := 1
    y := 2
    defer calc("AA", x, calc("A", x, y))
    x = 10
    defer calc("BB", x, calc("B", x, y))
    y = 20
}
```

练习题参考答案

4.7

```go
// dispatchCoin, 分硬币的函数
func dispatchCoin() int {
    for _, name := range users {
        num := 0
        for _, n := range name {
            switch n {
            case 'e', 'E':
                num += 1
            case 'i', 'I':
                num += 2
            case 'o', 'O':
                num += 3
            case 'u', 'U':
                num += 4
            }
        }
        distribution[name] = num
        coins -= num
    }
    fmt.Println(distribution)
    return coins
}
```

或使用 strings 包相关方法。

```go
func dispatchCoin() int {
    left := coins
    for _, name := range users {
        // strings.ToUpper(name) 转为全大写
        // strings.Count(s, c) 返回字符串 s 中包含 c 的数量
        e := strings.Count(strings.ToUpper(name), "E")
        i := strings.Count(strings.ToUpper(name), "I")
        o := strings.Count(strings.ToUpper(name), "O")
        u := strings.Count(strings.ToUpper(name), "U")
        sum := e*1 + i*2 + o*3 + u*4
        distribution[name] = sum
        left -= sum
    }
    fmt.Println(distribution)
    return left
}
```

4.8

输出结果如下。

```
A 1 2 3
B 10 2 12
BB 10 12 22
AA 1 3 4
```

在传递参数时，calc 函数立即执行。需要注意题目代码与下面代码的区别。

```
func calc(index string, a, b int) int {
    ret := a + b
    fmt.Println(index, a, b, ret)
    return ret
}
func main() {
    x := 1
    y := 2
    defer func() {
        calc("AA", x, calc("A", x, y))
    }()
    x = 10
    defer func() {
        calc("BB", x, calc("B", x, y))
    }()
    y = 20
}
```

上面的代码实际上相当于：

```
func calc(index string, a, b int) int {
    ret := a + b
    fmt.Println(index, a, b, ret)
    return ret
}
func main() {
    x := 1
    y := 2
    defer func() {
        r := calc("A", x, y)
        calc("AA", x, r)
    }()
    x = 10
    defer func() {
        r := calc("B", x, y)
        calc("BB", x, r)
    }()
```

```
    y = 20
}
```

输出结果：

```
B 10 20 30
BB 10 30 40
A 10 20 30
AA 10 30 40
```

第 5 章

类型

本章学习目标

- 了解自定义类型声明中类型定义与类型别名的区别。
- 掌握结构体、匿名结构体与嵌套结构体的区别。
- 掌握结构体方法的定义和使用方法。

除了前面章节中介绍的内置类型（整型、字符串型、布尔型、数组、切片、映射等），Go 语言还支持创建自定义的类型。通过这些自定义的类型，我们可以根据实际需求自行"创造"新类型。

5.1 类型声明

类型定义

在 Go 语言中，我们可以使用 type 关键字基于已经存在的类型，采用类型定义的方式定义新的类型。类型定义的基本格式如下。

```
type NewType SourceType
```

其中，NewType 表示新的类型名称，必须为有效标识符。SourceType 表示源类型。例如：

```
type MyInt int // 基于 int 类型声明一个 MyInt 类型
type Roster []string // 基于字符串切片声明一个 Roster 类型
type report map[string]int // 基于映射声明一个成绩单类型
type Notify func(string, report) // 基于函数申明一个 Notify 类型
```

类型定义定义了全新的类型，该类型与源类型的底层类型相同，支持显式转换。

```
type MyInt int
var a int = 255
var b MyInt
// b = a // 不能把 int 类型的 a 直接赋值给 MyInt 类型的 b
b = MyInt(a) // 显式类型转换
```

类型别名

类型别名是 Go1.9 版本添加的新功能，其语法规则如下。

```
type TypeAlias = Type
```

其中，TypeAlias 表示类型别名，必须为有效的标识符。Type 表示源类型。

类型别名与类型声明的格式类似，但是多了一个等号（=）。TypeAlias 只是 Type 的别名，本质上，TypeAlias 与 Type 是同一个类型，就像一个孩子小时候有小名、乳名，上学后使用学名，英语老师又会给他起英文名，但这些名字指的都是他。

rune 类型和 byte 类型就属于类型别名，它们在 Go 语言源代码中的定义如下。

```
// src/builtin/builtin.go
// byte 是 uint8 的别名，它等同于 uint8
// 按照惯例，它被用于区分字节值和 8 位无符号整数值。
type byte = uint8
// rune 是 int32 的别名，它完全等同于 int32
// 按照惯例，它被用于区分字符值和整数值
type rune = int32
```

类型别名和其源类型本质上属于同一个类型，它们的变量之间支持直接赋值，无须进行类型转换。

```
type MyInt = int
var a = 255
var b MyInt
b = a // int 类型的 a 可以直接赋值给 MyInt 类型的 b
```

类型定义和类型别名的区别

类型定义与类型别名都基于已有类型声明新的类型，表面上看只差一个等号，但是它们在本质上还是存在一些区别。我们通过下面这段代码来说明。

```
// 类型定义
type NewInt int
// 类型别名
type MyInt = int
func main() {
    var a NewInt
    var b MyInt
    fmt.Printf("type of a:%T\n", a)
```

```
    fmt.Printf("type of b:%T\n", b)
}
```

将上述代码编译后执行，输出结果如下。

```
type of a:main.NewInt
type of b:int
```

从最终输出的结果来看，变量 a 的类型是 main.NewInt，表示 main 包下定义的 NewInt 类型；而变量 b 的类型还是 int，这是因为类型别名只会存在于源代码中，在编译时会被自动替换成原来的类型。

类型声明的使用场景

类型定义在中、大型项目中的应用十分广泛，我们可以在编码过程中为一些类型设置特定的名称，这样既能增强代码的可读性，又便于我们多次使用。最重要的是，我们还能为它添加一些自定义方法，关于方法的介绍详见 5.3 节。在一些大型项目的重构过程中，类型别名往往能发挥较大的作用。

5.2　结构体

Go 语言中的基础数据类型可以表示一些事物的基本属性，但是当我们想表达一个事物的全部或部分属性时，单一的基本数据类型就无法满足需求了。Go 语言还提供了一种自定义数据类型，可以将零个或多个任意类型的变量组合在一起形成聚合数据类型，这种数据类型叫作结构体（struct），被组合的变量称为结构体的成员或字段。

Go 不是纯粹的面向对象的编程语言。在 Go 语言中没有类（class）的概念，但是它提供了结构体。我们可以通过结构体来定义自己需要的类型，这有点儿类似于其他编程语言中类的概念——总结归纳出事物的相同属性并把它们划分为某一类或者某一类型。

结构体的定义

使用 type 和 struct 关键字来定义结构体类型，具体代码格式如下。

```
type 类型名称 struct {
    字段名称 字段类型
    字段名称 字段类型
    …
}
```

其中，类型名称表示自定义结构体的名称，在同一个包内不能重复。字段名称表示结构体字段名，同一结构体中的字段名必须唯一。字段类型表示结构体字段的具体类型。

假设我们需要编写一个程序处理班级中每名学生的个人信息，包括学号、姓名、性别、年龄。

我们可以定义一个 Student 结构体，它包含 ID、Name、Gender、Age 字段，所有这些字段组合在一起就可以完整地表示一名学生的个人信息。示例代码如下。

```
// Student 学生
type Student struct {
    ID      int     // 学号
    Name    string  // 姓名
    Gender  string  // 性别
    Age     int     // 年龄
}
```

同样类型的字段也可以写在一行。

```
// Student 学生
type Student struct {
    ID, Age      int
    Name, Gender string
}
```

按上面任一方式定义好 Student 结构体之后，就可以既方便又形象地使用它来表示学生信息了。

另外，当一个结构体类型中的所有字段都可以进行比较时，这个结构体类型就是支持比较的。

结构体字段

在定义结构体类型时，如果两个结构体中的字段相同但顺序不同，那么它们也属于不同的类型。以大写字母开头的字段名称表示该字段是可导出的，否则表示私有（仅在定义当前结构体的包中可访问）的。

字段的类型可以是结构体或结构体指针。例如下面的 Student 结构体中就有一个 Contact 字段，它的类型是另一个结构体 Info。

```
// Info，联系方式
type Info struct {
    Email string
    Phone string
}
// Student，学生
type Student struct {
    ID      int     // 学号
    Name    string  // 姓名
    Gender  string  // 性别
    Age     int     // 年龄
    // 结构体 Info 作为字段类型
    Contact Info    // 联系方式
}
```

一个结构体不能包含自己（例如结构体 T 中又定义 T 字段），但是可以包含它的指针类型（例如结构体 T 中定义*T 字段）。结构体中包含自身指针类型，一般用来定义一些递归的数据结构，例如链表和树。

```
// node 单向链表的节点
type node struct {
    value int
    next  *node
}
// tree 树节点
type tree struct {
    value       int
    left, right *tree
}
```

在声明结构体字段时，可以为其指定一个标签（tag），标签信息可以在程序运行的时候通过反射机制被读取。标签定义在每个字段类型后，与字段类型使用空格分隔，具体的格式如下。

```
type Book struct {
    Title string `key1:"value1" key2:"value2"`
}
```

标签内容由一个或多个键-值对组成，并用一对反引号（`）包裹起来，其中键与值使用冒号分隔，值用双引号（""）包裹。同一个结构体字段可以设置多个键-值对，不同的键-值对之间使用空格分隔。

结构体字段标签在一些库中应用较多，例如数据库 ORM、校验库 validator 等，标签中的键和值如何设置需要由使用方来确定。例如，Go 语言标准库 encoding/json 用于将 JSON 数据与 Go 对象相互转换，当我们需要在结构体变量与 JSON 数据之间转换时，可以为结构体字段与 JSON 数据中的字段建立对应关系。

我们为 Student 结构体的部分字段定义 encoding/json 使用的标签。

```
type Student struct {
    // 为 ID 字段设置标签
    // 指定 JSON 数据中的字段为 stu_id
    ID int `json:"stu_id"` // 学号
    // 不为 Name 字段指定标签
    // JSON 数据中默认使用字段名
    Name   string // 姓名
    Gender string // 性别
    Age    int    // 年龄
}
```

encoding/json 在运行时会利用反射从相关结构体变量的所有字段中根据 json 键去查找对应的值，然后使用这个值进行后续操作。这里演示一个通过设置结构体标签修改 JSON 序列化之后字段名称的示例，注意观察最终的输出结果与结构体字段标签的关系。

```go
// 定义两个字段名称相同的结构体
type Student1 struct {
    ID   int
    Name string
}
type Student2 struct {
    ID   int    `json:"stu_id"`
    Name string `json:"stu_name"`
}
s1 := Student1{
    ID:   1010,
    Name: "七米",
}
s2 := Student2{
    ID:   1010,
    Name: "七米",
}
// JSON 序列化：结构体-->JSON 格式的字符串
// 没有为结构体字段设置 encoding/json 使用的字段标签
// 默认使用结构体字段名称
b1, err := json.Marshal(s1)
if err != nil {
    fmt.Println("json marshal s1 failed")
    return
}
fmt.Printf("json:%s\n", b1)
// 为结构体字段设置了 encoding/json 使用的字段标签
// 得到的 JSON 数据中使用指定的值作为字段名称
b2, err := json.Marshal(s2)
if err != nil {
    fmt.Println("json marshal s2 failed")
    return
}
fmt.Printf("json:%s\n", b2)
```

上述代码执行后会输出如下结果，注意 JSON 字符串的区别。

```
json:{"ID":1010,"Name":"七米"}
json:{"stu_id":1010,"stu_name":"七米"}
```

关于 encoding/json 的详细使用方法请查看 5.4 节，使用技巧请查看后续 14.3 节。

注意： 在设置标签时，必须严格遵守上述规则，例如不要在键和值之间的冒号左右添加空格，因为解析结构体标签的代码容错能力很差，一旦写错格式，就可能无法正确获取相关值，而编译和运行时都不会提示任何错误。

结构体变量

在定义好结构体类型后，可以按如下方式定义结构体变量。

```
var 变量名称 结构体类型
```

下面的代码声明了一个 Student 类型变量 s。

```
var s Student
```

这样声明的结构体变量是零值，具体来说就是其每个字段均为对应类型的零值。我们可以通过结构体变量.字段名的方式来访问变量 s 的每个字段。

```
fmt.Printf("%#v\n", s) // main.Student{ID:0, Name:"", Gender:"", Age:0}
fmt.Println(s.ID)      // 0
fmt.Println(s.Name)    //输出空字符串
fmt.Println(s.Gender)  //输出空字符串
fmt.Println(s.Age)     // 0
```

可以直接为结构体变量的字段赋值。

```
s.ID = 1
s.Name = "七米"
s.Gender = "男"
s.Age = 18
fmt.Printf("%#v\n", s) // main.Student{ID:1, Name:"七米", Gender:"男", Age:18}
```

结构体字面量

结构体支持直接使用结构体字面量创建变量。

```
var s Student
s = Student{
    ID:     1,
    Name:   "七米",
    Gender: "男",
    Age:    18,
}
fmt.Printf("%#v\n", s) // main.Student{ID:1, Name:"七米", Gender:"男", Age:18}
```

当然也可以使用变量的简短声明方式。

```
s := Student{
    ID:     1,
    Name:   "七米",
    Gender: "男",
    Age:    18,
}
```

使用结构体字面量时无须为每个字段都设置初始值。

```
s2 := Student{
    ID:   2,
    Name: "张三",
}
```

另外，还有一种按结构体字段顺序指定初始值的方式，适用于那些结构体字段较少并且字段顺序比较固定的场景。

```
// Point 二维坐标
type Point struct {
    x, y int
}
p := Point{10, 4}
fmt.Println(p.x, p.y) // 10 4
```

注意：在使用结构体字面量时，如果结尾的}与最后一个字段写到一行，那么该字段后的逗号可以省略，否则逗号一定不能省略。

```
s := Student{
    ID:     3,
    Name:   "小红",
    Gender: "女",
    Age:    18} // 可以省略逗号
fmt.Println(s) // {3 小红 女 18}
```

匿名结构体

在需要临时定义某些数据结构的场景中，还可以使用匿名结构体。

```
tmp := struct {
    ID   int
    Info string
}{
    ID:   123,
    Info: "just a test",
}
fmt.Println(tmp) // {123 just a test}
```

结构体内存布局

一个结构体变量会占用一块连续的内存，具体大小由结构体的字段决定。

```
// Test1 一个测试用结构体
type Test1 struct {
    a int8 // 1byte
    b int8 // 1byte
}
var v Test1
```

```
// unsafe.Sizeof 函数返回变量的字节大小
fmt.Println(unsafe.Sizeof(v)) // 2
```

一个结构体变量的大小不是简单地由字段变量大小累加而来的。例如：

```
type Test2 struct {
    a int8 // 1byte
    b int16 // 2bytes
    c int8 // 1byte
}
var v2 Test2
// unsafe.Sizeof 函数返回变量的字节大小
fmt.Println(unsafe.Sizeof(v2)) // 6
```

变量 v2 的四个字段大小之和是 4 字节，为什么最后得出的结果是 6 字节呢？这是因为考虑到多平台间的移植性和 CPU 内存访问的效率，编译器一般会进行内存对齐操作。Go 语言结构体的内存对齐要求操作系统对齐和具体类型对齐。在通常情况下，x86 平台的对齐要求是 4 字节，x86_64 平台的对齐要求是 8 字节。Go 语言中常见类型的大小及对齐要求如表 5-1 所示。

表 5-1

type	大 小	对 齐
bool, byte, uint8, int8	1byte	1byte
uint16, int16	2bytes	2bytes
uint32, int32,float32	4bytes	4bytes
uint64, int64	8bytes	4bytes
uint, int	1word	1word
指针	1word	1word
字符串	2words	1word
切片	3words	1word
映射	1word	1word

注意：一个 word 表示一个操作系统原生字。在 32 位系统架构中，一个 word 为 4 字节；而在 64 位系统架构中，一个 word 为 8 字节。

结构体的内存对齐要求取其所有字段中内存对齐要求的最大值，当结构体大小超过操作系统的对齐要求时，会按照操作系统的对齐要求进行对齐。可以借助 unsafe.Sizeof 函数和 unsafe.Alignof 函数来获取一个变量的大小和对齐要求。

为了满足相应字段的对齐要求，Go 编译器可能在结构体的相邻字段之间填充一些字节。例如，上面定义的 Test2 结构体各字段的内存布局如图 5-1 所示。

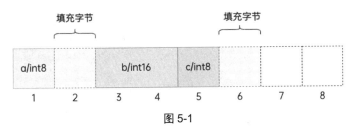

图 5-1

由于字段中最大的对齐要求为 2 字节，所以结构体的对齐要求是 2 字节。最终 Test2 结构体变量占用内存为 6 字节。从图 5-1 中可以看出，c 字段占用 1 字节，刚好可以放置在 a 字段后面的填充位置上，这样结构体就能减少 2 字节的空间了。我们调整一下结构体中字段 b 和字段 c 的顺序。

```
type Test3 struct {
    a int8  // 1byte
    c int8  // 1byte
    b int16 // 2bytes
}
var v3 Test3
// unsafe.Sizeof 函数返回变量的字节大小
fmt.Println(unsafe.Sizeof(v3)) // 4
// unsafe.Alignof 函数返回变量的对齐要求
fmt.Println(unsafe.Alignof(v3)) // 2
```

如图 5-2 所示，调整后的 Test3 结构体变量占用内存为 4 字节。

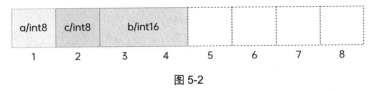

图 5-2

上面示例中的结构体的大小并没有超过 1word，那么当结构体自身大小超过 1word 时，如何进行内存对齐呢？我们来看下一个示例。

```
type Test4 struct {
    a bool  // 1byte
    b int64 // 8bytes
    c byte  // 1byte
}
var v4 Test4
// unsafe.Sizeof 函数返回变量的字节大小
fmt.Println(unsafe.Sizeof(v4)) // 24
// unsafe.Alignof 函数返回变量的对齐要求
fmt.Println(unsafe.Alignof(v4)) // 8
```

内存对齐示意图如图 5-3 所示。

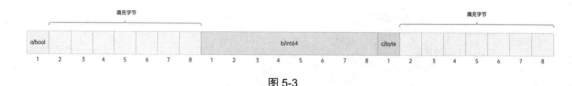

图 5-3

调整一下字段 b 和字段 c 的位置。

```
type Test5 struct {
    a bool  // 1byte
    c byte  // 1byte
    b int64 // 8bytes
}
var v5 Test5
// unsafe.Sizeof 函数返回变量的字节大小
fmt.Println(unsafe.Sizeof(v5)) // 16
// unsafe.Alignof 函数返回对齐要求
fmt.Println(unsafe.Alignof(v5)) // 8
```

Test5 结构体内存布局示意图如图 5-4 所示。

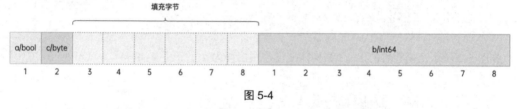

图 5-4

可以看到，通过调整结构体内部字段变量的顺序，合理利用字段间的"填充"空间，能够让结构体的字段更"紧凑"，从而缩小结构体的体积。这是一个很实用的代码优化技巧。

不包含任何字段的空结构体是不占用内存空间的。

```
// struct{}代表空结构体
var v struct{}
fmt.Println(unsafe.Sizeof(v)) // 0
```

注意：当一个结构体的最后一个字段是空结构体（内存占用为 0）时，编译器会自动在最后额外填充一些该结构体内存对齐要求的字节。

例如：

```
// Test6 的内存对齐要求是 1 字节，当最后一个字段是空结构体（内存占用为 0）时
// 编译器会额外填充 1 字节
type Test6 struct {
    a int8    // 1byte
    b struct{} // 0byte
}
```

```
var v6 Test6
fmt.Println(unsafe.Sizeof(v6))  // 2
fmt.Println(unsafe.Alignof(v6)) // 1

fmt.Printf("v6:%p\n", &v6)     // v6:0xc00001a072
fmt.Printf("v6.a:%p\n", &v6.a) // v6.a:0xc00001a072
fmt.Printf("v6.b:%p\n", &v6.b) // v6.b:0xc00001a073
```

Go 语言的编译器之所以这样设计，是为了防止对结构体的最后一个零内存占用字段进行取地址操作时发生越界，从而指向不相关的变量导致内存泄漏。当空结构体出现在结构体的其他位置时，就不存在内存越界的风险，所以编译器不会对其进行额外的填充。

```
// 当空结构体（内存占用 0）不在最后一个字段时，不会对空字段进行额外填充
type Test7 struct {
    b struct{} // 0byte
    a int8     // 1byte
}

var v7 Test7
fmt.Println(unsafe.Sizeof(v7))  // 1
fmt.Println(unsafe.Alignof(v7)) // 1

fmt.Printf("v7:%p\n", &v7)     // v7:0xc00001a090
fmt.Printf("v7.a:%p\n", &v7.a) // v7.a:0xc00001a090
fmt.Printf("v7.b:%p\n", &v7.b) // v7.b:0xc00001a090
```

结构体指针

由于结构体的体积大小由字段大小和字段间的填充决定，所以当结构体字段较多时，体积就会随之变大。如果函数传参时结构体的值拷贝开销较大或者需要在函数中修改结构体，那么可以使用结构体指针。

在使用结构体字面量时，可以直接使用&符号得到结构体指针。

```
s1 := &Student{
    ID:     1,
    Name:   "七米",
    Gender: "男",
    Age:    18,
}
```

也可以使用 new 函数直接创建结构体指针变量并使用。

```
var s1 = new(Student)
(*s1).ID = 1
(*s1).Name = "七米"
(*s1).Gender = "男"
```

```
(*s1).Age = 18
```

上述代码中的 s1 是一个结构体指针，如果先通过*s1 操作取结构体的值再访问具体字段的操作，则显得十分烦琐，Go 语言支持直接对结构体指针使用.获取其字段。

```
s1.ID = 1
s1.Name = "七米"
s1.Gender = "男"
s1.Age = 18
```

s1.ID = 1 在底层是(*s1).ID = 1，这是 Go 语言的一个语法糖。

构造函数

在 Go 语言中，我们可以自行为结构体定义函数，实现类似其他语言中构造函数的功能。下面的示例代码就实现了一个 Student 构造函数。

```
// NewStudent Student 构造函数
func NewStudent(id, age int, name, gender string) *Student {
    return &Student{
        ID:     id,
        Name:   name,
        Gender: gender,
        Age:    age,
    }
}
```

使用 NewStudent 构造函数创建一个 Student 指针。

```
s2 := NewStudent(1, 18, "张三", "19")
fmt.Println(s2) // &{1 张三 19 18}
```

Go 语言结构体的构造函数一般被命名为 "NewStructName" 格式。如果结构体比较复杂，那么调用函数时的值拷贝性能开销会比较大，所以构造函数一般会按需返回结构体指针。

结构体嵌套

我们在编写代码的过程中经常会遇到这样的场景，在定义结构体类型时发现某些字段已经在其他结构体中定义过了。例如，在学校信息登记系统中，学生的登记信息中会有联系方式一项，老师的登记信息中也会有这一项，可以用我们之前已经定义好的 Info 结构体来表示。

```
// Info 联系方式
type Info struct {
    Email string
    Phone string
}
```

一个结构体中的字段可以是另一个结构体类型。

```
// Teacher 老师
type Teacher struct {
    Name   string
    Gender string
    Info   Info  // Info 结构体类型
}
t1 := Teacher{
    Name:   "Pony",
    Gender: "男",
    Info: Info{
        Email: "pony@test.com",
        Phone: "123456",
    },
}
fmt.Println(t1.Name)       // Pony
fmt.Println(t1.Info.Email) // pony@test.com
```

Go 语言允许在结构体中定义没有名只有类型的字段，如下所示。

```
// Teacher 老师
type Teacher struct {
    Name   string
    Gender string
    Info
}
```

这样定义的结构体 Teacher 像嵌套了另一个结构体 Info。类似这样的结构体嵌套在日常编码中的应用十分广泛，它能够简化被嵌套结构体的字段的访问。

```
var t2 Teacher
t2.Name = "Bob"
t2.Gender = "男"
t2.Email = "bob@test.com" // 等价于 t2.Info.Email="bob@test.com"
t2.Phone = "654321"        // 等价于 t2.Info.Phone="654321"
```

结构体省略了字段名的字段被称为匿名字段，匿名字段并不是真的没有字段名，而是把类型名称当作字段名，在创建结构体变量时可以看出这一点。

```
t3 := Teacher{
    Name: "Tom",
    Info: Info{ // 字段名与结构体名称相同
        Email: "tom@test.com",
    },
}
```

当结构体中的字段名与被嵌套的结构体中的字段名重复时，被嵌套的结构体名称不可省略。

```
type x struct {
    a int
```

```
}
type y struct {
    a int
    x // 嵌套 x
}
var v y
v.a = 100
v.x.a = 200 // x 不能省略
```

练习题

请写出下面代码的执行结果。

```
type student struct {
    name string
    age  int
}
m := make(map[string]*student, 4)
s := []student{
    {name: "七米", age: 18},
    {name: "张三", age: 23},
    {name: "小红", age: 20},
}
for _, stu := range s {
    m[stu.name] = &stu
}
for k, v := range m {
    fmt.Println(k, "=>", v.name)
}
```

5.3 方法和接收者

Go 语言允许我们为特定类型的变量设置专用的函数，这个专用的函数被称为方法（method）。它不使用传统的类（class）的概念，而是使用方法接收者（receiver）概念来绑定方法和对象。接收者的概念类似于其他语言中的 this 或者 self。

方法声明

Go 语言的方法声明与函数声明十分类似，只不过方法声明需要在方法名的前面额外指定一个接收者参数，具体格式如下。

```
func (接收者 接收者类型) 方法名(参数) (返回值) {
    方法体
}
```

其中：

- 接收者：方法中使用的变量名，官方建议使用接收者类型名称首字母的小写，而不是 self、this 等。例如，Student 类型的接收者变量应该命名为 s，Employee 类型的接收者变量应该命名为 e 等。
- 接收者类型：必须是定义的类型（类型定义、结构体）或其指针类型。
- 方法名、参数、返回值：具体格式与函数相同。

最常用的是为结构体定义方法。例如：

```
// Employee 职员
type Employee struct {
    name   string // 姓名
    salary int    // 薪资
}
// SayHi 打招呼
func (e Employee) SayHi() {
    fmt.Printf("你好！我是%s。\n", e.name)
}
// raise 涨薪
func (e *Employee) raise(n int) {
    e.salary += n
}
```

只要是定义的类型，都可以为其添加方法。

```
// MyInt 基于内置 int 定义的类型
type MyInt int
// greaterThan100 判断当前整数是否大于 100 的方法
func (m MyInt) greaterThan100() bool {
    return m > 100
}
```

我们不能为数组、切片、映射这些类型直接声明方法，需要使用类型定义的方式声明一个新的类型，再为其声明方法。例如：

```
// StringSet 基于映射自定义一个字符串集合类型
type StringSet map[string]bool
// Has 判断集合中是否包含指定 key 的方法
func (ss StringSet) Has(key string) bool {
    return ss[key]
}
// Add 向集合中添加指定 key 的方法
func (ss StringSet) Add(key string) {
    ss[key] = true
}
// Remove 从集合中移除指定 key 的方法
```

```
func (ss StringSet) Remove(key string) {
    delete(ss, key)
}
```

我们可以基于函数定义新的类型，并为其添加方法。

```
// FilterFunc 基于函数自定义一个类型
type FilterFunc func(int)
// Do 执行函数的方法
func (f FilterFunc) Do(n int) {
    f(n)
}
```

Go 语言不支持为其他包（package）的类型声明方法，也不支持为接口（interface）类型和基于指针定义的类型定义方法。与包和接口相关的内容会在第 6 章和第 7 章节详细介绍。

```
func (i int) method() {
    // 不能为其他包的类型定义方法
}
func (i []int) method() {
    // 不可为非定义的类型定义方法
}
// PE 属于基于指针定义的类型
type PE *Employee
func (p PE) method() {
    // 不能为指针类型定义方法
}
```

方法调用

方法实际上是一个特殊的函数，当为一个类型声明一个方法时，这个类型的每个值都将拥有一个函数类型的成员（类似于结构体的字段）。调用方法与访问结构体变量的字段类似，都使用 "."，格式为变量名.方法名()。

```
// 创建结构体变量 p1
e1 := Employee{
    name:   "张三",
    salary: 25,
}

// 调用方法
e1.SayHi()
```

输出：

```
你好！我是张三。
```

值接收者与指针接收者

我们在为 T 类型添加方法时，既可以使用值接收者，也可以使用指针接收者，那么它们之间有什么区别呢？

```
// 使用值接收者
func (v T)method(){}
// 使用指针接收者
func (v *T)method(){}
```

由于 Go 语言中的函数传参都是值拷贝的，所以当实参的体积较大或者在函数内部需要修改实参时，我们会传递实参的地址（指针）。在方法声明中选择使用值接收者还是指针接收者时，同样适用该策略。例如，要为 Employee 添加一个涨薪的方法，因为涉及修改结构体字段的值，所以在声明方法时就应该使用指针接收者。

```
// raise 涨薪
func (e *Employee) raise(n int) {
    e.salary += n
}
```

如果不使用指针接收者，那么方法中修改的只是实参的副本，并不会影响方法外面的实际变量的值。例如，下面示例代码中的 setSalary 方法使用了值接收者，在该方法中修改 e.salary 的值只会在该方法中生效。

```
// setSalary 设置薪水的值
func (e Employee) setSalary(n int) {
    e.salary = n
    fmt.Println("setSalary:", e.salary)
}
// 创建结构体变量 e1
e1 := Employee{
    name:   "张三",
    salary: 25,
}
// 调用方法
e1.SayHi()
fmt.Println(e1.salary) // 25
e1.setSalary(10000)    // setSalary: 10000
fmt.Println(e1.salary) // 25
```

Go 语言为我们提供了语法糖，对于声明时使用指针接收者的方法，使用值也可以直接调用方法，调用 raise 方法时编译器会自行获取 e1 的地址。

```
// 创建结构体变量 e1
e1 := Employee{
    name:   "张三",
    salary: 25,
```

```
}
// 调用涨薪方法
e1.raise(10)            // 等价于(&e1).raise(10)
fmt.Println(e1.salary) // 35
```

对于声明时使用值接收者的方法，使用指针也可以直接调用。在下面的示例中，调用 SayHi 方法时，编译器会自行根据指针 e2 获取实际值。

```
// 创建结构体指针变量e2
e2 := &Employee{
    name:   "小红",
    salary: 20,
}
// 调用打招呼方法
e2.SayHi() // 等价于(*e2).SayHi()
```

在实际编码时并不会像上面示例中那样在同一个类型的方法中混合使用值接收者和指针接收者，这里只是为了方便展示它们的区别。可以根据以下规则判断应该使用值接收者还是指针接收者。

- 在方法中修改接收者的值时应使用指针接收者。
- 当接收者是大对象（拷贝代价比较大）时，应使用指针接收者。
- 保证一致性。如果一个类型的某个方法使用了指针接收者，那么该类型的其他的方法也应该使用指针接收者。

Go 语言中类型的方法集定义了一组关联到具体类型的值或者指针的方法，定义方法时使用的接收者的类型决定了这个方法是关联到值还是关联到指针。

组合

Go 语言通过结构体嵌套的方式进行组合，从而实现类似其他编程语言中面向对象的继承。我们通过一个示例来介绍组合。我们之前定义了一个保存联系方式的 Info 结构体，它的内容如下。

```
// Info 联系方式
type Info struct {
    Email string
    Phone string
}
```

为 Info 声明一个获取详细联系方式的方法 Detail，如下所示。

```
// Detail 获取详细联系方式
func (i Info) Detail() string {
    return fmt.Sprintf("邮箱(%s) 电话(%s)",
        i.Email, i.Phone,
    )
}
```

接下来找到之前定义好的 Teacher 结构体，它在内部以匿名字段的方式嵌入了 Info 结构体。

```
// Teacher 老师
type Teacher struct {
    Name    string
    Gender  string
    Info
}
```

我们已经知道 Teacher 结构体现在包含自有字段以及 Info 结构体的所有字段，而且它可以直接访问 Info 结构体内部的字段。

```
t := Teacher{
    Name:   "Tom",
    Gender: "男",
}
t.Email = "tom@test.com"
fmt.Println(t.Info.Email) // tom@test.com
t.Info.Phone = "13245768"
fmt.Println(t.Phone) // 13245768
```

Teacher 结构体除了能访问 Info 结构体的字段，还能访问 Info 结构体的方法，而且支持直接访问。

```
fmt.Println(t.Info.Detail()) // 邮箱(tom@test.com) 电话(13245768)
fmt.Println(t.Detail())      // 邮箱(tom@test.com) 电话(13245768)
```

我们也可以为 Teacher 结构体添加方法，例如，声明一个 Introduce 方法如下。

```
// Introduce 进行个人介绍的方法
func (t Teacher) Introduce() {
    fmt.Println("姓名: ", t.Name)
    fmt.Println("性别: ", t.Gender)
    fmt.Println("联系方式: ", t.Detail())
}
```

这个方法输出了 Teacher 结构体的内部字段以及嵌入结构体的 Detail 方法的输出结果，按如下方式调用该方法。

```
t.Introduce()
```

输出结果如下。

```
姓名: Tom
性别: 男
联系方式: 邮箱(tom@test.com) 电话(13245768)
```

综上所述，Teacher 结构体以匿名字段的方式嵌入 Info 结构体后，便拥有了 Info 结构体的所有字段和方法。Go 语言通过类似的方式，将多个结构体组合成一个成新的结构体，每个被嵌入的结构体均为其提供一些方法。当进行方法调用时，会先查找当前结构体中是否声明了该方法，如果没有，则依次从当前结构体的嵌入字段的方法中查找，依此类推。如果嵌入的多个字段中有重名的方法，就需要通过被嵌入字段调用该重名方法，不能简写。

结构体中不仅可以嵌入自定义的类型，也可以嵌入其他包内定义的结构体。下面的示例演示了如何通过在匿名结构体中嵌入 sync.Mutex 结构体进行代码优化。

首先，借助映射和互斥锁 sync.Mutex 实现一个简易的缓存。

```go
var (
    mux      sync.Mutex                // 防止数据竞争的互斥锁
    mapping = make(map[string]string)  // 存储缓存数据的 map
)

// Query 根据指定 key 查询缓存
func Query(key string) string {
    mux.Lock() // 加锁
    v := mapping[key]
    mux.Unlock() // 释放锁
    return v
}
```

接下来通过在匿名结构体中嵌入 sync.Mutex 结构体，改写上述代码。

```go
// cache 定义一个表示缓存的匿名结构体
var cache = struct {
    sync.Mutex // 嵌入
    mapping    map[string]string
}{
    mapping: make(map[string]string),
}

// Query 根据指定 key 查询缓存
func Query(key string) string {
    cache.Lock() // 加锁
    v := cache.mapping[key]
    cache.Unlock() // 解锁
    return v
}
```

这两段代码实现的功能完全相同，但是改写后的代码使用了更形象的 cache 变量，并且由于嵌入了 sync.Mutex，可以直接调用 Lock 和 Unlock 两个方法，让逻辑更加直观和清晰。

5.4 结构体与 JSON 序列化

JSON（JavaScript Object Notation）是一种轻量级的数据交换格式，易于人类阅读和编写，同时易于机器解析和生成。JSON 键-值对用来保存 JS 对象，键-值对中的键名写在前面并用双引号（""）包裹，用冒号（:）分隔，紧接着是值；多个键值之间使用英文逗号（,）分隔。

```go
//Student 学生
type Student struct {
    ID     int
    Gender string
    Name   string
}
//Class 班级
type Class struct {
    Title    string
    Students []*Student
}
func main() {
    c := &Class{
        Title:    "101",
        Students: make([]*Student, 0, 200),
    }
    for i := 0; i < 10; i++ {
        stu := &Student{
            Name:   fmt.Sprintf("stu%02d", i),
            Gender: "男",
            ID:     i,
        }
        c.Students = append(c.Students, stu)
    }
    //JSON 序列化：结构体-->JSON 格式的字符串
    data, err := json.Marshal(c)
    if err != nil {
        fmt.Println("json marshal failed")
        return
    }
    fmt.Printf("json:%s\n", data)
    //JSON 反序列化：JSON 格式的字符串-->结构体
    str := `{"Title":"101","Students":[{"ID":0,"Gender":"男",
"Name":"stu00"},{"ID":1,"Gender":"男","Name":"stu01"},{"ID":2,"Gender":"男",
"Name":"stu02"},{"ID":3,"Gender":"男","Name":"stu03"},{"ID":4,"Gender":"男",
"Name":"stu04"},{"ID":5,"Gender":"男","Name":"stu05"},{"ID":6,"Gender":"男",
"Name":"stu06"},{"ID":7,"Gender":"男","Name":"stu07"},{"ID":8,"Gender":"男",
"Name":"stu08"},{"ID":9,"Gender":"男","Name":"stu09"}]}`
    c1 := &Class{}
    err = json.Unmarshal([]byte(str), c1)
    if err != nil {
        fmt.Println("json unmarshal failed!")
        return
```

```
    }
    fmt.Printf("%#v\n", c1)
}
```

结构体标签

结构体标签（tag）是结构体的元信息，可以在运行的时候通过反射的机制读取出来。结构体标签在结构体字段的后方定义，由一对反引号包裹起来，具体的格式如下。

```
`key1:"value1" key2:"value2"`
```

结构体标签由一个或多个键-值对组成。键与值使用冒号分隔，值用双引号括起来。同一个结构体字段可以设置多个键-值对 tag，不同的键-值对之间使用空格分隔。

> **注意**：结构体标签底层解析代码的容错能力很差，当格式写错时，编译和运行时都不会提示任何错误，通过反射也无法正确取值。所以，在为结构体编写标签时，必须严格遵守键-值对的格式规则，例如不要在 key 和 value 之间添加空格。

下面的示例代码为 Student 结构体的每个字段定义 JSON 序列化时使用的标签。

```
type Student struct {
    ID     int    `json:"id"` // 设置 JSON 标签，JSON 序列化时将 id 作为键名
    Gender string // JSON 序列化时默认将字段名作为 key
    name   string // 私有，不能被 json 包访问
}
func main() {
    s1 := Student{
        ID:     1,
        Gender: "男",
        name:   "七米",
    }
    data, err := json.Marshal(s1)
    if err != nil {
        fmt.Println("json marshal failed!")
        return
    }
    fmt.Printf("json str:%s\n", data) //json str:{"id":1,"Gender":"男"}
}
```

练习题

1. 观察下面的代码，写出最后的输出结果。

```
// Person 人
type Person struct {
    name   string
    age    int8
```

```
    dreams []string
}
// SetDreams 设置梦想的方法
func (p *Person) SetDreams(dreams []string) {
    p.dreams = dreams
}
func main() {
    p1 := Person{name: "小王子", age: 18}
    // 定义一个切片变量 data
    data := []string{"吃饭", "睡觉", "打豆豆"}
    // 将切片变量传入 SetDreams 方法
    p1.SetDreams(data)
    // 修改切片变量 data
    data[1] = "不睡觉"
    fmt.Println(p1.dreams)
}
```

2. 使用结构体和方法编写一个学生信息管理系统，要求如下。

（1）学生有 id、姓名、年龄、分数等信息。

（2）程序提供展示学生列表、添加学生、编辑学生信息、删除学生信息等功能。

练习题参考答案

5.2

1. 执行结果为

```
七米 => 小红
张三 => 小红
小红 => 小红
```

为什么输出的所有 v.name 都是小红呢？因为在 for range 循环中，为映射赋值时使用的是变量 stu 的地址，而变量 stu 只是循环中定义的一个辅助变量，这导致最终映射中每个键对应的值都是变量 stu 的地址，而 for range 循环结束后，变量 stu 的值是切片的最后一个元素。

```
for _, stu := range s {  // stu 是 for range 循环中定义的一个中间变量
    m[stu.name] = &stu     // 这里取中间变量的地址赋值是不准确的
}
```

为了得到预期的效果，应避免使用中间变量，利用索引直接从切片中取值。

```
for i := range s {
    m[s[i].name] = &s[i]
}
```

这道题目没有特殊含义，考虑到刚接触 Go 语言的读者可能在使用结构体指针时出现类似的错误，所以特意安排这样一道题目，帮助读者加深印象。

5.4

1. 输出结果为

```bash
[吃饭 不睡觉 打豆豆]
```

为什么修改外部变量会影响到结构体变量的值呢？这是因为切片和映射这两种数据类型都包含了指向底层数据的指针，我们在需要使用它们进行赋值的场景中要特别注意。这里正确的做法是在方法中传入切片拷贝对结构体字段进行赋值。

```go
func (p *Person) SetDreams(dreams []string) {
    p.dreams = make([]string, len(dreams))
    copy(p.dreams, dreams)  // 完整拷贝
}
```

2. 这是一道代码量比较多的练习题，这里只贴出关键代码供读者参考。

```go
// 编写一个学生信息管理系统，学生有id、姓名、年龄、分数等信息
// 程序提供展示学生列表、添加学生、编辑学生信息、删除学生信息等功能
// student 学生
type student struct {
    ID   int    `json:"id"`
    Name string `json:"name"`
}
// studentMgr 学生管理
type studentMgr struct {
    students map[int]student
}
// showStudents 展示学生列表
func (sm *studentMgr) showStudents() {
    fmt.Println("所有的学生如下：")
    for _, v := range sm.students {
        fmt.Println(v)
    }
}
// addStudent 添加学生
func (sm *studentMgr) addStudent(stu student) {
    _, ok := sm.students[stu.ID]
    if ok {
        fmt.Println("该学生已存在！")
    } else {
        sm.students[stu.ID] = stu
        fmt.Println("添加学生成功！")
    }
}
```

```go
// editStudent 编辑学生信息
func (sm *studentMgr) editStudent(id int, name string) {
    _, ok := sm.students[id]
    if ok {
        stu := student{
            id,
            name,
        }
        sm.students[id] = stu
        fmt.Printf("学号：%d 名字修改为：%s", id, name)
    } else {
        fmt.Println("查无此人！")
    }
}
// delStudent 根据 id 删除学生信息
func (sm *studentMgr) delStudent(id int) {
    _, ok := sm.students[id]
    if ok {
        delete(sm.students, id)
        fmt.Println("删除学生成功！")
    } else {
        fmt.Println("查无此人！")
    }
}
```

第 6 章
包与依赖管理

本章学习目标
- 掌握包的定义和使用方法。
- 掌握 init 初始化函数的使用方法。
- 掌握依赖管理工具 go module 的使用方法。

在工程化的 Go 语言开发项目中，源码复用是建立在包（package）的基础之上的。本章介绍如何定义包、如何导出包的内容及如何引入其他包，同时将介绍如何在项目中使用 go module 管理依赖。

6.1　包

Go 语言支持模块化的开发理念，使用包来支持代码模块化和代码复用。一个包由一个或多个 Go 源码文件（.go 结尾的文件）组成，是一种高级的代码复用方案。Go 语言为我们提供了很多内置包，例如 fmt、os、io 等。

例如，在之前的章节中，我们频繁使用了 fmt 这个内置包。

```
package main

import "fmt"

func main(){
  fmt.Println("Hello world!")
}
```

上面短短的几行代码就涉及定义包和引入其他包两部分内容，接下来我们依次介绍。

定义包

我们可以根据需要创建自定义包。可以简单地将包理解为一个存放.go 文件的文件夹，该文件夹下面的所有.go 文件都要在非注释的第一行添加如下声明，声明该文件归属的包。

```
package packagename
```

其中，package 声明包的关键字；packagename 表示包名，可以不与文件夹的名称一致，不能包含 - 符号，最好与其实现的功能相对应。

> **注意**：一个文件夹直接包含的文件只能属于一个包，同一个包的文件不能在多个文件夹下。包名为 main 的包是应用程序的入口包，这种包编译后会得到一个可执行文件，编译不包含 main 包的源代码则不会得到可执行文件。

标识符可见性

在同一个包内部声明的标识符都位于同一个命名空间下，在不同的包内部声明的标识符属于不同的命名空间。如果在包的外部使用包内部的标识符，就需要添加包名前缀，例如 fmt.Println("Hello world!")，调用 fmt 包中的 Println 函数。

如果想让一个包中的标识符（如变量、常量、类型、函数等）能被外部的包使用，那么标识符必须是对外可见的。Go 语言通过标识符的首字母大/小写来控制标识符的对外可见（public）/不可见（private）性。在一个包内部，只有首字母大写的标识符才是对外可见的。

例如，声明一个名为 demo 的包，其中定义了若干标识符。

```
package demo
import "fmt"
// 包级别标识符的可见性, num 定义一个全局整型变量
// 首字母小写, 对外不可见(只能在当前包内使用)
var num = 100
// Mode 定义一个常量, 首字母大写, 对外可见(可在其他包中使用)
const Mode = 1
// person 定义一个代表人的结构体, 首字母小写, 对外不可见(只能在当前包内使用)
type person struct {
    name string
    Age  int
}
// Add 返回两个整数和的函数, 首字母大写, 对外可见(可在其他包中使用)
func Add(x, y int) int {
    return x + y
}
// sayHi 打招呼的函数, 首字母小写, 对外不可见(只能在当前包内使用)
func sayHi() {
    var myName = "七米" // 函数局部变量, 只能在当前函数内使用
    fmt.Println(myName)
```

```
}
```

在另一个包中，并不能通过 demo.前缀访问到 demo 包中的所有标识符，因为只有那些首字母大写的标识符才是对外可见的。

同样的规则也适用于结构体，结构体中可导出字段的字段名必须首字母大写。

```
type Student struct {
    Name  string // 可在包外访问的方法
    class string // 仅限包内访问的字段
}
```

包的引入

要在当前包中使用另一个包的内容就需要使用 import 关键字引入这个包，并且 import 语句通常放在文件的开头，package 声明语句的下方。完整的引入声明语句的格式如下。

```
import importname "path/to/package"
```

其中：

- importname：引入的包名，通常省略。默认值为引入包的包名。
- path/to/package：引入包的路径名称，必须使用双引号包裹起来。
- Go 语言中禁止循环导入包。

一个 Go 源码文件中可以同时引入多个包。例如：

```
import "fmt"
import "net/http"
import "os"
```

可以使用批量引入的方式。

```
import (
    "fmt"
    "net/http"
    "os"
)
```

当引入的多个包中存在相同的包名或者需要为某个引入的包设置一个新包名时，需要通过 importname 指定一个在当前文件中使用的新包名。例如，在引入 fmt 包时为其指定一个新包名 f。

```
import f "fmt"
```

这样在当前文件中就可以使用 f 来调用 fmt 包中的函数了。

```
f.Println("Hello world!")
```

如果在引入包时为其设置了一个特殊_作为包名，那么这个包的引入方式就被称为匿名引入。一个包被匿名引入的目的主要是满足加载需求，使包中的资源初始化。被匿名引入的包中的 init 函数将被执行并且仅执行一遍。

```
import _ "github.com/go-sql-driver/mysql"
```

匿名引入的包与其他方式导入的包都会被编译到可执行文件中。

注意： Go 语言不允许引入包却不使用，如果引入了未使用的包，则会触发编译错误。

init 初始化函数

在每个 Go 源文件中，都可以定义任意如下格式的特殊函数。

```
func init(){
  ...
}
```

这种特殊的函数不接收任何参数，也没有任何返回值，我们也不能在代码中主动调用它。当程序启动时，init 函数会按照声明的顺序自动执行。

一个包的初始化顺序与代码中引入的顺序相同，所有在该包中声明的 init 函数都将被串行调用并且仅调用执行一次。每个包在初始化时都是先执行依赖的包中声明的 init 函数，再执行当前包中声明的 init 函数，以确保在程序的 main 函数开始执行时，所有的依赖包都已初始化完成。包初始化函数执行顺序如图 6-1 所示。

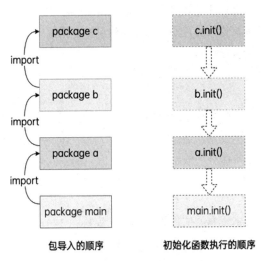

图 6-1

每个包的初始化都是从初始化包级别变量开始的。例如，从下面的示例中可以看出，包级别变量的初始化会先于 init 初始化函数。

```
package main
import "fmt"
```

```
var x int8 = 10
const pi = 3.14
func init() {
  fmt.Println("x:", x)
    fmt.Println("pi:", pi)
    sayHi()
}
func sayHi() {
    fmt.Println("Hello World!")
}
func main() {
    fmt.Println("你好, 世界! ")
}
```

输出结果:

```
x: 10
pi: 3.14
Hello World!
你好, 世界!
```

我们通过上面的代码了解了 Go 语言包的定义及初始化过程,这让我们能够在开发时按照自己的需要定义包。同时,我们还学到了如何在代码中引入其他包,不过本节所有的示例中引入的都是 Go 内置的包。现代编程语言大都允许开发者对外发布包/库,也支持开发者在自己的代码中引入第三方库。这样的设计能够让开发者参与到语言的生态环境建设中,把生态建设得更加完善。

6.2 依赖管理

早期的 Go 语言在编写项目代码时所依赖的所有第三方包都需要保存在 GOPATH 目录下,这样的依赖管理方案存在一个致命的缺陷,就是不支持版本管理,同一个依赖包只能存在一个版本的代码。可是本地的多个项目完全可能分别依赖同一个第三方包的不同版本。

6.2.1 go modules

go modules 是 Go 1.11 版本发布的依赖管理方案,从 Go 1.14 版本开始推荐在生产环境中使用,于 Go 1.16 版本默认开启。go modules 提供的命令如表 6-1 所示。

表 6-1

命 令	介 绍
go mod init	初始化项目依赖,生成 go.mod 文件
go mod download	根据 go.mod 文件下载依赖
go mod tidy	比对项目文件中引入的依赖与 go.mod

续表

命　　令	介　　绍
go mod graph	输出依赖关系图
go mod edit	编辑 go.mod 文件
go mod vendor	将项目的所有依赖导出至 vendor 目录
go mod verify	检验一个依赖包是否被篡改过
go mod why	解释为什么需要某个依赖

Go 语言在 go modules 的过渡阶段提供了环境变量 GO111MODULE 作为启用 go modules 功能的开关，考虑到 Go 1.16 之后 go modules 已经默认开启，所以本书不再介绍该配置。

GOPROXY

这个环境变量主要用于设置 Go 模块代理（Go module proxy），使 Go 在后续拉取模块版本时能够脱离传统的 VCS 方式，直接通过镜像站点来快速拉取。

GOPROXY 的默认值是 https://proxy.golang.org,direct，目前社区更多使用 https://goproxy.cn 和 https://goproxy.io。设置 GOPAROXY 的命令如下。

```
go env -w GOPROXY=https://goproxy.cn,direct
```

GOPROXY 允许设置多个代理地址，多个地址之间需使用英文逗号（,）分隔。最后的"direct"是一个特殊指示符，用于指示 Go 回到源地址抓取（例如 GitHub 等）。当配置有多个代理地址时，如果第一个代理地址返回 404 或 410 错误，Go 就会自动尝试一个代理地址，当遇见"direct"时触发回源，也就是回到源地址抓取。

GOPRIVATE

设置了 GOPROXY 之后，go 命令就会从配置的代理地址拉取和校验依赖包。当我们在项目中引入非公开的包（公司内部 git 仓库或 github 私有仓库等）时，便无法正常地从代理中拉取这些非公开的依赖包，需要配置 GOPRIVATE 环境变量。GOPRIVATE 用来告诉 go 命令哪些仓库是私有的，不必通过代理服务器拉取和校验。

GOPRIVATE 可以设置多个值，多个地址之间使用英文逗号（,）分隔。我们通常把公司内部的代码仓库设置到 GOPRIVATE 中。例如：

```
$ go env -w GOPRIVATE="git.mycompany.com"
```

这样就可以正常拉取以 git.mycompany.com 为路径前缀的依赖包了。

此外，如果公司内部自建了 GOPROXY 服务，那么我们可以通过设置 GONOPROXY=none 来允许通过内部代理拉取私有仓库的包。

6.2.2　使用 go modules 引入包

接下来通过一个示例来演示在开发项目时如何使用 go modules 拉取和管理项目依赖。

初始化项目

在本地新建一个名为 holiday 的项目，按如下方式创建一个名为 holiday 的文件夹并切换到该目录下。

```
$ mkdir holiday
$ cd holiday
```

目前我们位于 holiday 文件夹下，接下来执行下面的命令初始化项目。

```
$ go mod init holiday
go: creating new go.mod: module holiday
```

该命令会自动在项目目录下创建一个 go.mod 文件，其内容如下。

```
module holiday

go 1.16
```

其中：

- module holiday：定义当前项目的导入路径。
- go 1.16：标识当前项目使用的 Go 版本。

go.mod 文件会记录项目使用的第三方依赖包信息，包括包名和版本。由于 holiday 项目目前还没有使用第三方依赖包，所以 go.mod 文件暂时没有记录任何依赖包信息，只有当前项目的一些信息。

接下来，在项目目录下新建一个 main.go 文件，其内容如下。

```
// holiday/main.go
package main
import "fmt"
func main() {
    fmt.Println("现在是假期时间...")
}
```

然后，为 holiday 项目引入第三方包 github.com/q1mi/hello 来实现一些必要功能。这样的场景在日常开发中是很常见的，我们需要先将依赖包下载到本地，同时在 go.mod 中记录依赖信息，然后才能在代码中引入并使用这个包。下载依赖包主要有两种方法。

第一种方法是在项目目录下执行 go get 命令，手动下载依赖包。

```
holiday $ go get -u github.com/q1mi/hello
go get: added github.com/q1mi/hello v0.1.1
```

这样默认会下载最新的版本，也可以指定下载的版本。

```
holiday $ go get -u github.com/q1mi/hello@v0.1.0
go: downloading github.com/q1mi/hello v0.1.0
go get: downgraded github.com/q1mi/hello v0.1.1 => v0.1.0
```

如果依赖包没有发布任何版本，则会拉取最新的提交。最终，go.mod 中的依赖信息会变成类似下面这种由默认 v0.0.0 的版本号、最近一次 commit 的时间和 hash 组成的版本格式。

```
require github.com/q1mi/hello v0.0.0-20210218074646-139b0bcd549d
```

如果想指定下载某个 commit 对应的代码，那么可以直接指定 commit hash，不过没有必要写出完整的 commit hash，一般写出前 7 位即可。例如：

```
holiday $ go get github.com/q1mi/hello@2ccfadd
go: downloading github.com/q1mi/hello v0.1.2-0.20210219092711-2ccfaddad6a3
go get: added github.com/q1mi/hello v0.1.2-0.20210219092711-2ccfaddad6a3
```

此时打开 go.mod 文件，可以看到下载的依赖包及版本信息都已经被记录下来了。

```
module holiday
go 1.16
require github.com/q1mi/hello v0.1.0 // indirect
```

行尾的 indirect 表示该依赖包为间接依赖，说明在当前程序中的所有 import 语句中都没有发现这个包。

另外在执行 go get 命令下载一个新的依赖包时一般会额外添加-u 参数，强制更新现有依赖。

第二种方式是直接编辑 go.mod 文件，将依赖包和版本信息写入该文件。例如，修改 holiday/go.mod 文件内容如下。

```
module holiday
go 1.16
require github.com/q1mi/hello latest
```

表示当前项目需要使用 github.com/q1mi/hello 库的最新版本，然后在项目目录下执行 go mod download 下载依赖包。

```
holiday $ go mod download
```

如果不输出其他提示信息，就说明依赖已经被成功下载，此时 go.mod 文件已经变成如下内容。

```
module holiday
go 1.16
require github.com/q1mi/hello v0.1.1
```

从中可以知道最新的版本号是 v0.1.1。如果事先知道依赖包的具体版本号，就可以直接在 go.mod 中指定需要的版本再执行 go mod download 下载。

这种方法同样支持指定 commit 进行下载，例如直接在 go.mod 文件中按如下方式指定 commit hash（这里只写出了前 7 位）。

```
require github.com/q1mi/hello 2ccfadda
```

执行 go mod download 下载依赖后，go.mod 文件中对应的版本信息会自动更新为类似下面的格式。

```
module holiday
go 1.16
require github.com/q1mi/hello v0.1.2-0.20210219092711-2ccfaddad6a3
```

下载好要使用的依赖包后，就可以在 holiday/main.go 文件中使用了。

```
package main
import (
    "fmt"
    "github.com/q1mi/hello"
)
func main() {
    fmt.Println("现在是假期时间...")
    hello.SayHi() // 调用 hello 包的 SayHi 函数
}
```

将上述代码编译执行，可以看到执行结果。

```
holiday $ go build
holiday $ ./holiday
现在是假期时间...
你好，我是七米。很高兴认识你。
```

当项目功能越做越多、代码越来越多时，我们通常会在项目内部按功能或业务定义多个不同包。Go 语言支持在一个项目下定义多个包。

例如，在 holiday 项目内部创建一个新的包——summer，此时新的项目目录结构如下。

```
holidy
├── go.mod
├── go.sum
├── main.go
└── summer
    └── summer.go
```

其中，holiday/summer/summer.go 文件的内容如下。

```
package summer
import "fmt"
// Diving 潜水...
func Diving() {
    fmt.Println("夏天去诗巴丹潜水...")
}
```

此时若想在当前项目目录下的其他包或者 main.go 中调用 Diving 函数，那么需要如何引入呢?

这里在 main.go 中演示详细的调用过程，项目内其他包的引入方式与此类似。

```
package main
import (
    "fmt"
    "holiday/summer" // 导入当前项目下的包
    "github.com/q1mi/hello" // 导入 GitHub 上的第三方包
)
func main() {
    fmt.Println("现在是假期时间...")
    hello.SayHi()
    summer.Diving()
}
```

从上面的示例可以看出，项目中定义的包都会以项目的导入路径为前缀。

若想导入一个没有被发布到其他任何代码仓库的本地包，那么可以在 go.mod 文件中使用 replace 语句将依赖临时替换为本地包的相对路径。例如，在计算机上有另一个名为 liwenzhou.com/overtime 的项目，它位于 holiday 项目同级目录下。

```
├── holiday
│   ├── go.mod
│   ├── go.sum
│   ├── main.go
│   └── summer
│       └── summer.go
└── overtime
    ├── go.mod
    └── overtime.go
```

liwenzhou.com/overtime 包只存在于本地，我们并不能通过网络获取它，这时应该如何在 holiday 项目中引入它呢？

可以在 holiday/go.mod 文件中正常引入 liwenzhou.com/overtime 包，然后像下面的示例中那样使用 replace 语句，将这个依赖替换为本地包的相对路径。

```
module holiday
go 1.16
require github.com/q1mi/hello v0.1.1
require liwenzhou.com/overtime v0.0.0
replace liwenzhou:com/overtime => ../overtime
```

这样就可以在 holiday/main.go 下正常引入并使用 overtime 包了。

```
package main
import (
    "fmt"
    "holiday/summer" // 导入当前项目下的包
```

```
    "liwenzhou.com/overtime" // 通过 replace 导入的本地包
    "github.com/q1mi/hello"  // 导入 GitHub 上的第三方包
)
func main() {
    fmt.Println("现在是假期时间...")
    hello.SayHi()
    summer.Diving()
    overtime.Do()
}
```

我们也经常使用 replace 将项目依赖的某个包替换为其他版本的代码包或自己修改的代码包。

go.mod 文件

go.mod 文件记录了当前项目中所有依赖包的相关信息，声明依赖的格式如下。

```
require module/path v1.2.3
```

其中：

- require：声明依赖的关键字。
- module/path：依赖包的引入路径。
- v1.2.3：依赖包的版本号，支持以下几种格式。
  - latest：最新版本。
  - v1.0.0：详细版本号。
  - commit hash：指定某次 commit hash。

在引入某些没有打过标签（tag）的依赖包时，go.mod 记录的依赖版本信息会出现类似 v0.0.0-20210218074646-139b0bcd549d 的格式，由版本号（version）、commit time 和 commit hash 组成，如图 6-2 所示。

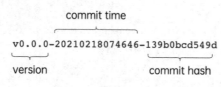

图 6-2

go.sum 文件

使用 go modules 下载依赖后，项目目录还会生成一个 go.sum 文件，这个文件详细记录了当前项目引入的依赖包的信息及其 hash 值。go.sum 文件内容通常以类似下面的格式呈现。

```
<module> <version>/go.mod <hash>
```

或者

```
<module> <version> <hash>
<module> <version>/go.mod <hash>
```

不同于其他语言提供的基于中心的包管理机制，例如 npm 和 pypi 等，Go 语言并没有提供一个中央仓库管理所有依赖包，而是采用分布式的方式管理。为了防止依赖包被非法篡改，Go modules 引入了 go.sum 机制对依赖包进行校验。

依赖保存位置

Go modules 会把下载到本地的依赖包以下面的形式保存在 $GOPATH/pkg/mod 目录下，每个依赖包都带有版本号以示区别，因此允许在本地保存同一个包的不同版本。

```
mod
├── cache
├── cloud.google.com
├── github.com
        └──q1mi
            ├── hello@v0.0.0-20210218074646-139b0bcd549d
            ├── hello@v0.1.1
            └── hello@v0.1.0
...
```

可以执行 go clean -modcache 命令清除所有已在本地缓存的依赖包数据。

6.2.3　使用 go modules 发布包

我们已经学习了如何在项目中引入别人提供的依赖包，那么当想在社区发布一个自己编写的代码包或者编写一个供公司内部使用的公用组件时，该怎么做呢？接下来，我们一起编写一个代码包并将它发布到 github.com 仓库，让它能够被全球的 Go 语言开发者使用。

首先在自己的 GitHub 账号下新建一个项目，并把它下载到本地。这里创建和发布一个名为 hello 的项目进行演示，这个 hello 包将对外提供一个名为 SayHi 的函数，它的作用非常简单，就是给调用者发去问候。

```
$ git clone https://github.com/q1mi/hello
$ cd hello
```

在 hello 项目目录下执行下面的命令进行初始化，创建 go.mod 文件。这里将项目的引入路径设为 github.com/q1mi/hello，读者在自行测试时需要将这部分替换为自己的仓库路径。

```
hello $ go mod init github.com/q1mi/hello
go: creating new go.mod: module github.com/q1mi/hello
```

接下来，在该项目根目录下创建 hello.go 文件，添加下面的内容。

```
package hello
import "fmt"
```

```
func SayHi() {
    fmt.Println("你好, 我是七米。很高兴认识你。")
}
```

然后将该项目的代码 push 到仓库的远端分支, 这样就对外发布了一个 Go 包。其他开发者可以通过 github.com/q1mi/hello 引入路径下载并使用。

一个设计完善的包应该包含开源许可证及文档等内容, 同时需要尽心维护并适时发布适当的新版本。在 GitHub 上发布新版本时, 使用 git tag 为代码包打上标签即可。

```
hello $ git tag -a v0.1.0 -m "release version v0.1.0"
hello $ git push origin v0.1.0
```

经过上面的操作, 我们发布了 v0.1.0 版本。

Go modules 建议使用语义化版本控制, 其建议的版本号格式如图 6-3 所示。

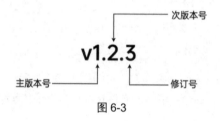

图 6-3

其中:

- 主版本号: 在发布了不兼容 (breaking changes) 的版本迭代时递增。
- 次版本号: 在发布了功能性更新时递增。
- 修订号: 在发布了 bug 修复类更新时递增。

发布新的主版本

现在 hello 项目要进行与之前版本不兼容的更新, 我们计划让 SayHi 函数支持向指定人发出问候。更新后的 SayHi 函数如下。

```
package hello
import "fmt"
// SayHi 向指定人发出问候的函数
func SayHi(name string) {
    fmt.Printf("你好%s, 我是七米。很高兴认识你。\n", name)
}
```

由于这次修改了函数的调用规则, 对将该包作为依赖的用户影响很大。因此我们需要发布一个主版本号递增的 v2 版本。在这种情况下, 我们通常会修改当前包的引入路径, 像下面的示例一样为引入路径添加版本后缀。

```
// hello/go.mod
module github.com/q1mi/hello/v2
go 1.16
```

提交修改后的代码如下。

```
hello $ git add .
hello $ git commit -m "feat: SayHi 现在支持向指定人打招呼啦"
hello $ git push
```

打好标签，推送到远程仓库。

```
hello $ git tag -a v2.0.0 -m "release version v2.0.0"
hello $ git push origin v2.0.0
```

这样，在不影响使用旧版本的用户的前提下，新的版本发布成功。想要使用 v2 版本的代码包的用户，只需从修改后的引入路径下载即可。

```
go get github.com/q1mi/hello/v2@v2.0.0
```

在代码中使用的方法与之前类似，只是需要注意引入路径要添加 v2 版本后缀。

```
package main
import (
    "fmt"
    "github.com/q1mi/hello/v2" // 引入 v2 版本
)
func main() {
    fmt.Println("现在是假期时间...")
    hello.SayHi("张三") // v2 版本的 SayHi 函数需要传入字符串参数
}
```

废弃已发布版本

当某个已发布的版本存在致命缺陷时，可以使用 retract 声明废弃。例如，在 hello/go.mod 文件中按如下方式声明，即可废弃 v0.1.2 版本。

```
module github.com/q1mi/hello
go 1.16
retract v0.1.2
```

用户使用 go get 下载 v0.1.2 版本时会收到提示，催促其升级到其他版本。

练习题

在同一个项目下，编写一个 calc 包，实现加、减、乘、除 4 个功能函数。在 snow 包中引入 calc 包并调用加、减、乘、除函数，实现数学运算。

参考答案详见本书 GitHub 代码仓库 Q1mi/the-road-to-learn-golang。

第 7 章

接口

本章学习目标

- 了解为什么需要接口类型。
- 掌握接口的声明和使用方法。
- 掌握接口值的概念。
- 掌握空接口的特点及其使用场景。

在 1.18 版本中，Go 语言接口类型定义了一个类型集（type set）。Go 语言提倡使用面向接口的编程方式实现解耦。

7.1 接口类型

从 Go 1.18 开始，Go 语言将接口分为了两种类型：基本接口（Basic Interface）和一般接口（General Interface）。

如果一个接口类型的定义包含非接口类型，则被称为**一般接口**。例如下面示例代码中定义的接口类型。

```
type Signed interface {
    ~int | ~int8 | ~int16 | ~int32 | ~int64
}
type Unsigned interface {
    ~uint | ~uint8 | ~uint16 | ~uint32 | ~uint64 | ~uintptr
}
```

目前，一般接口只能用于类型约束，不能用于实例化变量，具体内容请查看第 10 章泛型。

如果一个接口类型的定义中只包含方法，则被称为**基本接口**。这也是 Go1.18 之前的接口，基本接口类型是一组方法的集合，它规定了需要实现的所有方法。

```
type Reader interface {
    Read(p []byte) (n int, err error)
}
type Writer interface {
    Write(p []byte) (n int, err error)
}
```

接口类型由任意方法签名组成，接口的定义格式如下。

```
type 接口类型名 interface{
    方法名 1( 参数列表 1 ) 返回值列表 1
    方法名 2( 参数列表 2 ) 返回值列表 2
    …
}
```

其中：

- 接口类型名：Go 语言在命名接口时，一般会在单词后面添加 er，例如，写操作的接口叫 Writer，关闭操作的接口叫 Closer 等。接口名最好能突出该接口的类型含义。
- 方法名：当方法名的首字母大写且接口类型名的首字母也大写时，这个方法可以被接口所在的包之外的代码访问。
- 参数列表、返回值列表：参数列表和返回值列表中的参数变量名可以省略。

例如，定义一个包含 Write 方法的 Writer 接口。

```
type Writer interface{
    Write([]byte) error
}
```

当看到一个 Writer 接口类型的值时，你不知道它是什么，唯一知道的就是可以通过调用它的 Write 方法来做一些事情。

实现接口

当满足以下条件时，类型 T 实现了接口 I（type T implements interface I）。

- T 不是接口：类型 T 是接口 I 代表的类型集中的一个成员。
- T 是接口：T 接口代表的类型集是 I 代表的类型集的子集。

基本接口规定了**需要实现的方法列表**，在 Go 语言中，一个接口类型只要实现了接口中规定的所有方法，就被称为实现了这个接口。

我们定义的 Singer 接口类型包含一个 Sing 方法。

```
// Singer 接口类型
type Singer interface {
    Sing()
}
```

Bird 结构体类型如下。

```
type Bird struct {}
```

因为 Singer 接口只包含一个 Sing 方法，所以只需要给 Bird 结构体添加一个 Sing 方法就可以满足 Singer 接口的要求。

```
// Sing Bird 类型的 Sing 方法
func (b Bird) Sing() {
    fmt.Println("汪汪汪")
}
```

这样就称 Bird 实现了 Singer 接口。

为什么要使用接口

假设代码世界里有很多小动物，下面的代码片段定义了猫和狗，它们饿了都会叫。

```
package main
import "fmt"
type Cat struct{}
func (c Cat) Say() {
    fmt.Println("喵喵喵~")
}
type Dog struct{}
func (d Dog) Say() {
    fmt.Println("汪汪汪~")
}
func main() {
    c := Cat{}
    c.Say()
    d := Dog{}
    d.Say()
}
```

这时又跑来了一只羊，羊饿了也会发出叫声。

```
type Sheep struct{}
func (s Sheep) Say() {
    fmt.Println("咩咩咩~")
}
```

接下来定义一个饿肚子的场景。

```
// MakeCatHungry 猫饿了叫喵喵喵~
func MakeCatHungry(c Cat) {
    c.Say()
}
// MakeSheepHungry 羊饿了叫咩咩咩~
func MakeSheepHungry(s Sheep) {
    s.Say()
}
```

接下来会有越来越多的小动物跑过来，代码世界该怎么拓展呢？

在饿肚子的场景中，是否可以把所有动物都当成一个"会叫的类型"来处理呢？当然可以！使用接口类型就可以实现这个目标。我们并不关心究竟是什么动物在叫，只要在代码中调用它的 Say() 方法就足够了。

我们可以约定一个 Sayer 类型，它必须实现一个 Say()方法，只要饿肚子了，就调用 Say()方法。

```
type Sayer interface {
    Say()
}
```

然后定义一个通用的 MakeHungry 函数，接收 Sayer 类型的参数。

```
// MakeHungry 饿肚子了
func MakeHungry(s Sayer) {
    s.Say()
}
```

使用接口类型，把所有会叫的动物都当成 Sayer 类型来处理。只要实现了 Say()方法，就能被当成 Sayer 类型的变量来处理。

```
var c Cat
MakeHungry(c)
var d Dog
MakeHungry(d)
```

电商系统允许用户使用多种方式（支付宝、微信、银联等）支付，我们不太在乎用户究竟使用什么支付方式，只要提供一个实现支付功能的 Pay 方法让调用方调用就可以了。

例如，我们需要在某个程序中添加一个输出数据的功能，根据需求不同，可能将数据输出到终端、写入文件或者通过网络连接发送出去。在这个场景中，我们可以不关注输出的目的地，只要它能提供一个 Write 方法让我们写入就可以了。

Go 语言为了解决这种问题引入了接口的概念，接口类型区别于之前介绍的具体类型，让我们专注于该类型提供的方法，而不是类型本身。使用接口类型通常能够让我们写出更加通用和灵活的代码。

面向接口编程

PHP、Java 等语言也有接口的概念，不过 PHP 和 Java 语言需要显式地声明一个类实现了哪些接口。Go 语言使用隐式声明的方式实现接口，一个接口类型只要实现了接口中规定的所有方法，就实现了这个接口。

Go 语言的这种设计符合程序开发中抽象的一般规律。例如，在下面的代码示例中，只设计了支付宝一种支付方式。

```go
type ZhiFuBao struct {
    // 支付宝
}
// Pay 支付宝的支付方法
func (z *ZhiFuBao) Pay(amount int64) {
  fmt.Printf("使用支付宝付款：%.2f 元。\n", float64(amount/100))
}
// Checkout 结账
func Checkout(obj *ZhiFuBao) {
    // 支付 100 元
    obj.Pay(100)
}
func main() {
    Checkout(&ZhiFuBao{})
}
```

随着业务的发展，根据用户需求添加微信支付的方式。

```go
type WeChat struct {
    // 微信
}
// Pay 微信的支付方法
func (w *WeChat) Pay(amount int64) {
    fmt.Printf("使用微信付款：%.2f 元。\n", float64(amount/100))
}
```

在实际的交易流程中，可以根据用户选择的支付方式来决定最终调用支付宝的 Pay 方法还是微信的 Pay 方法。

```go
// CheckoutWithZFB 支付宝结账
func CheckoutWithZFB(obj *ZhiFuBao) {
    // 支付 100 元
    obj.Pay(100)
}
// CheckoutWithWX 微信结账
func CheckoutWithWX(obj *WeChat) {
    // 支付 100 元
    obj.Pay(100)
```

```
}
```

可以看出，系统不关心用户选择的是什么支付方式，只关心调用 Pay 方法时能否正常运行，这就是典型的"不关心它是什么，只关心它能做什么"的场景。

在这种场景中，可以将具体的支付方式抽象为一个名为 Payer 的接口类型，只要实现了 Pay 方法，就可以称为 Payer 接口类型。

```
// Payer 包含支付方法的接口类型
type Payer interface {
    Pay(int64)
}
```

此时只需要修改原始的 Checkout 函数，让它接收一个 Payer 接口类型的参数，这样就能在不修改既有函数调用的基础上，支持新的支付方式。

```
// Checkout 结账
func Checkout(obj Payer) {
    // 支付 100 元
    obj.Pay(100)
}
func main() {
    Checkout(&ZhiFuBao{}) // 之前调用支付宝支付
    Checkout(&WeChat{}) // 现在支持使用微信支付
}
```

类似的例子我们经常遇到。例如：

- 某网上商城可以使用支付宝、微信、银联等方式在线支付，能不能把它们当成"支付方式"来处理呢？
- 三角形、四边形、圆形都能计算周长和面积，能不能把它们当成"图形"来处理呢？
- 满减券、立减券、打折券都是电商场景中常见的优惠方式，能不能把它们当成"优惠券"来处理呢？

接口类型是 Go 语言提供的一种工具，在实际的编码过程中是否使用它由自己决定。使用接口类型通常可以使代码更清晰易读。

接口类型变量

实现接口有什么用呢？一个接口类型的变量能够存储所有实现了该接口的类型变量。

例如，在下面的示例中，Dog 和 Cat 类型均实现了 Sayer 接口，此时一个 Sayer 类型的变量就能够接收 Cat 和 Dog 类型的变量。

```
var x Sayer // 声明一个 Sayer 类型的变量 x
a := Cat{} // 声明一个 Cat 类型的变量 a
b := Dog{} // 声明一个 Dog 类型的变量 b
```

```
x = a        // 可以把 Cat 类型变量直接赋值给 x
x.Say()      // 喵喵喵
x = b        // 可以把 Dog 类型变量直接赋值给 x
x.Say()      // 汪汪汪
```

7.2 值接收者和指针接收者

我们已经知道，在定义结构体方法时既可以使用值接收者也可以使用指针接收者。那么在实现接口时，使用值接收者和指针接收者有什么区别呢？我们通过例子来看一下。

定义一个 Mover 接口类型，它包含一个 Move 方法。

```
// Mover 定义一个接口类型
type Mover interface {
    Move()
}
```

值接收者实现接口

定义一个 Dog 结构体类型，并使用值接收者为其定义一个 Move 方法。

```
// Dog 狗结构体类型
type Dog struct{}
// Move 使用值接收者定义 Move 方法实现 Mover 接口
func (d Dog) Move() {
    fmt.Println("狗会动")
}
```

此时实现 Mover 接口的是 Dog 类型。

```
var x Mover     // 声明一个 Mover 类型的变量 x
var d1 = Dog{} // d1 是 Dog 类型
x = d1          // 可以将 d1 赋值给变量 x
x.Move()
var d2 = &Dog{} // d2 是 Dog 指针类型
x = d2          // 也可以将 d2 赋值给变量 x
x.Move()
```

可以看出，使用值接收者实现接口后，不管是结构体类型还是对应的结构体指针类型，其变量都可以赋值给该接口变量。

指针接收者实现接口

我们再来看一下使用指针接收者实现接口。

```
// Cat 猫结构体类型
type Cat struct{}
// Move 使用指针接收者定义 Move 方法实现 Mover 接口
```

```
func (c *Cat) Move() {
    fmt.Println("猫会动")
}
```

此时实现 Mover 接口的是*Cat 类型，我们可以将*Cat 类型的变量直接赋值给 Mover 接口类型的变量 x。

```
var c1 = &Cat{} // c1 是*Cat 类型
x = c1          // 可以将 c1 当成 Mover 类型
x.Move()
```

但是不能将 Cat 类型的变量赋值给 Mover 接口类型的变量 x。

```
// 下面的代码无法通过编译
var c2 = Cat{} // c2 是 Cat 类型
x = c2         // 不能将 c2 当成 Mover 类型
```

由于 Go 语言有对指针求值的语法糖，所以对于值接收者实现的接口，可使用值类型和指针类型。但是我们并不总是能对一个值求址，所以对于指针接收者实现的接口要额外注意。

7.3 类型与接口的关系

一个类型实现多个接口

一个类型可以实现多个接口，而接口间彼此独立，不知道对方的实现。例如狗不仅可以叫，还可以动。我们完全可以分别定义 Sayer 接口和 Mover 接口，具体代码示例如下。

```
// Sayer 接口
type Sayer interface {
    Say()
}
// Mover 接口
type Mover interface {
    Move()
}
```

Dog 既可以实现 Sayer 接口，也可以实现 Mover 接口。

```
type Dog struct {
    Name string
}
// 实现 Sayer 接口
func (d Dog) Say() {
    fmt.Printf("%s 会叫汪汪汪\n", d.Name)
}
// 实现 Mover 接口
func (d Dog) Move() {
```

```
    fmt.Printf("%s 会动\n", d.Name)
}
```

同一个类型实现不同的接口互相不影响。

```
var d = Dog{Name: "旺财"}
var s Sayer = d
var m Mover = d
s.Say()  // 对 Sayer 类型调用 Say 方法
m.Move() // 对 Mover 类型调用 Move 方法
```

多种类型实现同一接口

Go 语言的不同类型可以实现同一接口。例如，不仅狗可以动，汽车也可以动，可以使用如下代码体现这个关系。

```
// 实现 Mover 接口
func (d Dog) Move() {
    fmt.Printf("%s 会动\n", d.Name)
}
// Car 汽车结构体类型
type Car struct {
    Brand string
}
// Move Car 类型实现 Mover 接口
func (c Car) Move() {
    fmt.Printf("%s 速度 70 迈\n", c.Brand)
}
```

这样就可以把狗和汽车都当成会动的类型来处理，不必关注它们具体是什么，只需要调用它们的 Move 方法就可以了。

```
var obj Mover
obj = Dog{Name: "旺财"}
obj.Move()
obj = Car{Brand: "宝马"}
obj.Move()
```

上面代码的执行结果如下。

```
旺财会跑
宝马速度 70 迈
```

一个接口的所有方法不一定都由一个类型实现，可以通过在类型中嵌入其他类型或者结构体来实现。

```
// WashingMachine 洗衣机
type WashingMachine interface {
    wash()
```

```
        dry()
}
// 甩干器
type dryer struct{}
// 实现 WashingMachine 接口的 dry()方法
func (d dryer) dry() {
    fmt.Println("甩一甩")
}
// 海尔洗衣机
type haier struct {
    dryer  //嵌入甩干器
}
// 实现 WashingMachine 接口的 wash()方法
func (h haier) wash() {
    fmt.Println("洗刷刷")
}
```

接口组合

接口与接口可以组合成新的接口类型，Go 标准库 io 源码中就有很多接口组合的示例。

```
// src/io/io.go
type Reader interface {
    Read(p []byte) (n int, err error)
}
type Writer interface {
    Write(p []byte) (n int, err error)
}
type Closer interface {
    Close() error
}
// ReadWriter 是 Reader 接口和 Writer 接口组合形成的新接口类型
type ReadWriter interface {
    Reader
    Writer
}
// ReadCloser 是 Reader 接口和 Closer 接口组合形成的新接口类型
type ReadCloser interface {
    Reader
    Closer
}
// WriteCloser 是 Writer 接口和 Closer 接口组合形成的新接口类型
type WriteCloser interface {
    Writer
    Closer
}
```

对于这种由多个接口类型组合形成的新接口类型，同样只需要实现新接口类型中规定的所有方法，就算实现了该接口类型。

接口也可以作为结构体的一个字段，我们来看一段 Go 标准库 sort 源码中的示例。

```
// src/sort/sort.go
// Interface 定义通过索引对元素排序的接口类型
type Interface interface {
    Len() int
    Less(i, j int) bool
    Swap(i, j int)
}
// reverse 结构体嵌入了 Interface 接口
type reverse struct {
    Interface
}
```

通过在结构体中嵌入一个接口类型实现了该接口类型，并且可以改写该接口类型的方法。

```
// Less 为 reverse 类型添加 Less 方法，重写原 Interface 接口类型的 Less 方法
func (r reverse) Less(i, j int) bool {
    return r.Interface.Less(j, i)
}
```

Interface 类型原本的 Less 方法签名为 Less(i, j int) bool，此处重写为 r.Interface.Less(j, i)，即通过交换索引参数的位置实现反转。

这个示例中还有一个需要注意的地方是 reverse 结构体本身是不可导出的（结构体类型名称首字母小写），sort.go 通过定义一个可导出的 Reverse 函数让使用者创建 reverse 结构体实例。

```
func Reverse(data Interface) Interface {
    return &reverse{data}
}
```

这样做可以保证得到的 reverse 结构体中的 Interface 属性一定不为 nil，否则 r.Interface.Less(j, i) 会出现空指针 panic。

此外，在 Go 语言内置标准库 database/sql 中也有很多类似的结构体内嵌接口类型的使用示例，读者可自行查阅。

7.4　空接口

空接口的定义

空接口指没有定义任何方法的接口类型，因此任何类型都可以视为实现了空接口。也正是因为空接口类型的这种特性，空接口类型的变量可以存储任意类型的值。

```
package main
import "fmt"
// 空接口
// Any 不包含任何方法的空接口类型
type Any interface{}
// Dog 狗结构体
type Dog struct{}
func main() {
    var x Any
    x = "你好" // 字符串型
    fmt.Printf("type:%T value:%v\n", x, x)
    x = 100 // int 型
    fmt.Printf("type:%T value:%v\n", x, x)
    x = true // 布尔型
    fmt.Printf("type:%T value:%v\n", x, x)
    x = Dog{} // 结构体类型
    fmt.Printf("type:%T value:%v\n", x, x)
}
```

我们在使用空接口类型时通常不必使用 type 关键字声明，可以像下面的代码一样直接使用 interface{}。

```
var x interface{}  // 声明一个空接口类型变量 x
```

空接口的应用

使用空接口实现可以接收任意类型的函数参数。

```
// 空接口作为函数参数
func show(a interface{}) {
    fmt.Printf("type:%T value:%v\n", a, a)
}
```

使用空接口实现可以保存任意值的字典。

```
// 空接口作为 map 值
var studentInfo = make(map[string]interface{})
studentInfo["name"] = "沙河娜扎"
studentInfo["age"] = 18
studentInfo["married"] = false
fmt.Println(studentInfo)
```

7.5 接口值

由于接口类型的值可以是任意一个实现了该接口的类型值，所以除了具体的**值**，接口值还需要记录这个值所属的**类型**。也就是说，接口值由类型（type）和值（value）组成，如图 7-1 所示。鉴于这两部分会根据存入值的不同而发生变化，我们称之为接口的**动态类型和动态值**。

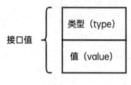

图 7-1

接下来，通过一个示例来加深对接口值的理解。下面的代码定义了一个 Mover 接口类型和实现了该接口的 Dog 和 Car 结构体类型。

```go
type Mover interface {
    Move()
}
type Dog struct {
    Name string
}
func (d *Dog) Move() {
    fmt.Println("狗在跑~")
}
type Car struct {
    Brand string
}
func (c *Car) Move() {
    fmt.Println("汽车在跑~")
}
```

首先，创建一个 Mover 接口类型的变量 m。

```go
var m Mover
```

此时，接口变量 m 是接口类型的零值，它的类型和值部分都是 nil，如图 7-2 所示。

m

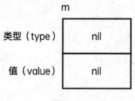

图 7-2

可以使用 m == nil 来判断此时的接口值是否为空。

```go
fmt.Println(m == nil)  // true
```

注意：不能对一个空接口值调用任何方法，否则会产生 panic。

```
m.Move() // panic: runtime error: invalid memory address or nil pointer dereference
```

接下来，将一个 *Dog 结构体指针赋值给变量 m。

```
m = &Dog{Name: "旺财"}
```

此时，接口值 m 的动态类型会被设置为 *Dog，动态值为结构体变量的拷贝，如图 7-3 所示。

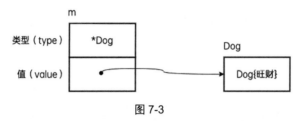

图 7-3

然后，为接口变量 m 赋一个 *Car 类型的值。

```
m = new(Car)
```

这一次，接口值的动态类型为 *Car，动态值为 nil，如图 7-4 所示。

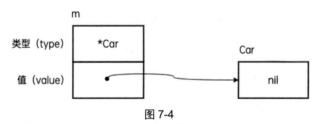

图 7-4

> **注意**：此时接口变量 m 与 nil 并不相等，因为它只是动态值的部分为 nil，而动态类型部分保存着对应值的类型。

```
fmt.Println(m == nil) // false
```

接口值支持相互比较，当且仅当接口值的动态类型和动态值都相等时才相等。

```
var (
    x Mover = new(Dog)
    y Mover = new(Car)
)
fmt.Println(x == y) // false
```

> **注意**：当接口值保存的动态类型相同时，如果动态类型不支持比较（例如切片），那么对它们进行比较会引发 panic。

```
var z interface{} = []int{1, 2, 3}
fmt.Println(z == z) // panic: runtime error: comparing uncomparable type []int
```

类型断言

接口值可能被赋值为任意类型的值，那么如何从接口值获取其存储的具体数据呢？可以借助标准库 fmt 包的格式化输出获取接口值的动态类型。

```
var m Mover
m = &Dog{Name: "旺财"}
fmt.Printf("%T\n", m) // *main.Dog
m = new(Car)
fmt.Printf("%T\n", m) // *main.Car
```

fmt 包内部使用反射机制在程序运行时获取动态类型的名称。关于反射的内容我们会在第 8 章详细介绍。

从接口值中获取对应的实际值需要使用类型断言，其语法格式如下。

```
x.(T)
```

其中，x 表示接口类型的变量，表示断言 x 可能的类型。

该语法返回两个参数，第一个是 x 转化为 T 类型后的变量，第二个是一个布尔值，若为 true，则表示断言成功；若为 false，则表示断言失败。例如：

```
var n Mover = &Dog{Name: "旺财"}
v, ok := n.(*Dog)
if ok {
    fmt.Println("类型断言成功")
    v.Name = "富贵" // 变量v是*Dog 类型
} else {
    fmt.Println("类型断言失败")
}
```

当一个接口值有多个实际类型需要判断时，推荐使用 switch 语句。

```
// justifyType 对传入的空接口类型变量x进行类型断言
func justifyType(x interface{}) {
    switch v := x.(type) {
    case string:
        fmt.Printf("x is a string, value is %v\n", v)
    case int:
        fmt.Printf("x is a int is %v\n", v)
    case bool:
        fmt.Printf("x is a bool is %v\n", v)
    default:
        fmt.Println("unsupport type! ")
    }
}
```

由于接口类型变量能够动态存储不同类型值的特点，所以很多初学者会滥用接口类型，特别是空接口。

注意：只有当两个或两个以上的具体类型必须以相同的方式进行处理时才需要定义接口。切记不要为了使用接口类型而增加不必要的抽象，导致不必要的运行时损耗。

Go 语言接口是非常重要的概念和特性，使用接口类型能够实现代码的抽象和解耦，也可以隐藏某个功能的内部实现，缺点是在查看源码时，不太方便查找到实现接口的具体类型。

相信很多读者在刚接触接口类型时会有很多疑惑，请牢记接口是一种类型，一种抽象的类型。区别于具体的类型（整型、数组、结构体类型等），它是一个只需要实现特定方法的抽象类型。

小技巧：下面的代码可以在程序编译阶段验证某一结构体是否满足特定的接口类型。

```
type IRouter interface{ ... }
type RouterGroup struct { ... }
var _ IRouter = (*RouterGroup)(nil)  // 确保 RouterGroup 实现了接口 IRouter
```

练习题

使用接口的方式实现一个既可以向终端写入日志也可以向文件写入日志的简易日志库。

参考答案见本书 GitHub 代码仓库 Q1mi/the-road-to-learn-golang。

第 8 章

反射

本章学习目标

- 了解反射的意义。
- 掌握反射的基本使用方法。
- 通过反射熟悉 Go 语言的类型系统。

在计算机科学中，反射（reflection）指计算机程序在运行时（runtime）可以访问、检测和修改自身状态或行为的能力。

Go 语言是支持反射机制的，可以通过反射机制在程序运行期间获取变量的名称、类型等信息，用于动态语言等特性。

8.1 反射简介

在编译阶段，变量被转换为内存地址，变量名不会被编译器写入可执行部分。程序在运行阶段通常无法获取自身信息，而支持反射机制的编程语言可以在编译期将变量的反射信息，如字段名称、类型信息、结构体信息等整合到可执行文件中，并为程序提供访问反射信息的接口，这样程序就可以在运行阶段获取类型的反射信息并修改它们。

对于在编译时并不知道变量具体类型的场景，Go 语言通过标准库 reflect 提供了一种机制，在运行时查看和更新变量的值、调用它们的方法。

我们已经介绍了与接口相关的概念，而反射就是通过接口值中保存的相关类型信息实现的，反射的本质是在运行时动态地获取一个变量的类型信息和值信息。

静态编译型语言在某些场景中也需要一些动态能力，把一些原本必须在编译时做的事情推迟到运行时做，而这种能力可以为编译型语言赋予强大的灵活性。反射最常见的应用场景就是依赖用户输入的内容执行后续程序。

- 结构体属性的 tag 支持用户动态定义属性名。
- 根据用户输入的内容决定生成什么类型的对象或者调用什么方法。

8.2　reflect 包

任何接口值都是由动态类型和动态值两部分组成的。Go 语言反射的相关功能由内置的 reflect 包提供，任意接口值在反射中都可以理解为由 reflect.Type 和 reflect.Value 两部分组成。reflect 包提供了 reflect.TypeOf 和 reflect.ValueOf 两个函数来获取任意值的 Type 和 Value 信息。

TypeOf 函数

在 Go 语言中，使用 reflect 包中的 TypeOf 函数可以获得任意值的类型对象（reflect.Type），通过类型对象可以访问任意值的类型信息。

reflect.TypeOf 函数签名如下。

```
func TypeOf(i interface{}) Type
```

因为它的入参类型为空接口类型，所以调用该函数时传入的任何实参都会被转为空接口类型，这样得到的接口值就保存了原始值的类型信息和值信息。

下面的代码片段演示了 reflect.TypeOf 函数的使用方法。

```
package main
import (
    "fmt"
    "reflect"
)
func main() {
    var a float32 = 3.14
    ta := reflect.TypeOf(a)
    fmt.Printf("type:%v\n", ta) // type:float32
    var b int64 = 100
    tb := reflect.TypeOf(b)
    fmt.Printf("type:%v\n", tb) // type:int64
}
```

Type 和 Kind

Go 语言的每个变量都有一个在编译阶段就确定的静态类型，而通过反射得到的类型信息分为

Type 和 Kind 两种。其中 Type 指声明的类型，而 Kind 指语言底层的类型。

reflect.Type 是一个接口类型，我们可以通过调用它的 Name 方法得到 Type 名称，通过调用它的 Kind 方法得到 Kind 名称。

下面的代码分别定义了指针类型、自定义类型、类型别名和两个结构体类型的变量，通过反射查看它们的 Type 和 Kind 名称。

```go
package main
import (
    "fmt"
    "reflect"
)
type myInt int64
func reflectType(x interface{}) {
    t := reflect.TypeOf(x)
    fmt.Printf("type:%v kind:%v\n", t.Name(), t.Kind())
}
func main() {
    var a *float32 // 指针
    var b myInt    // 自定义类型
    var c rune     // 类型别名
    reflectType(a) // type: kind:ptr
    reflectType(b) // type:myInt kind:int64
    reflectType(c) // type:int32 kind:int32

    type person struct {
        name string
    }
    type book struct {
        title string
    }
    var d = person{
        name: "七米",
    }
    var e = book{title: "《跟七米学 Go 语言》"}
    reflectType(d) // type:person kind:struct
    reflectType(e) // type:book kind:struct
}
```

Go 语言可以使用 type 关键字构造很多自定义类型，而 Kind 指底层的类型；但在反射中，当需要区分指针、结构体等大品种的类型时，就会用到 Kind。在 Go 语言的反射中，数组、切片、Map、指针等类型变量的 Type 名称都是空字符串，只有一个底层的 Kind 名称。

reflect.Kind

在 reflect 包中定义的 Kind 类型及常量如下。

```
type Kind uint
const (
    Invalid Kind = iota   // 非法类型
    Bool                  // 布尔型
    Int                   // 有符号整型
    Int8                  // 有符号 8 位整型
    Int16                 // 有符号 16 位整型
    Int32                 // 有符号 32 位整型
    Int64                 // 有符号 64 位整型
    Uint                  // 无符号整型
    Uint8                 // 无符号 8 位整型
    Uint16                // 无符号 16 位整型
    Uint32                // 无符号 32 位整型
    Uint64                // 无符号 64 位整型
    Uintptr               // 指针
    Float32               // 单精度浮点数
    Float64               // 双精度浮点数
    Complex64             // 64 位复数类型
    Complex128            // 128 位复数类型
    Array                 // 数组
    Chan                  // 通道
    Func                  // 函数
    Interface             // 接口
    Map                   // 映射
    Pointer               // 指针
    Slice                 // 切片
    String                // 字符串
    Struct                // 结构体
    UnsafePointer         // 底层指针
)
```

以上是 Go 语言支持的所有底层类型[1]。

reflect.Type 接口

reflect.Type 接口定义的方法如下。

```
type Type interface {
    // 所有的类型都可以调用下面的函数
    // 此类型的变量内存对齐后所占用的字节数
    Align() int
    // 当用作结构体中的字段时，返回该类型值的字节对齐数
```

1　截至 Go 1.20 版本。

```
    FieldAlign() int
    // 返回类型方法集里的第 i (传入的参数)个方法
    Method(int) Method
    // 通过方法名称获取方法
    MethodByName(string) (Method, bool)
    // 返回使用上方 Method 可访问的方法的数量
    // 注意，NumMethod 只对接口类型统计未导出的方法
    NumMethod() int
    // 类型名称，匿名类型返回空字符串
    Name() string
    // 返回类型所在的路径，与 encoding/base64
    PkgPath() string
    // 返回类型的大小，与 unsafe.Sizeof 的功能类似
    Size() uintptr
    // 返回字符串形式的类型名称
    String() string
    // 返回底层类型值
    Kind() Kind
    // 类型是否实现了接口 u
    Implements(u Type) bool
    // 是否可以赋值给 u
    AssignableTo(u Type) bool
    // 是否可以将类型转换成 u
    ConvertibleTo(u Type) bool
    // 类型是否可以比较
    Comparable() bool
    // 下面这些方法只有特定类型可以调用
    // Int*, Uint*, Float*, Complex*: Bits
    // Array: Elem, Len
    // Chan: ChanDir, Elem
    // Func: In, NumIn, Out, NumOut, IsVariadic.
    // Map: Key, Elem
    // Ptr: Elem
    // Slice: Elem
    // Struct: Field, FieldByIndex, FieldByName, FieldByNameFunc, NumField
    // 类型所占据的比特位数
    Bits() int
    // 返回通道的方向，只能是 chan 类型调用
    ChanDir() ChanDir
    // 返回类型是否是可变参数，只能是 func 类型调用
    // 例如函数 func(x int, y ... float64)
    // t.NumIn() == 2
    // t.In(0) is the reflect.Type for "int"
    // t.In(1) is the reflect.Type for "[]float64"
    // t.IsVariadic() == true
    IsVariadic() bool
```

```
    // 返回内部子元素类型, 只能由类型 Array、Chan、Map、Ptr、Slice 调用
    Elem() Type
    // 返回结构体类型的第 i 个字段, 只能由结构体类型调用
    // 如果 i 超过了总字段数, 就会 panic
    Field(i int) StructField
    // 返回嵌套的结构体的字段
    FieldByIndex(index []int) StructField
    // 通过字段名称获取字段
    FieldByName(name string) (StructField, bool)
    // 返回名称符合 func 函数要求的字段
    FieldByNameFunc(match func(string) bool) (StructField, bool)
    // 获取函数类型的第 i 个参数的类型
    In(i int) Type
    // 返回 map 的 key 类型, 只能由类型 map 调用
    Key() Type
    // 返回 Array 的长度, 只能由类型 Array 调用
    Len() int
    // 返回类型字段的数量, 只能由类型 Struct 调用
    NumField() int
    // 返回函数类型的输入参数数量
    NumIn() int
    // 返回函数类型的返回值数量
    NumOut() int
    // 返回函数类型的第 i 个值的类型
    Out(i int) Type
    common() *rtype
    uncommon() *uncommonType
}
```

方法有很多, 读者可以自行编写示例代码。

reflect.ValueOf 函数

reflect.ValueOf 函数返回的是 reflect.Value 类型, 它是一个结构体类型, 包含了原始值的值信息。reflect.Value 与原始值之间可以互相转换。

reflect.Value 类型提供的获取原始值的方法如表 8-1 所示。

表 8-1

方　　法	说　　明
Interface() interface {}	将值以 interface{} 类型返回, 可以通过类型断言转换为指定类型
Int() int64	将值以 int 类型返回, 所有有符号整型均可以此方式返回
Uint() uint64	将值以 uint 类型返回, 所有无符号整型均可以此方式返回
Float() float64	将值以双精度 (float64) 类型返回, 所有浮点数 (float32、float64) 均可以此方式返回
Bool() bool	将值以 bool 类型返回

方　　法	说　　明
Bytes() []bytes	将值以字节数组 []bytes 类型返回
String() string	将值以字符串类型返回

以下代码示例可以通过反射获取值。

```go
package main
import (
    "fmt"
    "reflect"
)
func reflectValue(x interface{}) {
    v := reflect.ValueOf(x)
    k := v.Kind()
    switch k {
    case reflect.Int64:
        // v.Int()从反射中获取整型的原始值
        fmt.Printf("type is int64, value is %d\n", v.Int())
    case reflect.Float32:
        // v.Float()从反射中获取浮点型的原始值，需要将类型转换为 float32
        fmt.Printf("type is float32, value is %f\n", float32(v.Float()))
    case reflect.Float64:
        // v.Float()从反射中获取浮点型的原始值，然后将类型转换为 float64
        fmt.Printf("type is float64, value is %f\n", v.Float())
    }
}
func main() {
    var a float32 = 3.14
    var b int64 = 100
    reflectValue(a) // type is float32, value is 3.140000
    reflectValue(b) // type is int64, value is 100
    // 将 int 类型的原始值转换为 reflect.Value 类型
    c := reflect.ValueOf(10)
    fmt.Printf("type c :%T\n", c) // type c :reflect.Value
}
```

如果想在函数中通过反射修改实参的值，那么在函数传参时必须传入变量地址（指针类型）。因为函数传参的过程是值拷贝的，函数内部得到的只是实参的副本。而指针类型可以通过反射传入，使用专有 Elem 方法来获取指针对应的值。

```go
package main
import (
    "fmt"
    "reflect"
)
```

```
func reflectSetValue1(x interface{}) {
    v := reflect.ValueOf(x)
    if v.Kind() == reflect.Int64 {
        v.SetInt(200) //修改的是副本，reflect 包会引发panic
    }
}
func reflectSetValue2(x interface{}) {
    v := reflect.ValueOf(x)
    // 反射中使用 Elem()方法获取指针对应的值
    if v.Elem().Kind() == reflect.Int64 {
        v.Elem().SetInt(200)
    }
}
func main() {
    var a int64 = 100
    // reflectSetValue1(a)
    //panic: reflect: reflect.Value.SetInt using unaddressable value
    reflect SetValue2(&a)
    fmt.Println(a)
}
```

8.3 reflect.Value 结构体

reflect.Value 结构体的定义如下。

```
type Value struct {
    // 类型信息
    typ *rtype
    // 真实数据的地址
    ptr unsafe.Pointer
    // 元信息标志位
    flag
}
```

reflect.Value 结构体定义了很多方法，通过这些方法可以直接操作其 ptr 字段所指向的实际数据，这里主要介绍 IsNil 和 IsValid。

IsNil

```
func (v Value) IsNil() bool
```

IsNil 返回 v 持有的值是否为 nil，只能由通道、函数、接口、映射、指针或切片调用，否则会引发 panic。

IsValid

```
func (v Value) IsValid() bool
```

IsValid 返回 v 是否持有一个值，如果 v 是 Value 零值，则返回 false，此时调用除 IsValid、String、Kind 外的方法都会引发 panic。

IsNil 常被用于判断 Value 是否为空指针，而 IsValid 常被用于判断 Value 值是否有效。

```go
package main
import (
    "fmt"
    "reflect"
)
func main() {
    // 空指针
    var a *int
    va := reflect.ValueOf(a)
    fmt.Println(va.IsNil())  // true
    fmt.Println(va.IsValid()) // true
    // nil 值
    v := reflect.ValueOf(nil)
    fmt.Println(v.IsValid()) // false
    fmt.Println(v.IsNil())   // 注释掉本行会出现 panic
    // 匿名结构体变量
    b := struct{}{}
    // 尝试从结构体中查找"abc"字段
    vbf := reflect.ValueOf(b).FieldByName("abc")
    fmt.Println(vbf.IsValid()) // false
    fmt.Println(vbf.IsNil())   // 注释掉本行会出现 panic
    // 尝试从结构体中查找"abc"方法
    vbm := reflect.ValueOf(b).MethodByName("abc")
    fmt.Println(vbm.IsValid()) // false
    fmt.Println(vbm.IsNil())   // 注释掉本行会出现 panic
}
```

篇幅所限，无法一一讲解所有方法，读者可自行查看 GitHub 源码 golang/go/blob/master/src/reflect/value.go。

8.4　结构体反射

结构体反射是使用反射比较多的场景，接下来我们学习如何使用反射编写一个简易的配置文件解析程序——将数据从文本文件中读取出来并赋值到结构体变量中。

结构体相关的方法

如果反射对象的类型是结构体，则可以通过反射值对象（reflect.Type）的 NumField 和 Field 方法获得结构体成员的详细信息。

将 reflect.Type 中与获取结构体成员相关的方法总结归纳，如表 8-2 所示。

表 8-2

方　　法	说　　明
Field(i int) StructField	返回索引对应的结构体字段的信息
NumField() int	返回结构体成员字段数量
FieldByName(name string) (StructField, bool)	返回给定字符串对应的结构体字段的信息
FieldByIndex(index []int) StructField	在多层成员访问时，根据 []int 提供的每个结构体的字段索引，返回字段的信息
FieldByNameFunc(match func(string) bool) (StructField,bool)	根据传入的匹配函数匹配需要的字段
NumMethod() int	返回该类型的方法集中方法的数目
Method(int) Method	返回该类型方法集中的第 i 个方法
MethodByName(string)(Method, bool)	根据方法名返回该类型方法集中的方法

StructField 类型

reflect 包中定义了一个 StructField 结构体类型来描述结构体中一个字段的相关信息。StructField 的定义如下。

```
type StructField struct {
    // Name 是字段的名字，PkgPath 是非导出字段的包路径，对导出字段该字段为""
    // 参见 http://golang.org/ref/spec#Uniqueness_of_identifiers
    Name      string
    PkgPath   string
    Type      Type      // 字段的类型
    Tag       StructTag // 字段的标签
    Offset    uintptr   // 字段在结构体中的字节偏移量
    Index     []int     // 用于 Type.FieldByIndex 时的索引切片
    Anonymous bool      // 是否为匿名字段
}
```

结构体反射示例

现在假设我们需要从一个文本文件（info.txt）中读取学生信息并赋值给结构体变量，info.txt 文件中的内容如下。

```
name=七米
age=18
```

代码定义了一个 Student 结构体类型。

```
// Student 结构体
type Student struct {
    Name string `info:"name"`
    Age  int    `info:"age"`
```

```
}
```

我们需要编写代码实现下方的 LoadInfo 函数，将文本文件中的数据读取出来赋值到结构体变量
stu 中。

```
// LoadInfo 加载数据至变量 v
func LoadInfo(s string, v interface{}) (err error) {
    ...
}
func main() {
    var stu Student
    // 从文本文件中读取内容
    s, err := os.ReadFile("info.txt")
    if err != nil {
        panic(err)
    }
    err = LoadInfo(string(s), &stu)
    fmt.Printf("stu:%#v err:%v\n", stu, err)
}
```

解题思路是，一行一行地读取文本文件中的内容，并把每行内容都按照等号（=）分割为键-值
对。然后按照键名称去结构体变量中找到对应的结构体字段，并为其赋值。这里的结构体字段名称
使用 info 这个 tag 进行判断。LoadInfo 函数的完整代码如下。

```
// LoadInfo 加载数据至变量 v
func LoadInfo(s string, v interface{}) (err error) {
    // 确保传入的 v 是结构体指针
    tInfo := reflect.TypeOf(v)
    if tInfo.Kind() != reflect.Ptr {
        err = errors.New("please pass into a struct ptr")
        return
    }
    if tInfo.Elem().Kind() != reflect.Struct {
        err = errors.New("please pass into a struct ptr")
        return
    }
    vInfo := reflect.ValueOf(v)
    // 按行分隔
    list := strings.Split(s, "\n")
    for _, item := range list {
        // 按等号拆分为键-值对
        kvList := strings.Split(item, "=")
        if len(kvList) != 2 {
            continue
        }
        fieldName := ""
        key := strings.TrimSpace(kvList[0])
```

```
        value := strings.TrimSpace(kvList[1])
        // 遍历结构体字段的 tag 找到对应的 key
        for i := 0; i < tInfo.Elem().NumField(); i++ {
            f := tInfo.Elem().Field(i)
            tagVal := f.Tag.Get("info")
            if tagVal == key {
                fieldName = f.Name
                break
            }
        }
        if len(fieldName) == 0 {
            continue // 找不到跳过
        }
        // 根据找到的结构体字段名称找到结构体的字段
        fv := vInfo.Elem().FieldByName(fieldName)
        switch fv.Type().Kind() {
        case reflect.String:
            fv.SetString(value)
        case reflect.Int, reflect.Int8, reflect.Int16, reflect.Int32,
reflect.Int64:
            intVal, err := strconv.ParseInt(value, 10, 64)
            if err != nil {
                return err
            }
            fv.SetInt(intVal)
        default:
            return fmt.Errorf("unsupport value type:%v", fv.Type().Kind())
        }
    }
    return
}
```

接下来，我们为 Student 结构体定义如下两个方法。

```
// Study 学习
func (s Student) Study(title string) {
    fmt.Printf("%s 同学正在学习%s\n", s.Name, title)
}


// Play 玩
func (s Student) Play(hours int) {
    fmt.Println("%s 同学玩了%d 小时\n", s.Name, hours)
}
```

这一次，我们需要实现一个 Do 函数。

```
// Do 调用变量 v 的 name 方法
func Do(v interface{}, name string, arg interface{}) {
```

```
    ...
}
```

这个函数要实现的功能是调用结构体变量 v 的 name 方法，例如执行下面的代码。

```
Do(stu, "Study", "《跟七米学 Go 语言》")
```

输出：

七米同学正在学习《跟七米学 Go 语言》

我们的实现思路是根据入参的方法名 name 在结构体变量的方法集中查找到对应的方法，然后调用该方法。

```
// Do 调用变量 v 的 name 方法
func Do(v interface{}, name string, arg interface{}) {
    tInfo := reflect.TypeOf(v)
    vInfo := reflect.ValueOf(v)

    fmt.Println(tInfo.NumMethod())
    m := vInfo.MethodByName(name)
    m, has := tInfo.MethodByName(name)    //本行与上一行任选一行即可
    if !m.IsValid() || m.IsNil() {
        fmt.Printf("%s 没有%s 方法\n", tInfo.Name(), name)
        return
    }

    // 调用指定方法，通过反射调用方法传递的参数必须是 []reflect.Value 类型的
    argVal := reflect.ValueOf(arg)
    m.Call([]reflect.Value{argVal})
}
```

相信通过上面这个结构体反射的示例，读者能够对如何在 Go 语言中使用反射有初步的了解。

8.5 反射三大定律

Go 语言官方博客中总结了反射的三大定律。

- 反射是从接口值获取反射对象（reflect.Type 和 reflect.Value）的机制。
- 反射也可以从反射对象得到接口值。
- 如果要修改一个反射对象，那么它必须是可设置的。

其中前两条定律比较好理解，而第三条定律需要特别注意。我们来看下面的示例代码。

```
var x int64 = 10
v := reflect.ValueOf(x)
v.SetInt(100) // panic: reflect: reflect.Value.SetInt using unaddressable value
```

执行上面的代码会引发 panic，因为我们通过函数传递的是变量 x 的值拷贝，反射对象 v 并不能代表变量 x，只有传入指针类型时得到的反射对象才是可设置的。

```
v := reflect.ValueOf(&x)
// 指针类型反射对象需要调用 Elem 方法得到原值
v.Elem().SetInt(100)
fmt.Println(v.Elem().Interface()) // 100
fmt.Println(x)                    // 100
```

记住，在需要通过反射修改值的场景中，一定要为反射函数传入指针类型。反射是强大并富有表现力的工具，能帮助我们写出更灵活的代码。但是反射不应被滥用，原因如下。

- 基于反射的代码是极其脆弱的，反射中的类型错误在运行的时候才会引发 panic，那很可能是在代码写完的很长时间之后。
- 大量使用反射的代码通常难以理解。
- 反射的性能较低，基于反射实现的代码通常比正常代码的运行速度慢一到两个数量级。

对于绝大多数初学者来说，反射并不是常用的功能。学习并了解反射的作用机制能让我们更好地理解 Go 语言程序的运行机制。

练习题

利用反射实现一个 ini 文件的解析器程序。

参考答案见本书 GitHub 代码仓库 Q1mi/the-road-to-learn-golang。

第 9 章

并发编程

本章学习目标

- 了解并发与并行的区别。
- 掌握 goroutine 的使用方法。
- 掌握通道、单向通道的概念和使用方法。
- 掌握互斥锁和读写锁的使用方法。
- 掌握 sync 包的常用功能。

并发编程是一个非常重要的概念。随着 CPU 等硬件的发展，我们希望程序运行得快一点、再快一点。Go 语言天生支持并发，能充分利用现代 CPU 的多核优势，这也是 Go 语言能够大范围流行的一个重要原因。

9.1 并发编程简介

我们先了解几个与并发编程有关的基本概念。

串行、并发与并行

串行：多个任务，执行完一个再执行下一个（先读小学，小学毕业后再读初中）。

并发：同一时间段内执行多个任务（你用微信和两个朋友聊天）。

并行：同一时刻执行多个任务（你和你的同事都在用微信和女朋聊天）。

进程、线程和协程

进程（process）：程序在操作系统中的一次执行过程，系统进行资源分配和调度的独立单位。

线程（thread）：操作系统基于进程开启的轻量级"进程"，是操作系统调度执行的最小单位。

协程（coroutine）：由用户自行创建和控制的用户态"线程"，比线程更轻量。

并发模型

业界将实现并发编程的方法归纳为各式各样的并发模型，常见的并发模型有以下几种。

- 线程与锁模型。
- Actor 模型。
- CSP 模型。
- Fork 与 Join 模型。

Go 语言并发程序主要通过基于通信顺序过程（Communicating Sequential Processes，CSP）的 goroutine 和通道 channel 实现，当然也支持使用传统的多线程共享内存的并发方式。

9.2　goroutine

goroutine 是 Go 语言支持并发的核心，在一个 Go 程序中同时创建成百上千个 goroutine 是非常常见的，goroutine 会以一个很小的栈开始其生命周期，一般只需要 2KB。区别于操作系统线程由系统内核调度，goroutine 由 Go 运行时（runtime）调度。例如，Go 运行时会智能地将 m 个 goroutine 合理地分配给 n 个操作系统线程，实现类似 $m:n$ 的调度机制，不再需要开发者在代码层面维护线程池。

goroutine 是 Go 程序中最基本的并发执行单元，每个 Go 程序都至少包含一个 goroutine——main goroutine，在 Go 程序启动时自动创建。

在使用 Go 语言编程时，你不需要去自己写进程、线程、协程，你的技能包里只有一个技能——goroutine。当你想让某些任务并发执行时，只需要把这些任务包装成一个函数并创建一个 goroutine 就可以了。

go 关键字

在 Go 语言中使用 goroutine 非常简单，只需要在函数或方法调用前加上 go 关键字，该函数或方法就可以在新创建的 goroutine 中执行。

```
go f()  // 创建一个新的 goroutine 运行函数 f
```

匿名函数也支持使用 go 关键字。

```
go func(){
    ...
}()
```

一个 goroutine 必定对应一个函数或方法，可以创建多个 goroutine 执行相同的函数或方法。

启动单个 goroutine

启动 goroutine 的方法非常简单，只需要在调用函数（普通函数和匿名函数）前加 go 关键字。

我们先来看一个在 main 函数中调用普通函数的示例。

```
package main
import (
    "fmt"
)
func hello() {
    fmt.Println("hello")
}
func main() {
    hello()
    fmt.Println("你好")
}
```

将上面的代码编译后执行，得到的结果如下。

```
hello
你好
```

代码中的 hello 函数和其后输出的语句是串行的，如图 9-1 所示。

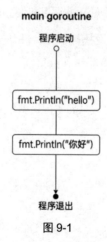

图 9-1

接下来，在调用的 hello 函数前加上关键字 go，也就是启动一个 goroutine 执行 hello 函数。

```
func main() {
    go hello() // 启动一个 goroutine 执行 hello 函数
    fmt.Println("main goroutine done!")
}
```

将上述代码重新编译后执行，得到输出结果如下。

你好

这一次只输出了"你好"，并没有输出"hello"，这是为什么呢？

在 Go 程序启动时，会为 main 函数创建一个默认的 goroutine。上面的代码在 main 函数中使用 go 关键字创建了另一个 goroutine 执行 hello 函数，而此时 main goroutine 还在继续执行，程序中存在两个并发执行的 goroutine。当 main 函数结束时整个程序也结束了，这意味着 main goroutine 也结束了，所有由 main goroutine 创建的 goroutine 都会一同退出。也就是说，main 函数在另一个 goroutine 中的函数未执行完程序时就退出了，导致未输出 hello。

main goroutine 就像树干，goroutine 就像树枝，树干一断，树枝也就全部死掉了。

所以我们要想办法让 main 函数"等一等"将在另一个 goroutine 中运行的 hello 函数。最"简单粗暴"的方式就是在 main 函数中"time.Sleep"1s（这里设置的 1s 是为了保证新的 goroutine 能够被正常创建并执行）。

按如下方式修改示例代码。

```
package main
import (
    "fmt"
    "time"
)
func hello() {
    fmt.Println("hello")
}
func main() {
    go hello()
    fmt.Println("你好")
    time.Sleep(time.Second)
}
```

将程序重新编译后再次执行，程序会在终端输出如下结果，并且短暂停顿。

你好
hello

为什么会先输出"你好"呢？

这是因为在程序中创建 goroutine 执行函数需要一定的开销，而与此同时，main 函数所在的 goroutine 是继续执行的，如图 9-2 所示。

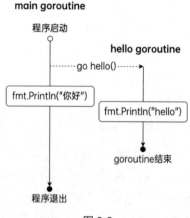

图 9-2

在上面的程序中，使用 time.Sleep 让 main goroutine 等待 hello goroutine 执行结束是不优雅的，当然也是不准确的。

Go 语言通过 sync 包提供了一些常用的并发原语，我们会在后面单独介绍 sync 包中的内容。本节先介绍 sync 包中的 WaitGroup。当你并不关心并发操作的结果或者有其他方式收集并发操作的结果时，WaitGroup 是实现等待一组并发操作完成的好方法。

下面的示例代码在 main goroutine 中使用 sync.WaitGroup 来等待 hello goroutine 完成后再退出。

```go
package main

import (
    "fmt"
    "sync"
)
// 声明全局等待组变量
var wg sync.WaitGroup
func hello() {
    fmt.Println("hello")
    wg.Done() // 告知当前 goroutine 完成
}
func main() {
    wg.Add(1) // 登记 1 个 goroutine
    go hello()
    fmt.Println("你好")
    wg.Wait() // 阻塞等待登记的 goroutine 完成
}
```

将代码编译后再执行，得到的结果和之前一致，但是这一次程序不再有多余的停顿，hello

goroutine 执行完毕直接退出。

启动多个 goroutine

在 Go 语言中实现并发就是这样简单，我们还可以启动多个 goroutine。让我们再来看一个新的代码示例，这里同样使用 sync.WaitGroup 来实现 goroutine 的同步。

```go
package main
import (
    "fmt"
    "sync"
)
var wg sync.WaitGroup
func hello(i int) {
    defer wg.Done() // goroutine 结束就登记-1
    fmt.Println("hello", i)
}
func main() {
    for i := 0; i < 10; i++ {
        wg.Add(1) // 启动一个 goroutine 就登记+1
        go hello(i)
    }
    wg.Wait() // 等待所有登记的 goroutine 结束
}
```

多次执行上面的代码就会发现，每次输出的数字顺序都不一样，这是因为 10 个 goroutine 是并发执行的，而 goroutine 的调度是随机的。

动态栈

操作系统的线程一般有固定的栈内存（通常为 2MB），而 Go 语言中的 goroutine 是轻量级的，一个 goroutine 的初始栈空间很小（一般为 2KB），所以在 Go 语言中一次创建数万个 goroutine 也是可能的。同时，goroutine 的栈不是固定的，可以根据需要动态地扩大或缩小，Go 的运行时会自动为 goroutine 分配合适的栈空间。

goroutine 调度

操作系统的线程在被操作系统内核调度时会挂起当前执行的线程，并将它的寄存器内容保存到内存中，然后选出下一次要执行的线程，并从内存中恢复该线程的寄存器信息。接下来，恢复执行该线程的现场并开始执行线程。从一个线程切换到另一个线程需要完整的上下文切换，线程切换较多时开销较大。

区别于操作系统内核调度操作系统线程，goroutine 的调度在 Go 语言的运行时层面实现，是完全由 Go 语言本身实现的，它的作用是按照一定的规则将所有的 goroutine 调度到操作系统线程上执行。

在经历数个版本的迭代后，goroutine 调度器采用的是 GPM 调度模型，如图 9-3 所示。

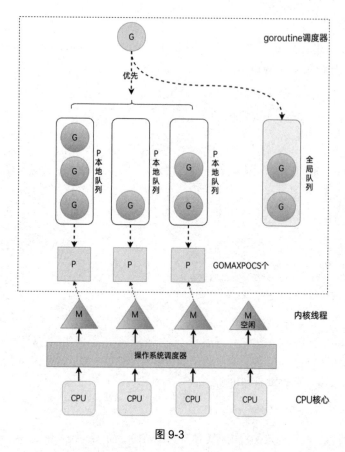

图 9-3

其中：

- G 表示 goroutine，每执行一次 go f()就创建一个 G，包含要执行的函数和上下文信息。
- 全局队列（Global Queue）存放等待运行的 G。
- P 表示 goroutine 执行所需的资源，最多有 GOMAXPROCS 个。
- P 本地队列与同全局队列类似，存放的也是等待运行的G，数量不超过 256 个。在新建 G 时，G 优先加入 P 的本地队列，如果本地队列满了，则批量移动部分 G 到全局队列。
- M 表示内核线程，线程想运行任务就得获取 P，从 P 的本地队列获取 G，当 P 本地队列为空时，M 会尝试从全局队列或其他 P 本地队列获取 G。G 执行之后，M 会从 P 获取下一个 G，不断重复。
- goroutine 调度器和操作系统调度器是通过 M 结合起来的，每个 M 都代表 1 个内核线程，操作系统调度器负责把内核线程分配到 CPU 的核上执行。

从线程调度的角度，Go 语言的优势在于操作系统线程是由操作系统内核调度的，goroutine 则是由 Go 运行时调度的，完全是在用户态下完成的，不涉及内核态与用户态之间的频繁切换。内存的分配与释放也是在用户态维护一块大的内存池，不直接调用系统的 malloc 函数（除非内存池需要改变），成本比调度操作系统线程低很多。同时，Go 语言充分利用了多核的硬件资源，近似地把若干 goroutine 均分在物理线程上，再加上本身 goroutine 的超轻量级，保证了 goroutine 调度的性能。

GOMAXPROCS

Go 运行时的调度器使用 GOMAXPROCS 参数来确定需要使用多少个操作系统线程来同时执行代码，其默认值是 CPU 核心数。例如，在一个 8 核心的机器上，GOMAXPROCS 默认为 8。Go 语言可以通过 runtime.GOMAXPROCS 函数设置当前程序并发时占用的 CPU 逻辑核心数。需要说明的是，在 Go 1.5 之前，默认使用单核心执行，从 Go 1.5 开始，默认使用全部的 CPU 逻辑核心数。

练习题

请写出下面程序的执行结果。

```
for i := 0; i < 5; i++ {
    go func() {
        fmt.Println(i)
    }()
}
```

9.3　通道

单纯地将函数并发执行是没有意义的，函数与函数交换数据才能体现并发执行的意义。

虽然可以使用共享内存进行数据交换，但是共享内存在不同的 goroutine 中容易发生竞态问题。为了保证数据交换的正确性，很多并发模型都必须使用互斥量对内存加锁，而这种做法势必造成性能问题。

Go 语言采用的并发模型是 CSP，提倡**通过通信实现共享内存**，而**不是通过共享内存实现通信**。

如果说 goroutine 是 Go 程序并发的执行体，那么通道将这些 goroutine 连接起来。通道是可以让一个 goroutine 发送特定值到另一个 goroutine 的通信机制。

Go 语言中的通道是一种特殊的类型，它像一个传送带或者队列，总是遵循先入先出（First in First out）的规则，保证收发数据的顺序。每个通道都是一个有具体类型的导管，也就是在创建通道时需要为其指定元素类型。

声明通道类型变量的格式如下。

```
var 变量名称 chan 元素类型
```

其中，chan 为关键字；元素类型表示通道中传递元素的类型。

例如：

```
var ch1 chan int    // 声明一个传递整型的通道
var ch2 chan bool   // 声明一个传递布尔型的通道
var ch3 chan []int // 声明一个传递 int 切片的通道
```

通道类型的默认零值是 nil，例如下方未初始化的通道类型变量 ch 的值是 nil。

```
var ch chan int
fmt.Println(ch) // <nil>
```

通道需要被内置的 make 函数初始化后才能使用，具体格式如下。

```
make(chan 元素类型, [缓冲区大小])
```

其中，通道的缓冲区大小是可选的。

```
ch4 := make(chan int)
ch5 := make(chan bool, 1)  // 声明一个缓冲区大小为 1 的通道
```

通道操作

通道共有发送（send）、接收(receive)和关闭（close）三种操作，发送和接收操作都使用<-符号。

使用以下语句定义一个通道。

```
ch := make(chan int)
```

将一个值**发送**到通道中。

```
ch <- 10 // 把 10 发送到 ch 中
```

从一个通道中**接收值**。

```
v := <- ch       // 从 ch 中接收值并赋值给变量 v
v, ok := <- ch // 多返回值模式，ok 是一个变量名，表示通道是否被关闭
<-ch             // 从 ch 中接收值，忽略结果
```

我们通过调用内置的 close 函数来**关闭**通道。

```
close(ch)
```

注意：通道值可以被垃圾回收。通常由发送方执行关闭操作，只有在接收方明确等待通道关闭的信号时才需要执行关闭操作。与关闭文件不一样，在结束操作之后关闭文件通常是必需的，但关闭通道不是必需的。

关闭后的通道有以下特点。

● 对一个关闭的通道再发送值就会导致 panic。

- 对一个关闭的通道进行接收会一直获取值，直到通道为空。
- 对一个关闭的并且没有值的通道执行接收操作，会得到对应类型的零值。
- 关闭一个已经关闭的通道会导致 panic。

无缓冲的通道

无缓冲的通道又称为阻塞的通道，来看如下代码片段。

```
func main() {
    ch := make(chan int)
    ch <- 10
    fmt.Println("发送成功")
}
```

上面这段代码能够通过编译，但是执行的时候会出现以下错误。

```
fatal error: all goroutines are asleep - deadlock!

goroutine 1 [chan send]:
main.main()
        .../main.go:8 +0x54
```

deadlock 表示程序中的 goroutine 都被挂起导致程序死锁。为什么会出现 deadlock 错误呢？

因为我们使用 ch := make(chan int)创建的是无缓冲的通道，无缓冲的通道只有在接收方能够接收值时才能发送成功，否则会一直等待发送。同理，在对一个无缓冲通道执行接收操作时，如果没有任何向通道中发送值的操作，那么也会导致接收操作阻塞。就像田径比赛中的 4×100 米接力赛，想要完成交棒，必须有一个能够接棒的运动员，否则只能等待。简单来说，就是无缓冲的通道必须有至少一个接收方才能发送成功。

上面的代码会阻塞在 ch <- 10 这一行，形成死锁，那么如何解决这个问题呢？

一种可行的方法是创建一个 goroutine 从通道接收值。例如：

```
func recv(c chan int) {
    ret := <-c
    fmt.Println("接收成功", ret)
}
func main() {
    ch := make(chan int)
    go recv(ch) // 创建一个 goroutine 从通道接收值
    ch <- 10
    fmt.Println("发送成功")
}
```

无缓冲通道 ch 上的发送操作会阻塞，直到另一个 goroutine 在该通道上执行接收操作，数字 10 才能发送成功，这时两个 goroutine 将继续执行。相反，如果接收操作先执行，那么接收方所在的

goroutine 将被阻塞，直到 main goroutine 向该通道发送数字 10。

使用无缓冲通道进行通信将导致发送和接收的 goroutine 同步化。因此，无缓冲通道也被称为同步通道。

有缓冲的通道

还有一种解决死锁问题的方法，就是使用有缓冲的通道。我们可以在使用 make 函数初始化通道时为其指定通道的容量。例如：

```go
func main() {
    ch := make(chan int, 1) // 创建一个容量为 1 的有缓冲通道
    ch <- 10
    fmt.Println("发送成功")
}
```

只要通道的容量大于零，该通道就属于有缓冲的通道，通道的容量表示通道中能存放的最大元素数量。当通道内的元素数量达到最大值后，再向通道执行发送操作就会阻塞，需要等待从通道执行接收操作。就像小区的快递柜，格子的数量是有限的，一旦满了就装不下了，即阻塞，等到有人取走一个包裹，空出一个格子，快递员才能往里面放一个。

可以使用内置的 len 函数获取通道内元素的数量，使用 cap 函数获取通道的容量，虽然我们很少这么做。

多返回值模式

当向通道中发送完数据时，可以通过 close 函数关闭通道。当一个通道被关闭后，再向该通道发送值会引发 panic，通道中的值会先被接收，直至被接收完毕。此后对通道执行接收操作，得到的值会是对应元素类型的零值。那么如何判断一个通道是否被关闭了呢？

对一个通道执行接收操作时支持使用如下多返回值模式。

```go
value, ok := < ch
```

其中：

- value：从通道中取出的值。
- ok：如果为 false 则表示 value 为无效值（通道 ch 关闭后的默认零值），如果为 true 则表示 value 为有效值（被发送至通道中的值）。

下面代码片段中的 f2 函数会循环从通道 ch 中接收所有值，直到通道被关闭后退出。

```go
func f2(ch chan int) {
    for {
        v, ok := <-ch
        if !ok {
            fmt.Println("通道已关闭")
```

```
            break
        }
        fmt.Printf("v:%#v ok:%#v\n", v, ok)
    }
}
func main() {
    ch := make(chan int, 2)
    ch <- 1
    ch <- 2
    close(ch)
    f2(ch)
}
```

接收值

我们通常选择使用 for range 循环从通道中接收值，当通道被关闭后，通道内的所有值被接收完毕后会自动退出循环。使用 for range 改写上例后简洁了很多。

```
func f3(ch chan int) {
    for v := range ch {
        fmt.Println(v)
    }
}
```

> **注意**：目前 Go 语言中并没有提供一个不对通道进行读取操作就能判断通道是否被关闭的方法。不能简单地通过 len(ch)操作来判断通道是否被关闭。

单向通道

在某些场景中，我们可能把通道作为参数在多个任务函数间进行传递，通常我们会选择在不同的任务函数中对限制使用参数，例如，限制通道在某个函数中只能执行发送或接收操作。想象一下，现在有 Producer 和 Consumer 两个函数，其中 Producer 函数会返回一个通道，并持续将符合条件的数据发送至该通道，发送完毕关闭该通道。而 Consumer 函数的任务是从通道中接收值进行计算，这两个函数之间通过 Processer 函数返回的通道进行通信。完整的示例代码如下。

```
package main
import (
    "fmt"
)
// Producer 返回一个通道并持续将符合条件的数据发送至返回的通道中
// 数据发送完成后将返回的通道关闭
func Producer() chan int {
    ch := make(chan int, 2)
    // 创建一个新的 goroutine，执行发送数据的任务
    go func() {
        for i := 0; i < 10; i++ {
```

```
            if i%2 == 1 {
                ch <- i
            }
        }
        close(ch) // 任务完成后关闭通道
    }()
    return ch
}
// Consumer 从通道中接收数据进行计算
func Consumer(ch chan int) int {
    sum := 0
    for v := range ch {
        sum += v
    }
    return sum
}
func main() {
    ch := Producer()
    res := Consumer(ch)
    fmt.Println(res) // 25

}
```

可以看出，在正常情况下，Consumer 函数只会对通道进行接收操作，但这不代表不可以在 Consumer 函数中对通道进行发送操作。作为 Producer 函数的提供者，我们在返回通道时可能只希望调用方拿到返回的通道后对其进行接收操作，但是我们无法阻止在 Consumer 函数中对通道进行发送操作。Go 语言提供了**单向通道**来处理这个问题。

```
<- chan int // 只接收通道，只能接收不能发送
chan <- int // 只发送通道，只能发送不能接收
```

其中，箭头<-和关键字 chan 的相对位置表明了当前通道允许的操作，并在编译阶段检测是否满足条件。另外，对一个只接收通道执行 close 也是不被允许的，因为默认通道的关闭操作应该由发送方来完成。

我们使用单向通道将上面的示例代码进行如下改造。

```
// Producer2 返回一个只接收通道
func Producer2() <-chan int {
    ch := make(chan int, 2)
    // 创建一个新的 goroutine，执行发送数据的任务
    go func() {
        for i := 0; i < 10; i++ {
            if i%2 == 1 {
                ch <- i
            }
```

```
        }
        close(ch) // 任务完成关闭通道
    }()
    return ch
}
// Consumer2 参数为只接收通道
func Consumer2(ch <-chan int) int {
    sum := 0
    for v := range ch {
        sum += v
    }
    return sum
}

func main() {
    ch2 := Producer2()
    res2 := Consumer2(ch2)
    fmt.Println(res2) // 25
}
```

这一次，Producer 函数返回的是一个只接收通道，从代码层面限制了该函数返回的通道只能进行接收操作，保证了数据安全。很多读者可能觉得这样的限制是多余的，但是试想一下，如果 Producer 函数可以在其他地方被其他人调用，那么该如何限制他人对该通道执行发送操作呢？同时，返回限制操作的单向通道也会让代码语义更清晰、更易读。

在函数传参及赋值操作中，全向通道（正常通道）可以转换为单向通道，但是单向通道无法转换为全向通道。

```
var ch3 = make(chan int, 1)
ch3 <- 10
close(ch3)
Consumer2(ch3) // 函数传参时将 ch3 转为单向通道

var ch4 = make(chan int, 1)
ch4 <- 10
var ch5 <-chan int // 声明一个只接收通道 ch5
ch5 = ch4          // 变量赋值时将 ch4 转为单向通道
<-ch5
```

表 9-1 中总结了对不同状态的通道执行相应操作的结果。

表 9-1

操作状态	nil	无　值	有　值	通道已满
发送	阻塞	发送成功	发送成功	阻塞
接收	阻塞	阻塞	接收成功	接收成功

续表

操作状态	nil	无　值	有　值	通道已满
关闭	panic	关闭成功	关闭成功	关闭成功

> **注意：**对已经关闭的通道再执行 close 也会引发 panic。

9.4　select 多路复用

在某些场景中，我们可能需要同时从多个通道接收数据，如果没有可以接收的数据，当前 goroutine 就会发生阻塞。也许你会写出如下代码，尝试使用遍历的方式从多个通道中接收值。

```
for{
    // 尝试从 ch1 接收值
    data, ok := <-ch1
    // 尝试从 ch2 接收值
    data, ok := <-ch2
    …
}
```

这种方式虽然可以实现从多个通道接收值，但是会降低程序的运行性能。Go 语言内置了 select 关键字，可以同时响应多个通道的操作。

Select 的使用方式类似于 switch 语句，它也有一系列 case 分支和一个默认的分支。每个 case 分支都会对应一个通道的通信（接收或发送）过程。select 会一直等待，直到其中的某个 case 的通信操作完成，然后执行该 case 分支对应的语句。具体格式如下。

```
select {
case <-ch1:
    ...
case data := <-ch2:
    ...
case ch3 <- 10:
    ...
default:
    默认操作
}
```

Select 语句具有以下特点。

- 可处理一个或多个 channel 的发送或接收操作。
- 如果多个 case 同时满足，select 就**随机**选择一个执行。
- 没有 case 的 select 会一直阻塞，可用于阻塞 main 函数，防止退出。

下面的示例代码能够在终端输出 10 以内的奇数。我们借助下面的代码片段来看一下 select 的具体使用方法。

```
package main
import "fmt"
func main() {
    ch := make(chan int, 1)
    for i := 1; i <= 10; i++ {
        select {
        case x := <-ch:
            fmt.Println(x)
        case ch <- i:
        }
    }
}
```

输出内容如下。

```
1
3
5
7
9
```

示例中的代码首先创建了一个缓冲区大小为 1 的通道 ch，进入 for 循环后：

- 第一次循环时 i = 1，select 语句中包含两个 case 分支，由于此时通道中没有值可以接收，所以 x := <-ch 分支不满足。而 ch <- i 分支可以执行，会把 1 发送到通道中，结束本次循环。
- 第二次循环时 i = 2，由于通道缓冲区已满，所以 ch <- i 分支不满足。而 x := <-ch 分支可以执行，从通道接收值 1 并赋值给变量 x，所以在终端输出 1。
- 依此类推，后续循环会依次输出 3、5、7、9。

9.5 通道误用示例

接下来展示两个因误用通道导致程序出现 bug 的代码片段，希望能够加深读者对通道操作的理解。

示例 1

读者可以查看以下示例代码，尝试找出其中的问题。

```
// demo1 通道误用导致的 bug
func demo1() {
    wg := sync.WaitGroup{}
```

```
    ch := make(chan int, 10)
    for i := 0; i < 10; i++ {
        ch <- i
    }
    close(ch)

    wg.Add(3)
    for j := 0; j < 3; j++ {
        go func() {
            for {
                task := <-ch
                // 这里假设对接收的数据执行某些操作
                fmt.Println(task)
            }
            wg.Done()
        }()
    }
    wg.Wait()
}
```

将上述代码编译执行后，匿名函数所在的 goroutine 并不会按照预期在通道被关闭后退出，这是因为 task := <- ch 的接收操作在通道被关闭后会一直接收零值，而不会退出。此处的接收操作应该使用 task, ok := <- ch，判断布尔值 ok 为假时退出；或者使用 select 来处理通道。

示例2

请阅读下方代码片段，尝试找出其中的问题。

```
// demo2 通道误用导致的 bug
func demo2() {
    ch := make(chan string)
    go func() {
        // 这里假设执行一些耗时的操作
        time.Sleep(3 * time.Second)
        ch <- "job result"
    }()
    select {
    case result := <-ch:
        fmt.Println(result)
    case <-time.After(time.Second): // 较短的超时时间
        return
    }
}
```

上述代码片段可能导致 goroutine 泄漏（goroutine 并未按预期退出并销毁）。select 命中了超时逻辑，导致通道中没有消费者（无接收操作），而其定义的通道为无缓冲通道，因此 goroutine 中的 ch <- "job result"操作会一直阻塞，最终导致 goroutine 泄漏。

9.6　并发安全和锁

有时代码中会存在多个 goroutine 同时操作一个资源（临界区）的情况，从而引发竞态问题（数据竞态）。这就好比在现实生活中，各个方向的汽车争相通过十字路口，或者火车上的乘客争用一个卫生间。

我们用下面的代码演示一个竞态问题。

```go
package main
import (
    "fmt"
    "sync"
)
var (
    x int64
    wg sync.WaitGroup // 等待组
)
// add 对全局变量 x 执行 5000 次加 1 操作
func add() {
    for i := 0; i < 5000; i++ {
        x = x + 1
    }
    wg.Done()
}
func main() {
    wg.Add(2)
    go add()
    go add()
    wg.Wait()
    fmt.Println(x)
}
```

将上面的代码编译后执行，不出意外的话每次执行都会输出诸如 9537、5865、6527 等不同的结果。这是为什么呢？上面的代码开启了两个 goroutine 分别执行 add 函数，这两个 goroutine 在访问和修改全局 x 变量时会存在竞态问题，某个 goroutine 对全局变量 x 的修改可能覆盖另一个 goroutine 中的操作，导致最后的结果与预期不符。

互斥锁

互斥锁是一种常用的控制共享资源访问的方法，它能够保证同一时间只有一个 goroutine 访问共享资源。在 Go 语言中，使用 sync 包提供的 Mutex 类型来实现互斥锁，sync.Mutex 提供了两个方法，如表 9-2 所示。

表 9-2

方 法 名	功　　能
func (m *Mutex) Lock()	获取互斥锁
func (m *Mutex) Unlock()	释放互斥锁

下面的代码使用互斥锁保证在只有一个 goroutine 时才能修改全局变量 x，从而修复上面代码中的问题。

```go
package main
import (
    "fmt"
    "sync"
)
// sync.Mutex
var (
    x int64
    wg sync.WaitGroup // 等待组
    m sync.Mutex // 互斥锁
)
// add 对全局变量 x 执行 5000 次加 1 操作
func add() {
    for i := 0; i < 5000; i++ {
        m.Lock() // 修改 x 前加锁
        x = x + 1
        m.Unlock() // 改完解锁
    }
    wg.Done()
}
func main() {
    wg.Add(2)
    go add()
    go add()
    wg.Wait()
    fmt.Println(x)
}
```

将上面的代码编译后多次执行，每次都会得到预期结果——10000。

使用互斥锁能够保证同一时间有且只有一个 goroutine 进入临界区，其他的 goroutine 则等待锁；当互斥锁释放后，等待的 goroutine 可以获取锁并进入临界区，当多个 goroutine 同时等待一个锁时，唤醒的策略是随机的。

读写互斥锁

互斥锁是完全互斥的，但是实际上有很多场景是读多写少的。当我们并发地去读取一个资源而不涉及资源修改时，是没有必要加互斥锁的，在这种场景中使用读写锁是更好的选择。Go 语言使用 sync 包中的 RWMutex 类型实现读写锁，sync.RWMutex 提供了 5 个方法，如表 9-3 所示。

表 9-3

方 法 名	功　　能
func (rw *RWMutex) Lock()	获取写锁
func (rw *RWMutex) Unlock()	释放写锁
func (rw *RWMutex) RLock()	获取读锁
func (rw *RWMutex) RUnlock()	释放读锁
func (rw *RWMutex) RLocker() Locker	返回一个实现 Locker 接口的读写锁

读写锁分为读锁和写锁。当一个 goroutine 获取读锁后，其他的 goroutine 如果获取了读锁就会继续获得锁，如果获取了写锁就会等待；当一个 goroutine 获取写锁后，其他的 goroutine 无论获取读锁还是写锁都会等待。

下面构造一个读多写少的场景，分别使用互斥锁和读写锁查看它们的性能差异。

```go
var (
    x        int64
    wg       sync.WaitGroup
    mutex    sync.Mutex
    rwMutex  sync.RWMutex
)
// writeWithLock 使用互斥锁的写操作
func writeWithLock() {
    mutex.Lock() // 加互斥锁
    x = x + 1
    time.Sleep(10 * time.Millisecond) // 假设读操作耗时 10ms
    mutex.Unlock()                    // 释放互斥锁
    wg.Done()
}
// readWithLock 使用互斥锁的读操作
func readWithLock() {
    mutex.Lock()                     // 加互斥锁
    time.Sleep(time.Millisecond) // 假设读操作耗时 1ms
    mutex.Unlock()                   // 释放互斥锁
    wg.Done()
}

// writeWithLock 使用读写互斥锁的写操作
func writeWithRWLock() {
```

```
    rwMutex。Lock() // 加写锁
    x = x + 1
    time.Sleep(10 * time.Millisecond) // 假设读操作耗时 10ms
    rwMutex.Unlock()                  // 释放写锁
    wg.Done()
}
// readWithRWLock 使用读写互斥锁的读操作
func readWithRWLock() {
    rwMutex.RLock()                 // 加读锁
    time.Sleep(time.Millisecond) // 假设读操作耗时 1ms
    rwMutex.RUnlock()               // 释放读锁
    wg.Done()
}
func do(wf, rf func(), wc, rc int) {
    start := time.Now()
    // wc 个并发写操作
    for i := 0; i < wc; i++ {
        wg.Add(1)
        go wf()
    }
    //  rc 个并发读操作
    for i := 0; i < rc; i++ {
        wg.Add(1)
        go rf()
    }
    wg.Wait()
    cost := time.Since(start)
    fmt.Printf("x:%v cost:%v\n", x, cost)
}
```

假设每次读操作都会耗时 1ms，而每次写操作都会耗时 10ms，我们分别测试使用互斥锁和读写互斥锁执行 10 次并发写和 1000 次并发读的耗时。

```
// 使用互斥锁执行 10 次并发写、1000 次并发读
do(writeWithLock, readWithLock, 10, 1000) // x:10 cost:1.466500951s
// 使用读写互斥锁执行 10 次并发写、1000 次并发读
do(writeWithRWLock, readWithRWLock, 10, 1000) // x:10 cost:117.207592ms
```

可以看出，使用读写互斥锁在读多写少的场景中能够极大地提高程序的性能。需要注意的是，如果一个程序中的读操作和写操作数量级差距不大，读写互斥锁的优势就发挥不出来。

sync.WaitGroup

在代码中生硬地使用 time.Sleep 肯定是不合适的，Go 语言可以使用 sync.WaitGroup 来实现并发任务的同步。sync.WaitGroup 的方法如表 9-4 所示。

表 9-4

方 法 名	功　　能
func (wg * WaitGroup) Add(delta int)	计数器+delta
(wg *WaitGroup) Done()	计数器−1
(wg *WaitGroup) Wait()	阻塞，直到计数器变为 0

sync.WaitGroup 内部维护着一个计数器，计数器的值可以增加或减少。例如，当我们启动了 N 个并发任务时，就将计数器的值增加 N；在每个任务完成时都通过调用 Done 方法将计数器减 1；通过调用 Wait 来等待并发任务执行完，当计数器值为 0 时，表示所有并发任务都已完成。

利用 sync.WaitGroup 优化上面的代码。

```go
var wg sync.WaitGroup
func hello() {
    defer wg.Done()
    fmt.Println("Hello Goroutine!")
}
func main() {
    wg.Add(1)
    go hello() // 启动另一个 goroutine 去执行 hello 函数
    fmt.Println("main goroutine done!")
    wg.Wait()
}
```

注意：sync.WaitGroup 是一个结构体，进行参数传递时要传递指针。

sync.Once

在某些场景中，我们需要确保某些操作即使在高并发时也只会被执行一次，例如只加载一次配置文件等。

Go 语言的 sync 包提供了针对只执行一次场景的解决方案——sync.Once。sync.Once 只有一个 Do 方法，其签名如下。

```go
func (o *Once) Do(f func())
```

注意：如果要执行的函数 f 需要传递参数，就需要搭配闭包使用。

延迟一个开销很大的初始化操作，当真正用到它时再执行是一个很好的实践。预先初始化一个变量（例如在 init 函数中完成初始化）会增加程序的启动耗时，而且在实际执行过程中有可能用不到这个变量。例如：

```go
var icons map[string]image.Image

func loadIcons() {
```

```
    icons = map[string]image.Image{
        "left":  loadIcon("left.png"),
        "up":    loadIcon("up.png"),
        "right": loadIcon("right.png"),
        "down":  loadIcon("down.png"),
    }
}
// Icon 函数被多个 goroutine 调用时不是并发安全的
func Icon(name string) image.Image {
    if icons == nil {
        loadIcons()
    }
    return icons[name]
}
```

多个 goroutine 并发调用 Icon 函数时不是并发安全的，现代的编译器和 CPU 可以在保证所有 goroutine 串行一致的基础上自由地重排访问内存的顺序。loadIcons 函数可能被重排为以下结果。

```
func loadIcons() {
    icons = make(map[string]image.Image)
    icons["left"] = loadIcon("left.png")
    icons["up"] = loadIcon("up.png")
    icons["right"] = loadIcon("right.png")
    icons["down"] = loadIcon("down.png")
}
```

在这种情况下，即使判断 icons 不是 nil，也不意味着变量初始化完成了。对于这种情况，我们能想到的办法就是添加互斥锁，保证初始化 icons 时不会被其他 goroutine 操作，但是这样又会引发性能问题。

使用 sync.Once 改造的代码如下。

```
var icons map[string]image.Image
var loadIconsOnce sync.Once
func loadIcons() {
    icons = map[string]image.Image{
        "left":  loadIcon("left.png"),
        "up":    loadIcon("up.png"),
        "right": loadIcon("right.png"),
        "down":  loadIcon("down.png"),
    }
}

// Icon 是并发安全的
func Icon(name string) image.Image {
    loadIconsOnce.Do(loadIcons)
    return icons[name]
```

```
}
```

下面是借助 sync.Once 实现的并发安全的单例模式。

```
package singleton
import (
    "sync"
)
type singleton struct {}
var instance *singleton
var once sync.Once

func GetInstance() *singleton {
    once.Do(func() {
        instance = &singleton{}
    })
    return instance
}
```

sync.Once 内部包含一个互斥锁和一个布尔值，互斥锁保证布尔值和数据的安全，布尔值用来记录初始化是否完成。这样就能保证在初始化操作时是并发安全的，并且初始化操作不会被执行多次。

sync.Map

Go 语言内置的 map 不是并发安全的，请看下面这段示例代码。

```
package main
import (
    "fmt"
    "strconv"
    "sync"
)
var m = make(map[string]int)
func get(key string) int {
    return m[key]
}
func set(key string, value int) {
    m[key] = value
}
func main() {
    wg := sync.WaitGroup{}
    for i := 0; i < 10; i++ {
        wg.Add(1)
        go func(n int) {
            key := strconv.Itoa(n)
            set(key, n)
            fmt.Printf("k=:%v,v:=%v\n", key, get(key))
            wg.Done()
```

```
        }(i)
    }
    wg.Wait()
}
```

将上面的代码编译后执行，会报告"fatal error: concurrent map writes"错误。我们不能在多个 goroutine 中并发对内置的 map 进行读写操作，否则会出现竞态问题。

在这种场景中，需要为 map 加锁来保证并发的安全性。Go 语言的 sync 包提供了一个开箱即用的并发安全版 map——sync.Map。开箱即用表示其不用像内置的 map 一样使用 make 函数进行初始化，同时，sync.Map 内置了诸如 Store、Load、LoadOrStore、Delete、Range 等操作方法，如表 9-5 所示。

表 9-5

方 法 名	功　　能
func (m *Map) Store(key, value interface{})	存储 key-value 数据
func (m *Map) Load(key interface{}) (value interface{}, ok bool)	查询 key 对应的 value
func (m *Map) LoadOrStore(key, value interface{}) (actual interface{}, loaded bool)	查询或存储 key 对应的 value
func (m *Map) LoadAndDelete(key interface{}) (value interface{}, loaded bool)	查询并删除 key
func (m *Map) Delete(key interface{})	删除 key
func (m *Map) Range(f func(key, value interface{}) bool)	对 map 中的每个 key-value 依次调用 f

下面的代码演示了并发读写 sync.Map。

```
package main
import (
    "fmt"
    "strconv"
    "sync"
)
// 并发安全的 map
var m = sync.Map{}
func main() {
    wg := sync.WaitGroup{}
    // 对 m 执行 20 次并发的读写操作
    for i := 0; i < 20; i++ {
        wg.Add(1)
        go func(n int) {
            key := strconv.Itoa(n)
            m.Store(key, n)          // 存储 key-value
            value, _ := m.Load(key)  // 根据 key 取值
            fmt.Printf("k=:%v,v:=%v\n", key, value)
            wg.Done()
        }(i)
    }
```

```
    wg.Wait()
}
```

9.7　原子操作

使用原子操作来保证整数数据类型（int32、uint32、int64、uint64）的并发安全通常比使用锁操作效率更高，Go 语言的原子操作由内置的标准库 sync/atomic 提供，其中，atomic 包如表 9-6 所示。

表 9-6

方　法	解　释
func LoadInt32(addr int32) (val int32) func LoadInt64(addr int64) (val int64) func LoadUint32(addr uint32) (val uint32) func LoadUint64(addr uint64) (val uint64) func LoadUintptr(addr uintptr) (val uintptr) func LoadPointer(addr unsafe.Pointer) (val unsafe.Pointer)	读取操作
func StoreInt32(addr int32, val int32) func StoreInt64(addr int64, val int64) func StoreUint32(addr uint32, val uint32) func StoreUint64(addr uint64, val uint64) func StoreUintptr(addr uintptr, val uintptr) func StorePointer(addr unsafe.Pointer, val unsafe.Pointer)	写入操作
func AddInt32(addr int32, delta int32) (new int32) func AddInt64(addr int64, delta int64) (new int64) func AddUint32(addr uint32, delta uint32) (new uint32) func AddUint64(addr uint64, delta uint64) (new uint64) func AddUintptr(addr *uintptr, delta uintptr) (new uintptr)	修改操作
func SwapInt32(addr int32, new int32) (old int32) func SwapInt64(addr int64, new int64) (old int64) func SwapUint32(addr uint32, new uint32) (old uint32) func SwapUint64(addr uint64, new uint64) (old uint64) func SwapUintptr(addr uintptr, new uintptr) (old uintptr) func SwapPointer(addr unsafe.Pointer, new unsafe.Pointer) (old unsafe.Pointer)	交换操作
func CompareAndSwapInt32(addr int32, old, new int32) (swapped bool) func CompareAndSwapInt64(addr int64, old, new int64) (swapped bool) func CompareAndSwapUint32(addr uint32, old, new uint32) (swapped bool) func CompareAndSwapUint64(addr uint64, old, new uint64) (swapped bool) func CompareAndSwapUintptr(addr uintptr, old, new uintptr) (swapped bool) func CompareAndSwapPointer(addr unsafe.Pointer, old, new unsafe.Pointer) (swapped bool)	比较并交换操作

我们通过一个示例来比较互斥锁和原子操作的性能。

```go
package main
import (
    "fmt"
    "sync"
    "sync/atomic"
    "time"
)
type Counter interface {
    Inc()
    Load() int64
}
// 普通版
type CommonCounter struct {
    counter int64
}
func (c CommonCounter) Inc() {
    c.counter++
}
func (c CommonCounter) Load() int64 {
    return c.counter
}
// 互斥锁版
type MutexCounter struct {
    counter int64
    lock    sync.Mutex
}
func (m *MutexCounter) Inc() {
    m.lock.Lock()
    defer m.lock.Unlock()
    m.counter++
}
func (m *MutexCounter) Load() int64 {
    m.lock.Lock()
    defer m.lock.Unlock()
    return m.counter
}
// 原子操作版
type AtomicCounter struct {
    counter int64
}
func (a *AtomicCounter) Inc() {
    atomic.AddInt64(&a.counter, 1)
}
func (a *AtomicCounter) Load() int64 {
    return atomic.LoadInt64(&a.counter)
```

```
}
func test(c Counter) {
    var wg sync.WaitGroup
    start := time.Now()
    for i := 0; i < 1000; i++ {
        wg.Add(1)
        go func() {
            c.Inc()
            wg.Done()
        }()
    }
    wg.Wait()
    end := time.Now()
    fmt.Println(c.Load(), end.Sub(start))
}
func main() {
    c1 := CommonCounter{} // 非并发安全
    test(c1)
    c2 := MutexCounter{} // 使用互斥锁实现并发安全
    test(&c2)
    c3 := AtomicCounter{} // 并发安全且比互斥锁效率高
    test(&c3)
}
```

atomic 包提供了底层的原子级内存操作，这对于同步算法的实现很有帮助，必须谨慎地使用这些函数以保证其正确。除了某些特殊的底层应用，还可以使用通道或者 sync 包的函数或类型实现同步，且效果更好。

练习题

1. 使用 goroutine 和 channel 实现一个计算 int64 随机数的各位数字之和的程序，例如，生成随机数 61345，计算其各位的数字之和，结果为 19。

2. 开启一个 goroutine，循环生成 int64 类型的随机数，并将其发送到 jobChan。

3. 开启 24 个 goroutine，从 jobChan 中取出随机数并计算其各位数字的和，将结果发送到 resultChan。

4. 主 goroutine 从 resultChan 取出结果并在终端输出。

练习题参考答案

```
package main
import (
```

```
        "fmt"
        "math/rand"
)
type Job struct {
    Number int
    Id     int
}
type Result struct {
    job *Job
    sum int
}
func calc(number int) (sum int) {
    for number != 0 {
        tmp := number % 10
        sum += tmp
        number /= 10
    }
    return
}
// consumer 消费者
func consumer(jobChan <-chan *Job, resultChan chan<- *Result) {
    for job := range jobChan {
        sum := calc(job.Number)
        r := &Result{
            job: job,
            sum: sum,
        }
        resultChan <- r
    }
}
func startWorkerPool(num int, jobChan <-chan *Job, resultChan chan<- *Result) {
    for i := 0; i < num; i++ {
        go consumer(jobChan, resultChan)
    }
}
// producer 生产者
func producer(jobChan chan<- *Job) {

    id := 1
    for {
        id++
        number := rand.Int()
        job := &Job{
            Id:     id,
            Number: number,
        }
```

```
        jobChan <- job
    }
}
func printResult(resultChan <-chan *Result) {
    for result := range resultChan {
        fmt.Printf("job id:%v number:%v result:%d\n", result.job.Id,
result.job.Number, result.sum)
    }
}
func main() {
    jobChan := make(chan *Job, 1000)
    resultChan := make(chan *Result, 1000)
    go producer(jobChan)
    startWorkerPool(24, jobChan, resultChan)
    printResult(resultChan)
}
```

第 10 章

泛型

本章学习目标

- 了解泛型的概念。
- 了解为什么需要泛型。
- 掌握泛型的语法。
- 掌握泛型的适用场景。

Go 1.18 增加了对泛型的支持。泛型也是 Go 语言自开源以来所做的最大改变。

10.1 泛型简介

泛型允许开发者在强类型程序设计语言中编写代码时使用一些以后才指定的类型。换句话说，在编写某些代码或数据结构时不提供值的类型，而是在实例化时提供。

泛型是独立于所使用的特定类型的编写代码的方法，使用泛型可以编写出适用于一组类型中的任何一种的函数和类型。

假设我们需要实现一个反转切片的函数 reverse。

```go
func reverse(s []int) []int {
    l := len(s)
    r := make([]int, l)
    for i, e := range s {
        r[l-i-1] = e
    }
    return r
```

```
}
fmt.Println(reverse([]int{1, 2, 3, 4})) // [4 3 2 1]
```

这个函数只能接收[]int 类型的参数，如果要支持[]float64 类型的参数，就需要再定义一个 reverseFloat64Slice 函数。

```
func reverseFloat64Slice(s []float64) []float64 {
    l := len(s)
    r := make([]float64, l)
    for i, e := range s {
        r[l-i-1] = e
    }
    return r
}
```

如果要支持[]string 类型切片，就要定义 reverseStringSlice 函数，如果要支持[]xxx，就要定义一个 reverseXxxSlice，依此类推。

重复编写相同的功能是低效的。实际上这个反转切片的函数并不需要知道切片中元素的类型，但为了适用不同的类型，我们把一段代码重复了很多遍。

在 Go 1.18 发布之前，我们可以尝试使用反射解决上述问题，但是使用反射在运行期间获取变量类型会降低代码的执行效率，并跳过编译阶段的类型检查，同时，大量的反射代码会让程序变得晦涩难懂。

类似这样的场景非常适合使用泛型，从而编写出适用于所有元素类型的"普适版" reverse 函数。

```
func reverseWithGenerics[T any](s []T) []T {
    l := len(s)
    r := make([]T, l)
    for i, e := range s {
        r[l-i-1] = e
    }
    return r
}
```

10.2 泛型语法

泛型为 Go 语言添加了 3 个重要特性。

- 函数和类型的类型参数。
- 将接口类型定义为类型集，包括没有方法的类型。
- 类型推断，它允许在调用函数时在许多情况下省略类型参数。

10.2.1 类型参数

类型参数是泛型中的一个概念，指类型本身也可以作为一种参数。

类型形参和类型实参

我们已经知道，在函数定义阶段可以指定形参，在函数调用阶段需要传入实参，如图 10-1 所示。

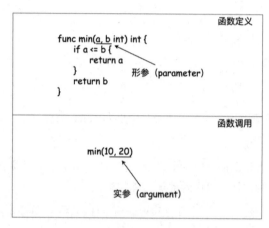

图 10-1

Go 语言的函数和类型还支持添加类型参数。类型参数列表看起来像普通的参数列表，只不过它使用方括号（[]）而不是圆括号（()），如图 10-2 所示。

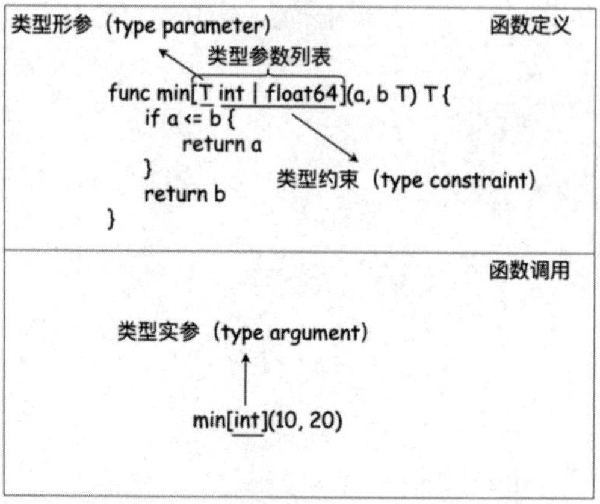

图 10-2

借助泛型，我们可以声明一个适用于**一组类型**的 min 函数。

```
func min[T int | float64](a, b T) T {
    if a <= b {
        return a
```

```
    }
    return b
}
```

类型实例化

这里定义的 min 函数同时支持 int 和 float64 两种类型，也就是说，当调用 min 函数时，既可以传入 int 类型的参数：

```
m1 := min[int](1, 2)  // 1
```

也可以传入 float64 类型的参数。

```
m2 := min[float64](-0.1, -0.2)  // -0.2
```

向 min 函数提供类型参数（在本例中为 int 和 float64）称为实例化（instantiation）。

类型实例化分两步进行：

（1）编译器在整个泛型函数或类型中将所有类型形参（type parameters）替换为它们各自的类型实参（type arguments）。

（2）编译器验证每个类型参数是否满足相应的约束。

在成功实例化后，我们将得到一个非泛型函数，它可以像任何其他函数一样被调用。例如：

```
fmin := min[float64] // 类型实例化，编译器生成 T=float64 的 min 函数
m2 = fmin(1.2, 2.3)  // 1.2
```

min[float64]得到的是类似我们之前定义的 minFloat64 函数—— fmin，我们可以在函数调用阶段使用它。

使用类型参数

类型参数列表除了可以在函数中使用，也可以在类型中使用。

```
type Slice[T int | string] []T
type Map[K int | string, V float32 | float64] map[K]V
type Tree[T interface{}] struct {
    left, right *Tree[T]
    value       T
}
```

在上述泛型类型中，T、K、V 都属于类型形参，类型形参后面是类型约束，类型实参需要满足对应的类型约束。

泛型类型可以有方法。例如，为上面的 Tree 实现一个查找元素的 Lookup 方法。

```
func (t *Tree[T]) Lookup(x T) *Tree[T] { ... }
```

要使用泛型类型，必须进行实例化。Tree[string]是使用类型实参 string 实例化 Tree 的示例。

```
var stringTree Tree[string]
```

类型约束

普通函数中的每个参数都有一个类型，该类型定义一系列值的集合。例如，非泛型函数 minFloat64 声明了参数的类型为 float64，在函数调用时允许传入的实际参数必须是可以用 float64 类型表示的浮点数值。

类似于参数列表中每个参数都有对应的参数类型，类型参数列表中每个类型参数都有一个**类型约束**。类型约束定义了类型集——只有在这个类型集中的类型才能用作类型实参。

Go 语言的类型约束是接口类型。

以 min 函数为例，来看一下类型约束常见的两种方式。

类型约束接口可以直接在类型参数列表中使用。

```
// 类型约束字面量，通常可省略外层 interface{}
func min[T interface{ int | float64 }](a, b T) T {
    if a <= b {
        return a
    }
    return b
}
```

类型约束使用的接口类型可以事先定义并支持复用。

```
// 事先定义的类型约束类型
type Value interface {
    int | float64
}
func min[T Value](a, b T) T {
    if a <= b {
        return a
    }
    return b
}
```

在使用类型约束时，如果省略外层 interface{}，就会引起歧义，所以不能省略。例如：

```
type IntPtrSlice [T *int] []T  // 有可能被理解为 T*int
type IntPtrSlice[T *int,] []T  // 只有一个类型约束时可以添加`,`
type IntPtrSlice[T interface{ *int }] []T // 使用 interface{}包裹
```

10.2.2　类型集

从 **Go 1.18** 开始，接口类型的定义也发生了改变，由过去的接口类型定义方法集（**method set**）变成了接口类型定义类型集（**type set**），如图 10-3 所示。也就是说，接口类型可以用作值的类型，也可以用作类型约束。

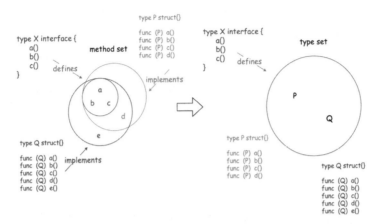

图 10-3

把接口类型当作类型集相较于方法集有一个优势：可以显式地为集合添加类型，从而以新的方式控制类型集。

Go 语言扩展了接口类型的语法，让我们能够为接口添加类型。例如：

```
type V interface {
    int | string | bool
}
```

上面的代码定义了一个包含 int、string 和 bool 类型的类型集，如图 10-4 所示。

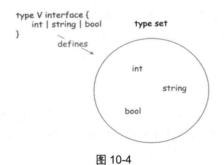

图 10-4

从 Go 1.18 开始，一个接口不仅可以嵌入其他接口，还可以嵌入任何类型、类型的并集或共享相同底层类型的无限类型集合。

当用作类型约束时，由接口定义的类型集精确地指定允许作为相应类型参数的类型。

- |符号：T1 | T2 表示类型约束为 T1 和 T2 这两个类型的并集，例如下面的 Integer 类型表示由 Signed 和 Unsigned 组成。

```
type Integer interface {
    Signed | Unsigned
}
```

- ~符号：~T 表示所有底层类型是 T 的类型集合，例如~string 表示所有底层类型是 string 的类型集合。

```
type MyString ~string  // MyString 的底层类型是 string
```

注意：~符号后面只能是基本类型。

作为类型集，接口是一种强大的新机制，是使类型约束能够生效的关键。目前，使用新语法表的接口只能用作类型约束。

any 接口

空接口在类型参数列表中很常见，Go 1.18 引入了一个新的预声明标识符，作为空接口类型的别名。

```
// src/builtin/builtin.go
type any = interface{}
```

由此，可以使用如下代码。

```
func foo[S ~[]E, E any]() {
    ...
}
```

comparable 接口

Go 内置了一个可比较的类型——comparable 接口。comparable 接口是由所有可比较类型[1]实现的接口，只能用作类型参数约束，不能用作变量的类型。

```
type MyMap[KEY comparable, VALUE any] map[KEY]VALUE
```

Ordered 类型约束

除了可比较（支持==和!=操作）的类型，我们通常还会用到可比较大小（支持>、<、>=、<=操作）的类型，例如对一个切片中的元素进行排序。Go 语言没有内置这种类型，我们可以自行定义或使用 golang.org/x/exp/constraints 包中的定义。

```
import "golang.org/x/exp/constraints"
type MySlice[E constraints.Ordered] []E
func min[T constraints.Integer](a, b T) T {
    if a < b {
        return a
```

---

1 布尔值、数字、字符串、指针、通道、可比较类型的数组、字段均为可比较类型的结构体。

```
    }
    return b
}
```

10.2.3 类型推断

类型推断是 Go 1.18 随泛型增加的一个新的主要语言特征。引入类型参数会让代码更加复杂，而编译器支持类型推断，在编写调用泛型函数的代码时更自然。

函数参数类型推断

传递类型参数可能导致代码冗长，我们回到通用的 min 函数。

```
func min[T int | float64](a, b T) T {
    if a <= b {
        return a
    }
    return b
}
```

类型形参 T 用于指定 a 和 b 的类型，我们可以使用显式类型实参调用它。

```
var a, b, m float64
m = min[float64](a, b) // 显式指定类型实参
```

在许多情况下，编译器可以从普通参数推断 T 的类型实参，这使得代码更短，同时保持清晰。

```
var a, b, m float64
m = min(a, b) // 无须指定类型实参
```

这种从实参的类型推断出函数的类型实参的推断称为函数实参类型推断。函数实参类型推断只适用于函数参数中使用的类型参数，不适用于仅在函数结果或函数体中使用的类型参数。例如，它不适用于像 MakeT [T any]() T 这样的函数，因为它只使用 T 表示结果。

约束类型推断

Go 语言支持另一种类型推断，即约束类型推断，让我们从下面这个缩放整数的例子开始学习。

```
// Scale 返回切片的每个元素都乘以 c 的副本切片
func Scale[E constraints.Integer](s []E, c E) []E {
    r := make([]E, len(s))
    for i, v := range s {
        r[i] = v * c
    }
    return r
}
```

这是一个泛型函数，适用于任何整数类型的切片。

假设有一个多维坐标的 Point 类型，其中每个 Point 都是一个只给出点坐标的整数列表。这种类型通常会实现一些业务方法，假设它有一个 String 方法。

```
type Point []int32
func (p Point) String() string {
    b, _ := json.Marshal(p)
    return string(b)
}
```

一个 Point 就是一个整数切片，所以可以使用前面编写的 Scale 函数。

```
func ScaleAndPrint(p Point) {
    r := Scale(p, 2)
    fmt.Println(r.String()) // 编译失败
}
```

不幸的是，以上代码会编译失败，输出 r.String undefined (type []int32 has no field or method String 的错误。

这里的问题是，Scale 函数返回类型为[]E 的值，其中 E 是参数切片的元素类型。当我们使用 Point 类型的值调用 Scale（其基础类型为[]int32）时，返回的是[]int32 类型的值，而不是 Point 类型。这是由泛型代码的编写方式决定的，但这不是我们想要的。

为了解决这个问题，我们必须更改 Scale 函数，以便为切片类型使用类型参数。

```
func Scale[S ~[]E, E constraints.Integer](s S, c E) S {
    r := make(S, len(s))
    for i, v := range s {
        r[i] = v * c
    }
    return r
}
```

引入一个新的类型参数 S，它是切片参数的类型。我们对它进行约束，使得基础类型是 S 而不是[]E，现在函数返回的结果类型是 S。由于 E 被约束为整数，因此效果与之前相同：第一个参数必须是某个整数类型的切片。目前对函数体的唯一更改是，在调用 make 时传递 S，而不是[]E。

现在 Scale 函数不仅支持传入普通整数切片参数，也支持传入 Point 类型参数。

这里需要思考的是，为什么不传递显式类型参数就可以写入 Scale 调用？也就是说，为什么我们可以写 Scale(p, 2)，即没有类型参数，而不是必须写 Scale[Point, int32](p, 2)？

新 Scale 函数有两个类型参数——S 和 E。如上所述，在不传递任何类型参数的 Scale(p, 2) 调用中，函数参数类型推断让编译器推断 S 的类型参数是 Point。这个函数也有一个类型参数 E，它是乘法因子 c 的类型。相应的函数参数是 2，因为 2 是一个非类型化的常量，所以，使用函数参数类型推断无法推断出 E 的正确类型[1]。相反，编译器推断 E 的类型参数是切片的元素类型的过程被称为**约束类型推断**。

约束类型推断从类型参数约束中推导出类型实参。当一个类型参数包含其他类型参数定义的约束时，会使用约束类型推断。当其中一个类型参数的类型实参已知时，便可用于推断出另一个类型参数的类型实参。

通常的情况是，当一个约束对某种类型使用 ~type 形式时，该类型是使用其他类型参数编写的。我们在 Scale 的例子中看到了这一点。S 是 ~[]E，后面跟着一个用另一个类型参数写的类型[]E。如果我们知道 S 的类型实参，就可以推断出 E 的类型实参。S 是一个切片类型，而 E 是该切片的元素类型。

总之，当你发现自己多次编写几乎完全相同的代码，而它们之间的唯一区别就是使用的类型不同时，就应该考虑是否可以使用类型参数。

泛型和接口类型之间并不是替代关系，而是相辅相成的关系。泛型的引入是为了配合接口的使用，让我们能够编写更加安全的代码，并能有效地减少重复代码。

10.3 类型参数的适用场景

本节只提供一些使用类型参数的建议，这些建议并不是硬性规定，究竟是否使用泛型，需要你自己判断。但如果你对类型参数的使用场景不确定，那么可以参照本节列出的建议。

10.3.1 应该使用类型参数

下面列出了一些应该使用类型参数的常见场景。

在使用语言定义的容器类型时

当编写操作 Go 语言定义的特殊容器类型（slice、map 和 channel）的函数时，如果函数具有包含这些类型的参数，并且函数的代码并不关心元素的类型，那么使用类型参数可能是有用的。

例如，这里有一个函数，它的功能是返回任何类型 map 中所有的 key。

```
// MapKeys 返回 m 中所有 key 组成的切片
func MapKeys[Key comparable, Val any](m map[Key]Val) []Key {
    s := make([]Key, 0, len(m))
    for k := range m {
        s = append(s, k)
    }
```

---

1 最好的情况是它可以推断出 2 的默认类型是 int，而这是错误的，因为 Point 的基础类型是[]int32。

```
    return s
}
```

这段代码并不关注 map 中键的类型，也根本没有使用 map 值类型，适用于任何 map 类型。这是一个很好的使用类型参数的示例。

在引入类型参数之前，通常使用反射实现类似功能，但是使用反射是复杂的，并且在编译期间不会进行静态类型检查，在运行时速度通常也更慢。

通用数据结构

类型参数还可以用于通用数据结构，通用数据结构类似于 slice 或 map，但不是内置在语言中的，例如链表或二叉树。

在引入类型参数之前，需要这种数据结构的程序通常使用特定的元素类型或者接口类型编写数据结构。用类型参数替换特定的元素类型可以生成更通用的数据结构，该数据结构可以在程序的其他部分或其他程序中使用。用类型参数替换接口类型可以更有效地存储数据、节省内存资源，同时可以避免类型断言，并在构建时进行完整的类型检查。

下面是使用类型参数的二叉树数据结构的一部分。

```go
// Tree 定义一个二叉树
type Tree[T any] struct {
    cmp  func(T, T) int
    root *node[T]
}
// 二叉树的一个节点
type node[T any] struct {
    left, right *node[T]
    val         T
}
// find 查找值
func (bt *Tree[T]) find(val T) **node[T] {
    pl := &bt.root
    for *pl != nil {
        switch cmp := bt.cmp(val, (*pl).val); {
        case cmp < 0:
            pl = &(*pl).left
        case cmp > 0:
            pl = &(*pl).right
        default:
            return pl
        }
    }
    return pl
}
```

```
// Insert 插入值
func (bt *Tree[T]) Insert(val T) bool {
    pl := bt.find(val)
    if *pl != nil {
        return false
    }
    *pl = &node[T]{val: val}
    return true
}
```

树中的每个节点都包含类型参数 T 的值，在使用特定类型参数实例化树时，该类型的值将直接存储在节点中，不会被存储为接口类型。这是对类型参数的合理使用，因为 Tree 数据结构（包括方法中的代码）在很大程度上与元素类型 T 无关。

Tree 数据结构需要知道如何比较元素类型 T 的值，为此使用传入的比较函数，你可以在 find 方法的第 4 行，即对 bt.cmp 的调用中看到这一点。除此之外，类型实参是什么根本不重要。

对于类型参数，优先选择函数而不是方法

Tree 示例说明了一个一般原则：当需要比较函数等内容时，优先使用函数而不是方法。

我们可以定义 Tree 类型，这样元素类型就必须有一个 Compare 或 Less 方法。可以通过编写一个需要该方法的约束来实现这一点，这意味着用于实例化 Tree 类型的任何类型参数都需要该方法。这样做的结果是，任何使用像 int 这样的简单数据类型的 Tree 的开发者都必须定义自己的整数类型，并编写自己的比较方法。如果像示例中那样定义 Tree 以获取比较函数，那么很容易传递所需的函数。编写比较函数和编写方法一样容易。

如果 Tree 元素类型碰巧已经有一个 Compare 方法，那么我们可以将一个类似 ElementType 的方法表达式作为比较函数。换句话说，将方法转换为函数要比将方法添加到类型中简单得多。因此，对于通用数据类型，优先使用函数而不是编写需要方法的约束。

实现通用方法

类型参数可能有用的另一种情况是，不同类型需要实现某些公共方法，而这些类型的实现看起来是相同的。

例如，考虑标准库的 sort.Interface，它要求类型实现 Len、 Swap 和 Less 3 个方法。

下面是一个泛型类型 SliceFn 的示例，它为切片类型实现 sort.Interface。

```
// SliceFn 为 T 类型切片实现 sort.Interface
type SliceFn[T any] struct {
    s    []T
    less func(T, T) bool
}
func (s SliceFn[T]) Len() int {
```

```
    return len(s.s)
}
func (s SliceFn[T]) Swap(i, j int) {
    s.s[i], s.s[j] = s.s[j], s.s[i]
}
func (s SliceFn[T]) Less(i, j int) bool {
    return s.less(s.s[i], s.s[j])
}
```

对于任意切片类型，Len 和 Swap 方法完全相同。Less 方法需要进行比较，是 SliceFn 函数中的 Fn 部分。它与前面的 Tree 示例一样，将在创建 SliceFn 时传入一个函数。

下面通过 SliceFn 函数使用比较函数对任意切片进行排序。

```
// SortFn 使用比较函数进行排序
func SortFn[T any](s []T, less func(T, T) bool) {
    sort.Sort(SliceFn[T]{s, less})
}
```

这里类似于标准库函数 sort.Slice，但比较函数是使用值而不是切片索引编写的。

对这类代码使用类型参数是合适的，因为所有切片类型的方法看起来完全相同。

10.3.2　不应该使用类型参数

接下来谈谈何时不使用类型参数。

不要用类型参数替换接口类型

众所周知，Go 语言有接口类型，接口类型允许进行通用编程。例如，io.Reader 接口提供了一种通用机制，用于从包含信息（例如文件）或产生信息（例如随机数生成器）的任何值中读取数据。如果只需要调用某个类型的值的方法，则使用接口类型，而不是类型参数。io.Reader 易读、高效，不需要使用类型参数，通过调用 read 方法就可以从值中读取数据。

例如，你可能会尝试将这里的第一个函数签名（仅使用接口类型）更改为第二个版本（使用类型参数）。

```
func ReadSome(r io.Reader) ([]byte, error)
func ReadSome[T io.Reader](r T) ([]byte, error)
```

不要这样做！省略 type 参数可以使函数更容易编写，更容易读取，并且执行时间可能相同。

注意：虽然可以用几种不同的方式实现泛型，而且随着时间的推移，实现也会变化和改进，但在许多情况下，Go 1.18 中使用的实现将处理类型为类型参数的值，就像处理类型为接口类型的值一样，这意味着使用类型参数通常不会比使用接口类型快。因此，不要为了速度将接口类型更改为类型参数，因为它可能不会运行得更快。

如果方法实现不同，则不要使用类型参数

在决定是否使用类型参数或接口类型时，请考虑方法的实现。前面我们说过，如果一个方法的实现对于所有类型都是相同的，则使用类型参数。相反，如果每种类型的实现不同，则使用接口类型并编写不同的实现方法，不要使用类型参数。

例如，从文件读取的实现和从随机数生成器读取的实现完全不同，这意味着我们应该编写两个不同的 Read 方法，并使用 io.Reader 这样的接口类型。

在适当的地方使用反射

Go 语言具有运行时反射。反射能实现某种意义上的泛型编程，因为它可以编写适用于任何类型的代码。

如果某些操作必须支持没有方法的类型（不能使用接口类型），并且每个类型的操作都不同（不能使用类型参数），那么请使用反射。

encoding/json 包就是一个例子，我们不要求进行编码的每个类型都有一个 MarshalJSON 方法，所以不能使用接口类型。对接口类型进行编码与对结构体类型进行编码完全不同，因此我们不应该使用类型参数。相反，encoding/json 包使用反射实现。具体的实现代码虽然不简单，但有效，相关信息请参阅 GitHub 代码仓库 golang/go/blob/master/src/encoding/json/encode.go。

最后，关于何时使用泛型的讨论可以简化为一个简单的指导原则：如果你发现自己多次编写几乎完全相同的代码，它们之间的唯一区别是使用的类型不同，那么请考虑是否可以使用类型参数。

第 11 章

测试

本章学习目标

- 掌握 Go 单元测试工具的使用方法。
- 学会编写单元测试。
- 学会编写性能测试。
- 掌握常用单元测试工具的使用方法和技巧。

单元测试（Unit Tests）是一个优秀项目不可或缺的部分，为代码编写单元测试和编写代码同样重要。完善的单元测试无论是在项目的开发阶段还是维护阶段都能提供质量保证。不写测试的开发者不是好开发者，养成良好的开发习惯会让我们受益终身。本章主要介绍如何在 Go 语言中编写单元测试和基准测试。

11.1 单元测试

go test

Go 语言中的测试依赖 go test 命令，编写测试代码和编写普通 Go 代码的过程是相似的，并不需要学习新的语法、规则或工具。

go test 命令是遵循一定约定的测试代码的驱动程序，在包目录内，所有以_test.go 为后缀名的源代码文件都是 go test 测试的一部分，不会被 go build 编译到最终的可执行文件中。

在*_test.go 文件中有 3 种类型的函数，单元测试函数、基准测试函数和示例函数，如表 11-1 所示。

表 11-1

类 型	格 式	作 用
单元测试函数	函数名前缀为 Test	测试程序的一些逻辑行为是否正确
基准测试函数	函数名前缀为 Benchmark	测试函数的性能
示例函数	函数名前缀为 Example	为文档提供示例文档

go test 命令会遍历所有的*_test.go 文件中符合上述命名规则的函数，然后生成一个临时的 main 包用于调用相应的测试函数，接下来构建并运行、报告测试结果，最后清理测试中生成的临时文件。

单元测试函数

每个单元测试函数都必须导入 testing 包，单元测试函数的基本格式（签名）如下。

```
func TestName(t *testing.T){
    ...
}
```

单元测试函数的名字必须以 Test 开头，可选的后缀名必须以大写字母开头，如下所示。

```
func TestAdd(t *testing.T){ ... }
func TestSum(t *testing.T){ ... }
func TestLog(t *testing.T){ ... }
```

其中，参数 t 用于报告测试失败和附加的日志信息。testing.T 的方法如下。

```
func (c *T) Cleanup(func())
func (c *T) Error(args ...interface{})
func (c *T) Errorf(format string, args ...interface{})
func (c *T) Fail()
func (c *T) FailNow()
func (c *T) Failed() bool
func (c *T) Fatal(args ...interface{})
func (c *T) Fatalf(format string, args ...interface{})
func (c *T) Helper()
func (c *T) Log(args ...interface{})
func (c *T) Logf(format string, args ...interface{})
func (c *T) Name() string
func (c *T) Skip(args ...interface{})
func (c *T) SkipNow()
func (c *T) Skipf(format string, args ...interface{})
func (c *T) Skipped() bool
func (c *T) TempDir() string
```

就像细胞是构成生物的基本单位，一个软件程序也是由很多单元组件构成的。单元组件可以是函数、结构体、方法和最终用户可能依赖的任何东西。单元测试利用各种方法测试单元组件的程序，它会将结果与预期输出进行比较。

在 base_demo 包中定义一个 Split 函数，具体实现如下。

```
// base_demo/split.go
package base_demo
import "strings"
// Split 把字符串 s 按照给定的分隔符 sep 进行分割，返回字符串切片
func Split(s, sep string) (result []string) {
    i := strings.Index(s, sep)
    for i > -1 {
        result = append(result, s[:i])
        s = s[i+1:]
        i = strings.Index(s, sep)
    }
    result = append(result, s)
    return
}
```

在当前目录下，创建一个 split_test.go 测试文件，并定义一个测试函数如下。

```
// split/split_test.go
package split
import (
    "reflect"
    "testing"
)
func TestSplit(t *testing.T) { // 函数名必须以 Test 开头并接收一个*testing.T 类型参数
    got := Split("a:b:c", ":")          // 程序输出的结果
    want := []string{"a", "b", "c"}     // 期望的结果
    if !reflect.DeepEqual(want, got) { // slice 不能比较直接，需要借助反射包中的方法
        t.Errorf("expected:%v, got:%v", want, got) // 测试失败输出错误提示
    }
}
```

此时 split 包中的文件如下。

```
> ls -l
total 16
-rw-r--r-- 1 liwenzhou  staff  408  4 29 15:50 split.go
-rw-r--r-- 1 liwenzhou  staff  466  4 29 16:04 split_test.go
```

在当前路径下执行 go test 命令，可以看到输出结果如下。

```
> go test
PASS
ok      golang-unit-test-demo/base_demo      0.005s
```

go test -v

一个测试用例有点单薄，我们再编写一个测试使用多个字符切割字符串的例子，在 split_test.go

中添加如下单元测试函数。

```go
func TestSplitWithComplexSep(t *testing.T) {
    got := Split("abcd", "bc")
    want := []string{"a", "d"}
    if !reflect.DeepEqual(want, got) {
        t.Errorf("expected:%v, got:%v", want, got)
    }
}
```

为了更好地在输出结果中看到每个测试用例的执行情况，可以为 go test 命令添加-v 参数，让它输出完整的测试结果。

```
> go test -v
=== RUN   TestSplit
--- PASS: TestSplit (0.00s)
=== RUN   TestSplitWithComplexSep
    split_test.go:20: expected:[a d], got:[a cd]
--- FAIL: TestSplitWithComplexSep (0.00s)
FAIL
exit status 1
FAIL    golang-unit-test-demo/base_demo 0.009s
```

显而易见，TestSplitWithComplexSep 这个用例没有通过测试。

go test –run

单元测试的结果表明 Split 函数的实现并不可靠，没有考虑传入的 sep 参数是多个字符的情况，我们来修复这个 bug。

```go
package base_demo
import "strings"
// Split 把字符串 s 按照给定的分隔符 sep 进行分割,返回字符串切片
func Split(s, sep string) (result []string) {
    i := strings.Index(s, sep)
    for i > -1 {
        result = append(result, s[:i])
        s = s[i+len(sep):] // 这里使用 len(sep)获取 sep 的长度
        i = strings.Index(s, sep)
    }
    result = append(result, s)
    return
}
```

在执行 go test 命令时可以添加-run 参数，它对应一个正则表达式，只有函数名匹配上的测试函数才会被 go test 命令执行。例如，通过为 go test 添加-run=Sep 参数来告诉它本次只运行 TestSplitWithComplexSep 这个测试用例。

```
> go test -run=Sep -v
=== RUN   TestSplitWithComplexSep
--- PASS: TestSplitWithComplexSep (0.00s)
PASS
ok      golang-unit-test-demo/base_demo 0.010s
```

测试结果表明 bug 已被修复。

回归测试

在修改代码后，仅执行那些失败的测试用例或新引入的测试用例是错误且危险的，正确的做法是运行所有的测试用例，以确保不会因为修改代码而引入新的问题。

```
> go test -v
=== RUN   TestSplit
--- PASS: TestSplit (0.00s)
=== RUN   TestSplitWithComplexSep
--- PASS: TestSplitWithComplexSep (0.00s)
PASS
ok      golang-unit-test-demo/base_demo 0.011s
```

测试结果表明单元测试全部通过。

通过这个示例可以看出，有了单元测试就能在改动代码后快速进行回归测试，可以极大地提高开发效率并保证代码质量。

跳过某些测试用例

为了节省时间，可以在单元测试时跳过某些耗时的测试用例。

```
func TestTimeConsuming(t *testing.T) {
    if testing.Short() {
        t.Skip("short 模式下会跳过该测试用例")
    }
    ...
}
```

当执行 go test -short 时，不会执行上面的 TestTimeConsuming 测试用例。

子测试

上面的示例为每个测试数据都编写了一个单元测试函数，而在单元测试中，通常需要多组测试数据保证测试的效果。Go 1.7 版本新增了子测试，支持在单元测试函数中使用 t.Run 执行一组测试用例，这样就不需要为不同的测试数据定义多个单元测试函数了。

```
func TestXXX(t *testing.T){
  t.Run("case1", func(t *testing.T){...})
  t.Run("case2", func(t *testing.T){...})
  t.Run("case3", func(t *testing.T){...})
```

```
}
```

表格驱动测试

表格驱动测试不是工具、包或其他任何东西，它只是编写更清晰测试的一种方式和视角。

编写好的测试并非易事，但在许多情况下，表格驱动测试可以涵盖很多方面：表格里的每个条目都是一个完整的测试用例，包含输入和预期结果，有时还包含测试名称等附加信息，以使测试输出易于阅读。

使用表格驱动测试能够很方便地维护多个测试用例，避免在编写单元测试时频繁地复制粘贴。

表格驱动测试的步骤通常是定义一个测试用例表格，然后遍历表格，并使用 t.Run 对每个条目执行必要的测试。

官方标准库中有很多表格驱动测试的示例，例如，fmt 包中有如下测试代码。

```
var flagtests = []struct {
    in  string
    out string
}{
    {"%a", "[%a]"},
    {"%-a", "[%-a]"},
    {"%+a", "[%+a]"},
    {"%#a", "[%#a]"},
    {"% a", "[% a]"},
    {"%0a", "[%0a]"},
    {"%1.2a", "[%1.2a]"},
    {"%-1.2a", "[%-1.2a]"},
    {"%+1.2a", "[%+1.2a]"},
    {"%-+1.2a", "[%+-1.2a]"},
    {"%-+1.2abc", "[%+-1.2a]bc"},
    {"%-1.2abc", "[%-1.2a]bc"},
}
func TestFlagParser(t *testing.T) {
    var flagprinter flagPrinter
    for _, tt := range flagtests {
        t.Run(tt.in, func(t *testing.T) {
            s := Sprintf(tt.in, &flagprinter)
            if s != tt.out {
                t.Errorf("got %q, want %q", s, tt.out)
            }
        })
    }
}
```

表格驱动测试通常会定义匿名结构体切片，也可以定义结构体，或使用已经存在的结构进行结构体数组声明。其中匿名结构体的 name 字段用来描述特定的测试用例。

接下来我们试着编写表格驱动测试。

```go
func TestSplitAll(t *testing.T) {
    // 定义测试表格
    // 这里使用匿名结构体定义了若干测试用例，并且为每个测试用例设置了一个名称
    tests := []struct {
        name  string
        input string
        sep   string
        want  []string
    }{
        {"base case", "a:b:c", ":", []string{"a", "b", "c"}},
        {"wrong sep", "a:b:c", ",", []string{"a:b:c"}},
        {"more sep", "abcd", "bc", []string{"a", "d"}},
        {"leading sep", "沙河有沙又有河", "沙", []string{"", "河有", "又有河"}},
    }
    // 遍历测试用例
    for _, tt := range tests {
        t.Run(tt.name, func(t *testing.T) { // 使用 t.Run() 执行子测试
            got := Split(tt.input, tt.sep)
            if !reflect.DeepEqual(got, tt.want) {
                t.Errorf("expected:%#v, got:%#v", tt.want, got)
            }
        })
    }
}
```

在终端执行 go test -v，会输出如下结果。

```
> go test -v
=== RUN   TestSplit
--- PASS: TestSplit (0.00s)
=== RUN   TestSplitWithComplexSep
--- PASS: TestSplitWithComplexSep (0.00s)
=== RUN   TestSplitAll
=== RUN   TestSplitAll/base_case
=== RUN   TestSplitAll/wrong_sep
=== RUN   TestSplitAll/more_sep
=== RUN   TestSplitAll/leading_sep
--- PASS: TestSplitAll (0.00s)
    --- PASS: TestSplitAll/base_case (0.00s)
    --- PASS: TestSplitAll/wrong_sep (0.00s)
    --- PASS: TestSplitAll/more_sep (0.00s)
    --- PASS: TestSplitAll/leading_sep (0.00s)
PASS
ok    golang-unit-test-demo/base_demo 0.010s
```

go test 运行模式

go test 有两种运行模式。

- 本地目录模式：在执行 go test 时不指定包参数，例如 go test 或 go test -v。在这种模式下，go test 先编译当前目录中找到的源码包和测试文件，然后运行生成的测试二进制文件，缓存会被禁用。包测试完成后，go test 会输出一个摘要行，显示测试状态（ok 或 FAIL）、包的名称和已用时间。
- 包列表模式：当执行 go test 时显式指定包参数，例如 go test math、go test ./...或 go test .。在这种模式下，go test 编译并测试命令行上列出的每个包。

go test 缓存

在包列表模式下，go test 会缓存测试成功的包的测试结果，以避免进行不必要的重复测试。当测试结果可以从缓存中获取时，go test 将直接显示缓存中的结果，而不是再次测试。当这种情况发生时，go test 会输出"(cached)"来代替摘要行中的运行时间。

执行两次 go test . -v，从下面的输出结果可以看到，第二次的输出结果中有"(cached)"标识。

```
> go test . -v
=== RUN   TestSplit
--- PASS: TestSplit (0.00s)
PASS
ok  split  0.005s
> go test . -v
=== RUN   TestSplit
--- PASS: TestSplit (0.00s)
PASS
ok  split   (cached)
```

如果多次测试运行的二进制文件相同，并且命令行上的参数都是可缓存测试参数（ -bachtime、-cpu、-list、-pallel、-run、-short、-timeout、-failfast 和-v），就会匹配到缓存中的结果。只要测试时添加了除上述可缓存参数外的任何参数，就不会缓存结果，显式禁用测试缓存的惯用方法是在命令行使用-count=1 参数。

```
> go test . -v -count=1
=== RUN   TestSplit
--- PASS: TestSplit (0.00s)
PASS
ok  split  0.005s
```

并行测试单元

表格驱动测试中通常会定义比较多的测试用例，而 Go 语言天生支持并发，所以很容易发挥优势将表格驱动测试并行化。可以通过 t.Parallel()在单元测试过程中实现并行。

```
func TestSplitAll(t *testing.T) {
    t.Parallel()  // 将 TLog 标记为能够与其他测试并行
    // 定义测试表格
    // 这里使用匿名结构体定义了若干测试用例并为每个测试用例都设置了一个名称
    tests := []struct {
        name  string
        input string
        sep   string
        want  []string
    }{
        {"base case", "a:b:c", ":", []string{"a", "b", "c"}},
        {"wrong sep", "a:b:c", ",", []string{"a:b:c"}},
        {"more sep", "abcd", "bc", []string{"a", "d"}},
        {"leading sep", "沙河有沙又有河", "沙", []string{"", "河有", "又有河"}},
    }
    // 遍历测试用例
    for _, tt := range tests {
        tt := tt  // 注意这里重新声明 tt 变量（避免多个 goroutine 中使用了相同的变量）
        t.Run(tt.name, func(t *testing.T) {  // 使用 t.Run()执行子测试
            t.Parallel()  // 将每个测试用例都标记为能够并行运行
            got := Split(tt.input, tt.sep)
            if !reflect.DeepEqual(got, tt.want) {
                t.Errorf("expected:%#v, got:%#v", tt.want, got)
            }
        })
    }
}
```

这样，在执行 go test -v 时就会看到测试用例并不是按照我们定义的顺序执行的，而是并行的。

使用工具生成测试代码

社区里有很多自动生成表格驱动测试函数的工具，例如 gotests 等，很多编辑器（如 GoLand）都支持快速生成测试文件。这里简单演示一下 gotests 的使用方法。

执行以下代码安装 gotests。

```
go get -u github.com/cweill/gotests/...
```

为 split.go 文件的所有函数生成测试代码至 split_test.go 文件（如果目录下已经存在这个文件就不再生成）。

```
gotests -all -w split.go
```

生成的测试代码大致如下。

```
package base_demo
import (
    "reflect"
```

```
        "testing"
)
func TestSplit(t *testing.T) {
    type args struct {
        s   string
        sep string
    }
    tests := []struct {
        name       string
        args       args
        wantResult []string
    }{
        // TODO: Add test cases.
    }
    for _, tt := range tests {
        t.Run(tt.name, func(t *testing.T) {
            if gotResult := Split(tt.args.s,
tt.args.sep); !reflect.DeepEqual(gotResult, tt.wantResult) {
                t.Errorf("Split() = %v, want %v", gotResult, tt.wantResult)
            }
        })
    }
}
```

我们只需在 TODO 位置添加测试逻辑就可以了。

测试覆盖率

测试覆盖率指代码被测试套件覆盖的百分比，通常使用语句的覆盖率，也就是在测试中至少被运行一次的代码占总代码的比例。公司内部一般要求测试覆盖率达到 80%左右。

Go 语言提供了 go test -cover 来查看测试覆盖率。

```
> go test -cover
PASS
coverage: 100.0% of statements
ok      golang-unit-test-demo/base_demo 0.009s
```

从上面的结果可以看到测试用例覆盖了 100%的代码。

Go 语言还提供了-coverprofile 参数，用来将与覆盖率相关的记录输出到文件中。例如：

```
> go test -cover -coverprofile=c.out
PASS
coverage: 100.0% of statements
ok      golang-unit-test-demo/base_demo 0.009s
```

上面的命令会将与覆盖率相关的信息输出到当前文件夹下的 c.out 文件中。

```
> tree .
.
├── c.out
├── split.go
└── split_test.go
```

执行 go tool cover -html=c.out，使用 cover 工具处理生成的记录信息，该命令会打开本地的浏览器窗口生成一个 HTML 报告，如图 11-1 所示。

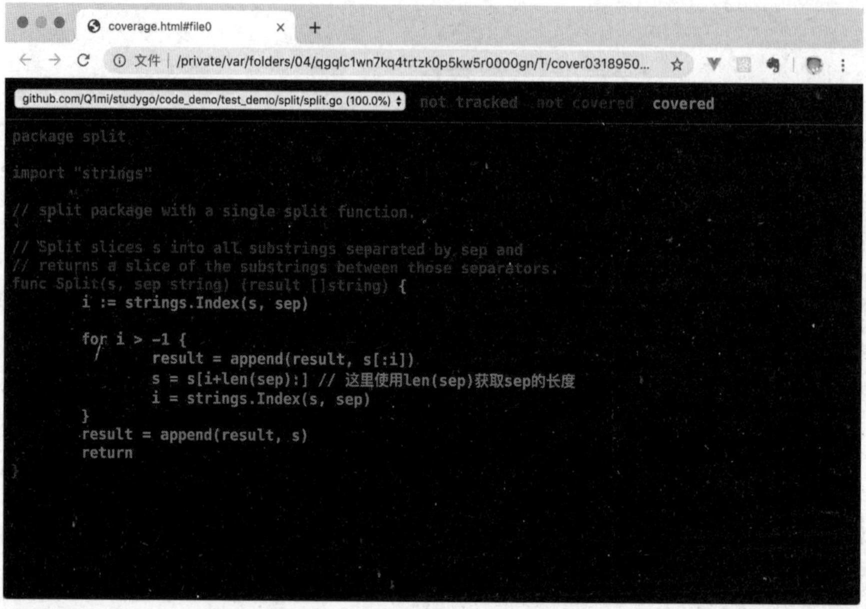

图 11-1

HTML 报告中用绿色标记的语句块表示被覆盖了，而用红色标记的语句块表示没有被覆盖。

11.2 断言工具

testify 是社区非常流行的 Go 单元测试工具包，其中最常用的就是断言工具——testify/assert 或 testify/require。

执行以下代码安装 testify。

```
go get github.com/stretchr/testify
```

在编写单元测试函数时，经常需要使用断言来校验测试结果，由于 Go 语言官方没有提供断言，所以会出现很多 if...else...语句。而 testify/assert 提供了很多常用的断言函数，能够输出友好、易于阅读的错误描述信息。

例如，我们之前在 TestSplit 测试函数中就使用了 reflect.DeepEqual 来判断期望结果与实际结果是否一致。

```
t.Run(tt.name, func(t *testing.T) { // 使用 t.Run()执行子测试
    got := Split(tt.input, tt.sep)
    if !reflect.DeepEqual(got, tt.want) {
        t.Errorf("expected:%#v, got:%#v", tt.want, got)
    }
})
```

使用 testify/assert 能将上述判断过程简化如下。

```
t.Run(tt.name, func(t *testing.T) { // 使用 t.Run()执行子测试
    got := Split(tt.input, tt.sep)
    assert.Equal(t, got, tt.want)  // 使用 assert 提供的断言函数
})
```

当有多个断言语句时，还可以使用 assert := assert.New(t)创建一个 assert 对象，它拥有前面所有的断言方法，只是不需要再传入 Testing.T 参数了。

```
func TestSomething(t *testing.T) {
    assert := assert.New(t)
    // assert equality
    assert.Equal(123, 123, "they should be equal")
    // assert inequality
    assert.NotEqual(123, 456, "they should not be equal")
    // assert for nil (good for errors)
    assert.Nil(object)
    // assert for not nil (good when you expect something)
    if assert.NotNil(object) {
        // now we know that object isn't nil, we are safe to make
        // further assertions without causing any errors
        assert.Equal("Something", object.Value)
    }
}
```

testify/assert 提供了非常多的断言函数，这里没办法一一列举，大家可以查看官方文档了解。

testify/require 拥有 testify/assert 的所有断言函数，它们的唯一区别就是 testify/require 遇到失败的用例会立即终止测试。

此外，testify 包还提供了 mock、http 等测试工具，这里不再赘述，有兴趣的读者可以自己了解。

11.3　性能测试

基准测试是在一定的工作负载下检测程序性能的方法，基本格式如下。

```
func BenchmarkName(b *testing.B){
    ...
}
```

基准测试函数名以 Benchmark 为前缀，需要一个*testing.B 类型的参数 b，基准测试必须执行 b.N
次，这样的测试才有对照性，b.N 的值由系统根据实际情况调整，可以保证测试的稳定性。

testing.B 拥有的方法如下。

```
func (c *B) Error(args ...interface{})
func (c *B) Errorf(format string, args ...interface{})
func (c *B) Fail()
func (c *B) FailNow()
func (c *B) Failed() bool
func (c *B) Fatal(args ...interface{})
func (c *B) Fatalf(format string, args ...interface{})
func (c *B) Log(args ...interface{})
func (c *B) Logf(format string, args ...interface{})
func (c *B) Name() string
func (b *B) ReportAllocs()
func (b *B) ResetTimer()
func (b *B) Run(name string, f func(b *B)) bool
func (b *B) RunParallel(body func(*PB))
func (b *B) SetBytes(n int64)
func (b *B) SetParallelism(p int)
func (c *B) Skip(args ...interface{})
func (c *B) SkipNow()
func (c *B) Skipf(format string, args ...interface{})
func (c *B) Skipped() bool
func (b *B) StartTimer()
func (b *B) StopTimer()
```

基准测试示例

为 split 包中的 Split 函数编写基准测试如下。

```
func BenchmarkSplit(b *testing.B) {
    for i := 0; i < b.N; i++ {
        Split("沙河有沙又有河", "沙")
    }
}
```

基准测试不会默认执行，需要增加-bench 参数，我们通过 go test -bench=Split 命令执行基准测试，
输出结果如下。

```
split $ go test -bench=Split
goos: darwin
goarch: amd64
```

```
pkg: github.com/Q1mi/studygo/code_demo/test_demo/split
BenchmarkSplit-8        10000000                    203 ns/op
PASS
ok          github.com/Q1mi/studygo/code_demo/test_demo/split       2.255s
```

其中，BenchmarkSplit-8 表示对 Split 函数进行基准测试，数字 8 表示 GOMAXPROCS 的值，这对于并发基准测试很重要。10000000 和 203ns/op 表示每次调用 Split 函数耗时 203ns，这个结果是10000000 次调用的平均值。

我们还可以为基准测试添加-benchmem 参数来获得内存分配的统计数据。

```
split $ go test -bench=Split -benchmem
goos: darwin
goarch: amd64
pkg: github.com/Q1mi/studygo/code_demo/test_demo/split
BenchmarkSplit-8        10000000            215 ns/op          112 B/op          3 allocs/op
PASS
ok          github.com/Q1mi/studygo/code_demo/test_demo/split       2.394s
```

其中，112 B/op 表示每次操作分配了 112 B 内存，3 allocs/op 则表示每次操作分配了 3 次内存。

将 Split 函数优化如下。

```go
func Split(s, sep string) (result []string) {
    result = make([]string, 0, strings.Count(s, sep)+1)
    i := strings.Index(s, sep)
    for i > -1 {
        result = append(result, s[:i])
        s = s[i+len(sep):] // 这里使用 len(sep)获取 sep 的长度
        i = strings.Index(s, sep)
    }
    result = append(result, s)
    return
}
```

这一次我们提前使用 make 函数将 result 初始化为一个容量足够大的切片，而不再像之前一样通过调用 append 函数来追加。我们来看一下这个改进会带来怎样的性能提升。

```
split $ go test -bench=Split -benchmem
goos: darwin
goarch: amd64
pkg: github.com/Q1mi/studygo/code_demo/test_demo/split
BenchmarkSplit-8        10000000            127 ns/op           48 B/op          1 allocs/op
PASS
ok          github.com/Q1mi/studygo/code_demo/test_demo/split       1.423s
```

可以看出，使用 make 函数提前分配内存减少了 2/3 的内存分配次数，并且减少了一半的内存分配。

性能比较函数

上面的基准测试只能得到给定操作的绝对耗时，而很多性能问题是发生在两个不同操作之间的相对耗时引起的，例如，同一个函数处理 1000 个元素的耗时与处理 1 万甚至 100 万个元素的耗时的差别是多少？再如，对于同一个任务究竟使用哪种算法性能最佳？我们通常需要使用相同的输入来比较两个不同的算法。

性能比较函数通常是一个带有参数的函数，被多个不同的 benchmark 函数传入不同的值来调用。例如：

```
func benchmark(b *testing.B, size int){/* ... */}
func Benchmark10(b *testing.B){ benchmark(b, 10) }
func Benchmark100(b *testing.B){ benchmark(b, 100) }
func Benchmark1000(b *testing.B){ benchmark(b, 1000) }
```

计算斐波那契数列的函数如下。

```
// fib.go
// Fib 是一个计算第 n 个斐波那契数的函数
func Fib(n int) int {
    if n < 2 {
        return n
    }
    return Fib(n-1) + Fib(n-2)
}
```

性能比较函数如下。

```
// fib_test.go
func benchmarkFib(b *testing.B, n int) {
    for i := 0; i < b.N; i++ {
        Fib(n)
    }
}
func BenchmarkFib1(b *testing.B)  { benchmarkFib(b, 1) }
func BenchmarkFib2(b *testing.B)  { benchmarkFib(b, 2) }
func BenchmarkFib3(b *testing.B)  { benchmarkFib(b, 3) }
func BenchmarkFib10(b *testing.B) { benchmarkFib(b, 10) }
func BenchmarkFib20(b *testing.B) { benchmarkFib(b, 20) }
func BenchmarkFib40(b *testing.B) { benchmarkFib(b, 40) }
```

运行基准测试。

```
split $ go test -bench=.
goos: darwin
goarch: amd64
pkg: github.com/Q1mi/studygo/code_demo/test_demo/fib
BenchmarkFib1-8          1000000000                2.03 ns/op
```

```
BenchmarkFib2-8         300000000               5.39 ns/op
BenchmarkFib3-8         200000000               9.71 ns/op
BenchmarkFib10-8          5000000                325 ns/op
BenchmarkFib20-8            30000              42460 ns/op
BenchmarkFib40-8                2          638524980 ns/op
PASS
ok      github.com/Q1mi/studygo/code_demo/test_demo/fib 12.944s
```

> **注意：** 在默认情况下，每个基准测试至少运行 1s，如果在 benchmark 函数返回时没有到 1s，则 b.N 的值会按 1，2，5，10，20，50，…的序列增加，并且再次运行函数。

最终的 BenchmarkFib40 只运行了两次，每次运行的平均时间只有不到 1s。在这种情况下，我们可以使用-benchtime 标志增加最小基准时间，以产生更准确的结果。例如：

```
split $ go test -bench=Fib40 -benchtime=20s
goos: darwin
goarch: amd64
pkg: github.com/Q1mi/studygo/code_demo/test_demo/fib
BenchmarkFib40-8                50          663205114 ns/op
PASS
ok      github.com/Q1mi/studygo/code_demo/test_demo/fib 33.849s
```

这一次，BenchmarkFib40 函数运行了 50 次，结果更准确。

在使用性能比较函数做测试时比较容易犯的错误是，把 b.N 作为输入。以下两个例子都是错误的示范。

```
// 错误示范1
func BenchmarkFibWrong(b *testing.B) {
    for n := 0; n < b.N; n++ {
        Fib(n)
    }
}

// 错误示范2
func BenchmarkFibWrong2(b *testing.B) {
    Fib(b.N)
}
```

重置时间

b.ResetTimer 之前的处理不会放到执行时间里，也不会输出到报告中，所以可以在之前做一些不计划作为测试报告的操作。例如：

```
func BenchmarkSplit(b *testing.B) {
    time.Sleep(5 * time.Second)  // 假设需要做一些耗时的无关操作
    b.ResetTimer()                // 重置计时器
```

```
    for i := 0; i < b.N; i++ {
        Split("沙河有沙又有河", "沙")
    }
}
```

并行测试

func (b *B) RunParallel(body func(*PB))会以并行的方式执行给定的基准测试。

RunParallel 函数会创建多个 goroutine，并将 b.N 分配给这些 goroutine 执行，其中 goroutine 的默认数量为 GOMAXPROCS。用户如果想增加非 CPU 受限（non-CPU-bound）基准测试的并行性，那么可以在 RunParallel 函数之前调用 SetParallelism 函数。RunParallel 函数通常会与-cpu 标志一起使用。

```
func BenchmarkSplitParallel(b *testing.B) {
    b.SetParallelism(8) // 设置使用的 CPU 数
    b.RunParallel(func(pb *testing.PB) {
        for pb.Next() {
            Split("沙河有沙又有河", "沙")
        }
    })
}
```

执行基准测试。

```
split $ go test -bench=.
goos: darwin
goarch: amd64
pkg: github.com/Q1mi/studygo/code_demo/test_demo/split
BenchmarkSplit-8                  10000000              131 ns/op
BenchmarkSplitParallel-8          50000000             36.1 ns/op
PASS
ok      github.com/Q1mi/studygo/code_demo/test_demo/split      3.308s
```

还可以通过在测试命令后添加-cpu 参数（如 go test -bench=. -cpu 8）来指定使用的 CPU 数量。

11.4　setup 和 teardown

有时我们需要在测试之前进行额外的准备工作（setup），或在测试之后进行收尾工作（teardown）。

TestMain

通过在*_test.go 文件中定义 TestMain 函数可以在测试之前进行额外的设置，或在测试之后进行拆卸操作。

如果测试文件包含函数 func TestMain(m *testing.M)，那么生成的测试会先调用 TestMain(m)，再运行具体测试。TestMain 函数运行在主 goroutine 中，可以在调用 m.Run 前后进行任何设置和拆卸。

退出测试的时候应该将 m.Run 的返回值作为参数调用 os.Exit。

一个使用 TestMain 函数进行 setup 和 teardown 的示例如下。

```go
func TestMain(m *testing.M) {
    fmt.Println("write setup code here...") // 测试之前进行的设置
    // 如果 TestMain 使用了 flags，那么这里应该加上 flag.Parse()
    retCode := m.Run()                       // 执行测试
    fmt.Println("write teardown code here...") // 测试之后进行拆卸
    os.Exit(retCode)                         // 退出测试
}
```

> **注意**：在调用 TestMain 函数时，flag.Parse 并没有被调用。所以如果 TestMain 函数依赖于 command-line 标志（包括 testing 包的标记），则应该显示调用 flag.Parse。

子测试的设置与拆卸

有时我们可能需要对每个测试集进行 setup 与 teardown，也可能需要对每个子测试 setup 与 teardown。定义两个函数工具的函数如下。

```go
// 测试集的 setup 与 teardown
func setupTestCase(t *testing.T) func(t *testing.T) {
    t.Log("如有需要在此执行:测试之前的 setup")
    return func(t *testing.T) {
        t.Log("如有需要在此执行:测试之后的 teardown")
    }
}


// 子测试的 setup 与 teardown
func setupSubTest(t *testing.T) func(t *testing.T) {
    t.Log("如有需要在此执行:子测试之前的 setup")
    return func(t *testing.T) {
        t.Log("如有需要在此执行:子测试之后的 teardown")
    }
}
```

使用方式如下。

```go
func TestSplit(t *testing.T) {
    type test struct { // 定义 test 结构体
        input string
        sep   string
        want  []string
    }
    tests := map[string]test{ // 测试用例使用 map 存储
        "simple":    {input: "a:b:c", sep: ":", want: []string{"a", "b", "c"}},
        "wrong sep": {input: "a:b:c", sep: ",", want: []string{"a:b:c"}},
        "more sep":  {input: "abcd", sep: "bc", want: []string{"a", "d"}},
```

```
        "leading sep": {input: "沙河有沙又有河", sep: "沙", want: []string{"", "
河有", "又有河"}},
    }
    teardownTestCase := setupTestCase(t) // 测试之前执行 setup
    defer teardownTestCase(t)             // 测试之后执行 teardown

    for name, tc := range tests {
        t.Run(name, func(t *testing.T) { // 使用 t.Run() 执行子测试
            teardownSubTest := setupSubTest(t) // 子测试之前执行 setup
            defer teardownSubTest(t)           // 测试之后执行 teardown
            got := Split(tc.input, tc.sep)
            if !reflect.DeepEqual(got, tc.want) {
                t.Errorf("excepted:%#v, got:%#v", tc.want, got)
            }
        })
    }
}
```

测试结果如下。

```
split $ go test -v
=== RUN   TestSplit
=== RUN   TestSplit/simple
=== RUN   TestSplit/wrong_sep
=== RUN   TestSplit/more_sep
=== RUN   TestSplit/leading_sep
--- PASS: TestSplit (0.00s)
    split_test.go:71: 如有需要在此执行:测试之前的 setup
    --- PASS: TestSplit/simple (0.00s)
        split_test.go:79: 如有需要在此执行:子测试之前的 setup
        split_test.go:81: 如有需要在此执行:子测试之后的 teardown
    --- PASS: TestSplit/wrong_sep (0.00s)
        split_test.go:79: 如有需要在此执行:子测试之前的 setup
        split_test.go:81: 如有需要在此执行:子测试之后的 teardown
    --- PASS: TestSplit/more_sep (0.00s)
        split_test.go:79: 如有需要在此执行:子测试之前的 setup
        split_test.go:81: 如有需要在此执行:子测试之后的 teardown
    --- PASS: TestSplit/leading_sep (0.00s)
        split_test.go:79: 如有需要在此执行:子测试之前的 setup
        split_test.go:81: 如有需要在此执行:子测试之后的 teardown
    split_test.go:73: 如有需要在此执行:测试之后的 teardown
=== RUN   ExampleSplit
--- PASS: ExampleSplit (0.00s)
PASS
ok      github.com/Q1mi/studygo/code_demo/test_demo/split      0.006s
```

11.5　示例函数

被 go test 特殊对待的第 3 种函数就是示例函数，它们的函数名以 Example 为前缀，既没有参数也没有返回值。标准格式如下。

```
func ExampleName() {
    ...
}
```

以下是为 Split 函数编写的一个示例函数。

```
func ExampleSplit() {
    fmt.Println(split.Split("a:b:c", ":"))
    fmt.Println(split.Split("沙河有沙又有河", "沙"))
    // Output:
    // [a b c]
    // [ 河有 又有河]
}
```

为你的代码编写示例函数有如下好处。

- 示例函数能够作为文档直接使用，例如基于 web 的 godoc 能关联示例函数与对应的函数或包。
- 示例函数只要包含了 // Output:，就是可以通过 go test 运行的可执行测试。

```
split $ go test -run Example
PASS
ok      github.com/Q1mi/studygo/code_demo/test_demo/split      0.006s
```

- 示例函数提供了可以直接运行的示例代码，可以直接在 golang.org 的 godoc 文档服务器上使用 Go Playground 运行示例代码。图 11-2 为 strings.ToUpper 函数在 Go Playground 中的示例函数效果。

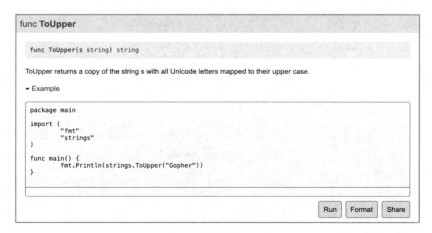

图 11-2

11.6　网络测试

我们已经学习了 Go 语言单元测试的基础用法，而实际工作中的业务场景往往比较复杂，无论是在将代码作为 server 端对外提供服务时，还是在依赖别人提供的网络服务（调用别人提供的 API 接口）的场景中，我们都不想在测试过程中真正建立网络连接。本节专门介绍如何在上述两种场景中 mock 网络测试。

httptest

如果在 Web 开发场景中的单元测试涉及 HTTP 请求，那么推荐大家使用 Go 标准库 net/http/httptest 进行测试，能够显著提高测试效率。

本节以常见的 gin 框架为例，演示如何为 HTTP 服务端程序编写单元测试。

假设业务逻辑是搭建一个 HTTP 服务端，对外提供 HTTP 服务。如下 helloHandler 函数可以用来处理用户请求。

```go
// gin.go
package httptest_demo
import (
    "fmt"
    "net/http"

    "github.com/gin-gonic/gin"
)
// Param 请求参数
type Param struct {
    Name string `json:"name"`
}
// helloHandler /hello 请求处理函数
func helloHandler(c *gin.Context) {
    var p Param
    if err := c.ShouldBindJSON(&p); err != nil {
        c.JSON(http.StatusOK, gin.H{
            "msg": "we need a name",
        })
        return
    }
    c.JSON(http.StatusOK, gin.H{
        "msg": fmt.Sprintf("hello %s", p.Name),
    })
}
// SetupRouter 路由
func SetupRouter() *gin.Engine {
    router := gin.Default()
```

```
    router.POST("/hello", helloHandler)
    return router
}
```

现在需要为 helloHandler 函数编写单元测试，在这种情况下，可以使用 httptest 工具 mock 一个 HTTP 请求和响应记录器，让服务端接收并处理 mock 的 HTTP 请求，同时使用响应记录器记录服务端返回的内容。

单元测试的示例代码如下。

```go
// gin_test.go
package httptest_demo

import (
    "encoding/json"
    "net/http"
    "net/http/httptest"
    "strings"
    "testing"

    "github.com/stretchr/testify/assert"
)

func Test_helloHandler(t *testing.T) {
    // 定义两个测试用例
    tests := []struct {
        name   string
        param  string
        expect string
    }{
        {"base case", `{"name": "liwenzhou"}`, "hello liwenzhou"},
        {"bad case", "", "we need a name"},
    }

    r := SetupRouter()

    for _, tt := range tests {
        t.Run(tt.name, func(t *testing.T) {
            // mock 一个 HTTP 请求
            req := httptest.NewRequest(
                "POST",                     // 请求方法
                "/hello",                   // 请求 URL
                strings.NewReader(tt.param), // 请求参数
            )

            // mock 一个响应记录器
            w := httptest.NewRecorder()
```

```
        // 让 server 端处理 mock 请求并记录返回的响应内容
        r.ServeHTTP(w, req)

        // 校验状态码是否符合预期
        assert.Equal(t, http.StatusOK, w.Code)

        // 解析并检验响应内容是否复合预期
        var resp map[string]string
        err := json.Unmarshal([]byte(w.Body.String()), &resp)
        assert.Nil(t, err)
        assert.Equal(t, tt.expect, resp["msg"])
    })
  }
}
```

执行单元测试，查看测试结果。

```
> go test -v
=== RUN   Test_helloHandler
[GIN-debug] [WARNING] Creating an Engine instance with the Logger and Recovery
middleware already attached.

[GIN-debug] [WARNING] Running in "debug" mode. Switch to "release" mode in
production.
 - using env:   export GIN_MODE=release
 - using code:  gin.SetMode(gin.ReleaseMode)

[GIN-debug] POST   /hello                    -->
golang-unit-test-demo/httptest_demo.helloHandler (3 handlers)
=== RUN   Test_helloHandler/base_case
[GIN] 2021/09/14 - 22:00:04 | 200 |    164.839µs |   192.0.2.1 | POST   "/hello"
=== RUN   Test_helloHandler/bad_case
[GIN] 2021/09/14 - 22:00:04 | 200 |     23.723µs |   192.0.2.1 | POST   "/hello"
--- PASS: Test_helloHandler (0.00s)
   --- PASS: Test_helloHandler/base_case (0.00s)
   --- PASS: Test_helloHandler/bad_case (0.00s)
PASS
ok      golang-unit-test-demo/httptest_demo     0.055s
```

通过这个示例，我们掌握了使用 httptest 在 HTTP Server 服务中为请求处理函数编写单元测试的
方法。

gock

上面的示例介绍了如何在 HTTP Server 服务中为请求处理函数编写单元测试，那么对于请求外
部 API 的场景（例如通过 API 调用其他服务获取返回值），又该怎么编写单元测试呢？

例如，以下代码依赖外部 API http://your-api.com/post 提供的数据。

```go
// api.go
// ReqParam API 请求参数
type ReqParam struct {
    X int `json:"x"`
}
// Result API 返回结果
type Result struct {
    Value int `json:"value"`
}
func GetResultByAPI(x, y int) int {
    p := &ReqParam{X: x}
    b, _ := json.Marshal(p)
    // 调用其他服务的 API
    resp, err := http.Post(
        "http://your-api.com/post",
        "application/json",
        bytes.NewBuffer(b),
    )
    if err != nil {
        return -1
    }
    body, _ := io.ReadAll(resp.Body)
    var ret Result
    if err := json.Unmarshal(body, &ret); err != nil {
        return -1
    }
    //对 API 返回的数据做一些逻辑处理
    return ret.Value + y
}
```

在对类似上述业务代码编写单元测试时，如果不想在测试过程中真正发送请求，或者依赖的外部接口还没有开发完成，那么可以在单元测试中对依赖的 API 进行 mock。

这里推荐使用 gock 库。

安装方式如下。

```
go get -u gopkg.in/h2non/gock.v1
```

使用 gock 对外部 API 进行 mock，即 mock 指定参数返回约定好的响应内容。下面的代码中 mock 了两组数据，组成了两个测试用例。

```go
// api_test.go
package gock_demo
import (
    "testing"
```

```
    "github.com/stretchr/testify/assert"
    "gopkg.in/h2non/gock.v1"
)
func TestGetResultByAPI(t *testing.T) {
    defer gock.Off() // 测试执行后刷新挂起的 mock
    // mock 请求外部 API 时传参 x=1 返回 100
    gock.New("http://your-api.com").
        Post("/post").
        MatchType("json").
        JSON(map[string]int{"x": 1}).
        Reply(200).
        JSON(map[string]int{"value": 100})
    // 调用业务函数
    res := GetResultByAPI(1, 1)
    // 校验返回结果是否符合预期
    assert.Equal(t, res, 101)
    // mock 请求外部 API 时传参 x=2 返回 200
    gock.New("http://your-api.com").
        Post("/post").
        MatchType("json").
        JSON(map[string]int{"x": 2}).
        Reply(200).
        JSON(map[string]int{"value": 200})
    // 调用业务函数
    res = GetResultByAPI(2, 2)
    // 校验返回结果是否符合预期
    assert.Equal(t, res, 202)
    assert.True(t, gock.IsDone()) // 断言 mock 被触发
}
```

执行上面写好的单元测试，看一下测试结果。

```
> go test -v
=== RUN   TestGetResultByAPI
--- PASS: TestGetResultByAPI (0.00s)
PASS
ok      golang-unit-test-demo/gock_demo 0.054s
```

测试结果和预期完全一致。

在这个示例中，为了让大家能够清晰地了解 gock 的使用方法，我特意没有使用表格驱动测试。各位读者可以自己动手把这个单元测试改写成表格驱动测试的风格，当作对 11.4 节与 11.5 节内容的复习和测验。

11.7　数据库测试

除了网络依赖，我们在开发中也会经常用到各种数据库，例如常见的 MySQL 和 Redis 等。本节将分别举例来演示如何在编写单元测试时对 MySQL 和 Redis 进行 mock。

go-sqlmock

sqlmock 是一个实现 sql/driver 的 mock 库。它不需要建立真正的数据库连接就可以在测试中模拟任何 SQL 驱动程序的行为。使用它可以很方便地在编写单元测试时 mock SQL 语句的执行结果。安装方式如下。

```
go get github.com/DATA-DOG/go-sqlmock
```

这里使用 go-sqlmock 官方文档中提供的基础示例代码进行演示。下面的代码实现了一个 recordStats 函数用来记录用户浏览商品时产生的数据。实现的具体功能是在一个事务中进行以下两次 SQL 操作。

- 在 products 表中将当前商品的浏览次数+1。
- 在 product_viewers 表中记录浏览当前商品的用户 id。

```go
// app.go
package main
import "database/sql"
// recordStats 记录用户浏览产品信息
func recordStats(db *sql.DB, userID, productID int64) (err error) {
    // 开启事务
    // 操作 views 和 product_viewers 两张表
    tx, err := db.Begin()
    if err != nil {
        return
    }
    defer func() {
        switch err {
        case nil:
            err = tx.Commit()
        default:
            tx.Rollback()
        }
    }()
    // 更新 products 表
    if _, err = tx.Exec("UPDATE products SET views = views + 1"); err != nil {
        return
    }
    // 在 product_viewers 表中插入一条数据
    if _, err = tx.Exec(
        "INSERT INTO product_viewers (user_id, product_id) VALUES (?, ?)",
```

```
              userID, productID); err != nil {
            return
        }
        return
    }
func main() {
    // 注意：测试过程中并不需要真正连接
    db, err := sql.Open("mysql", "root@/blog")
    if err != nil {
        panic(err)
    }
    defer db.Close()
    // userID 为 1 的用户浏览了 productID 为 5 的产品
    if err = recordStats(db, 1 /*some user id*/, 5 /*some product id*/); err !=
nil {
        panic(err)
    }
}
```

现在为代码中的 recordStats 函数编写单元测试，但是我们不想在测试过程中连接真实的数据库。这时可以像下面的代码中那样使用 sqlmock 工具去 mock 数据库操作。

```
package main
import (
    "fmt"
    "testing"

    "github.com/DATA-DOG/go-sqlmock"
)
// TestShouldUpdateStats SQL 执行成功的测试用例
func TestShouldUpdateStats(t *testing.T) {
    // mock 一个*sql.DB 对象，不需要连接真实的数据库
    db, mock, err := sqlmock.New()
    if err != nil {
        t.Fatalf("an error '%s' was not expected when opening a stub database
connection", err)
    }
    defer db.Close()
    // mock 执行指定 SQL 语句时的返回结果
    mock.ExpectBegin()
    mock.ExpectExec("UPDATE products").WillReturnResult(sqlmock.NewResult(1,
1))
    mock.ExpectExec("INSERT INTO product_viewers").WithArgs(2,
3).WillReturnResult(sqlmock.NewResult(1, 1))
    mock.ExpectCommit()
    // 将 mock 的 DB 对象传入函数中
    if err = recordStats(db, 2, 3); err != nil {
```

```
        t.Errorf("error was not expected while updating stats: %s", err)
    }
    // 确保期望的结果都满足
    if err := mock.ExpectationsWereMet(); err != nil {
        t.Errorf("there were unfulfilled expectations: %s", err)
    }
}
// TestShouldRollbackStatUpdatesOnFailure SQL 执行失败回滚的测试用例
func TestShouldRollbackStatUpdatesOnFailure(t *testing.T) {
    db, mock, err := sqlmock.New()
    if err != nil {
        t.Fatalf("an error '%s' was not expected when opening a stub database
connection", err)
    }
    defer db.Close()
    mock.ExpectBegin()
    mock.ExpectExec("UPDATE products").WillReturnResult(sqlmock.NewResult(1,
1))
    mock.ExpectExec("INSERT INTO product_viewers").
        WithArgs(2, 3).
        WillReturnError(fmt.Errorf("some error"))
    mock.ExpectRollback()
    // now we execute our method
    if err = recordStats(db, 2, 3); err == nil {
        t.Errorf("was expecting an error, but there was none")
    }
    // we make sure that all expectations were met
    if err := mock.ExpectationsWereMet(); err != nil {
        t.Errorf("there were unfulfilled expectations: %s", err)
    }
}
```

上面的代码定义了一个 SQL 执行成功的测试用例和一个 SQL 执行失败回滚的测试用例，以确保代码中的每个逻辑分支都能被测试到，在提高单元测试覆盖率的同时保证了代码的健壮性。

执行单元测试，看一下最终的测试结果。

```
> go test -v
=== RUN   TestShouldUpdateStats
--- PASS: TestShouldUpdateStats (0.00s)
=== RUN   TestShouldRollbackStatUpdatesOnFailure
--- PASS: TestShouldRollbackStatUpdatesOnFailure (0.00s)
PASS
ok      golang-unit-test-demo/sqlmock_demo      0.011s
```

可以看到，两个测试用例的结果都符合预期，单元测试通过。

在很多使用 ORM 工具的场景中，也可以使用 go-sqlmock 库 mock 数据库操作进行测试。

miniredis

除了 MySQL，在日常开发中也经常用到 Redis。接下来，我们将一起学习如何在单元测试中 mock Redis。

miniredis 是一个用 Go 语言实现的用于单元测试的 redis server。它是一个简单易用的、基于内存的 Redis 替代品，具有真正的 TCP 接口。可以把它当成 Redis 版本的 net/http/httptest。

当我们为一些包含 Redis 操作的代码编写单元测试时，可以使用它来 mock Redis 操作。安装方式如下。

```
go get github.com/alicebob/miniredis/v2
```

这里以 github.com/go-redis/redis 库为例，编写一个包含若干 Redis 操作的 DoSomethingWithRedis 函数。

```go
// redis_op.go
package miniredis_demo
import (
    "context"
    "github.com/go-redis/redis/v8" // 注意导入版本
    "strings"
    "time"
)
const (
    KeyValidWebsite = "app:valid:website:list"
)
func DoSomethingWithRedis(rdb *redis.Client, key string) bool {
    // 这里可以是对 redis 操作的一些逻辑
    ctx := context.TODO()
    if !rdb.SIsMember(ctx, KeyValidWebsite, key).Val() {
        return false
    }
    val, err := rdb.Get(ctx, key).Result()
    if err != nil {
        return false
    }
    if !strings.HasPrefix(val, "https://") {
        val = "https://" + val
    }
    // 将 blog key 的过期时间设置为 5s
    if err := rdb.Set(ctx, "blog", val, 5*time.Second).Err(); err != nil {
        return false
    }
```

```
        return true
}
```

下面是使用 miniredis 库为 DoSomethingWithRedis 函数编写的单元测试代码，其中 miniredis 不仅支持 mock 常用的 Redis 操作，还提供了很多实用的帮助函数，例如检查 key 的值是否与预期相等的 s.CheckGet()，以及帮助检查 key 过期时间的 s.FastForward()。

```go
// redis_op_test.go
package miniredis_demo
import (
    "github.com/alicebob/miniredis/v2"
    "github.com/go-redis/redis/v8"
    "testing"
    "time"
)
func TestDoSomethingWithRedis(t *testing.T) {
    // mock 一个 redis server
    s, err := miniredis.Run()
    if err != nil {
        panic(err)
    }
    defer s.Close()
    // 准备数据
    s.Set("q1mi", "liwenzhou.com")
    s.SAdd(KeyValidWebsite, "q1mi")
    // 连接 mock 的 redis server
    rdb := redis.NewClient(&redis.Options{
        Addr: s.Addr(), // mock redis server 的地址
    })
    // 调用函数
    ok := DoSomethingWithRedis(rdb, "q1mi")
    if !ok {
        t.Fatal()
    }
    // 可以手动检查 redis 中的值是否复合预期
    if got, err := s.Get("blog"); err != nil || got != "https://liwenzhou.com" {
        t.Fatalf("'blog' has the wrong value")
    }
    // 也可以使用帮助工具检查
    s.CheckGet(t, "blog", "https://liwenzhou.com")
    // 过期检查
    s.FastForward(5 * time.Second) // 快进 5s
    if s.Exists("blog") {
        t.Fatal("'blog' should not have existed anymore")
    }
}
```

执行测试，查看单元测试结果。

```
> go test -v
=== RUN   TestDoSomethingWithRedis
--- PASS: TestDoSomethingWithRedis (0.00s)
PASS
ok      golang-unit-test-demo/miniredis_demo   0.052s
```

miniredis 支持绝大多数 Redis 命令，大家可以通过查看文档了解更多用法。

除了使用 miniredis 搭建本地 redis server，还可以使用各种打桩工具对具体方法进行打桩。具体使用哪种 mock 方式还要根据单元测试的实际情况来决定。

11.8　mock 接口测试

除了网络和数据库等外部依赖，我们在开发中也经常用到各种各样的接口类型。接下来演示如何在编写单元测试时对接口类型进行 mock，以及如何在单元测试中打桩。

gomock 是 Go 语言官方提供的测试框架，能够很方便地用于内置的 testing 包或其他环境中。我们使用它对代码中的接口类型进行 mock，以便编写单元测试。

mockgen[1]

首先确保$GOPATH/bin 已经加入环境变量，具体的的安装方式如下。

当 Go 版本号低于 1.16 时：

```
GO111MODULE=on go get github.com/golang/mock/mockgen@v1.6.0
```

Go 版本高于或等于 1.16 时：

```
go install github.com/golang/mock/mockgen@v1.6.0
```

自 2023 年 6 月起，Google 不再维护 github.com/golang/mock，可以使用 Uber 维护的版本。

```
go install go.uber.org/mock/mockgen@latest
```

如果在 CI 流水线中安装，则需要选择与 CI 环境匹配的版本。

mockgen 有源码（source）和反射（reflect）两种操作模式。

- 源码模式：根据源文件 mock 接口，使用 -source 标志启用。在这个模式下可能有用的其他标志是 -imports 和 -aux_files。

例如：

1　互联网开源库更新迭代比较快，建议直接查看官方文档：https://github.com/golang/mock。

```
mockgen -source=foo.go [other options]
```

- 反射模式：通过生成一些使用反射的代码来 mock 接口，需要传递导入路径和一个用逗号分隔的符号列表来启用该模式（可以使用"."引用当前路径的包）。

例如：

```
mockgen database/sql/driver Conn,Driver
# Convenient for `go:generate`.
mockgen . Conn,Driver
```

flags

mockgen 命令用来为给定一个包含要 mock 的接口的 Go 源文件生成 mock 类源代码。它支持以下标志参数。

- -source：包含要 mock 的接口的文件。
- -destination：生成的源代码写入的文件。如果不设置此项，那么代码将打印到标准输出（stdout）。
- -package：用于生成的模拟类源代码的包名。如果不设置此项包名，则默认在原包名前添加 mock_前缀。
- -imports：在生成的源代码中使用的显式导入列表。值为 foo=bar/baz 形式的以逗号分隔的元素列表，其中 bar/baz 是要导入的包，foo 是生成的源代码中这个导入的包使用的标识符。
- -aux_files：解决定义在不同文件中的嵌入接口等问题时需要查询的附加文件列表。这是一个以逗号分隔的列表，形式为 foo=bar/baz.go，其中 bar/baz.go 是源文件，foo 是-source 文件使用的文件的包名。
- -build_flags：（仅反射模式）一字不差地传递标志给 go build。
- -mock_names：生成的模拟的自定义名称列表。它被指定为一个以逗号分隔的元素列表，形式为 Repository = MockSensorRepository,Endpoint=MockSensorEndpoint，其中 Repository 是接口名称，MockSensorRepository 是所需的 mock 名称（mock 工厂方法和 mock 记录器将以 mock 命名）。如果其中一个接口没有指定自定义名称，则使用默认命名约定。
- -self_package：生成的代码的完整包导入路径。使用此 flag 的目的是通过包含自己的包来防止循环导入。如果 mock 的包被设置为一个输入（通常是主输入），并且输出是 stdio，mockgen 无法检测到最终的输出包，这种情况就会发生。设置此标志将告诉 mockgen 需要排除的导入。
- -copyright_file：用于将版权标头添加到生成的源代码中的版权文件。
- -debug_parser：仅打印解析器结果。
- -exec_only：（反射模式）如果设置，则执行此反射程序。
- -prog_only：（反射模式）只生成反射程序，将其写入标准输出并退出。
- -write_package_comment：如果为 true，则写入包文档注释（godoc），默认为 true。

构建 mock

这里以日常开发中经常用到的数据库操作为例,讲解如何使用 gomock 来 mock 接口的单元测试。

假设有查询 MySQL 数据库的业务代码如下,其中,DB 是自定义的接口类型。

```go
// db.go
// DB 数据接口
type DB interface {
    Get(key string)(int, error)
    Add(key string, value int) error
}
// GetFromDB 根据 key 从 DB 查询数据的函数
func GetFromDB(db DB, key string) int {
    if v, err := db.Get(key);err == nil{
        return v
    }
    return -1
}
```

现在为 GetFromDB 函数编写单元测试代码,可是我们又不能在单元测试过程中连接真实的数据库,这时就需要 mock DB 接口以便进行单元测试。

使用上面提到的 mockgen 工具生成相应的 mock 代码。执行下面的命令,在当前项目下生成一个 mocks 文件夹,里面存放 db_mock.go 文件。

```
mockgen -source=db.go -destination=mocks/db_mock.go -package=mocks
```

db_mock.go 文件中的内容就是 mock 相关接口的代码。

我们通常不需要编辑它,只需在单元测试中按照规定的方式使用它就可以了。例如,编写 TestGetFromDB 函数如下。

```go
// db_test.go
func TestGetFromDB(t *testing.T) {
    // 创建 gomock 控制器,用来记录后续的操作信息
    ctrl := gomock.NewController(t)
    // 断言期望的方法都被执行
    // Go 1.14 之后,单测中不再需要手动调用该方法
    defer ctrl.Finish()
    // 调用 mockgen 生成代码中的 NewMockDB 方法
    // 这里的 mocks 是生成代码时指定的 package 名称
    m := mocks.NewMockDB(ctrl)
    // 打桩
    // 当传入 Get 函数的参数为 liwenzhou.com 时返回 1 和 nil
    m.
        EXPECT().
        Get(gomock.Eq("liwenzhou.com")). // 参数
```

```
        Return(1, nil).                   // 返回值
        Times(1)                          // 调用次数

    // 调用 GetFromDB 函数时传入上面的 mock 对象 m
    if v := GetFromDB(m, "liwenzhou.com"); v != 1 {
        t.Fatal()
    }
}
```

打桩

软件测试中的打桩（stub）指用一些代码（桩）代替目标代码，通常用来屏蔽或补齐业务逻辑中的关键代码以便进行单元测试。

其中，屏蔽指不想在单元测试中引入数据库连接等重资源，补齐指依赖的上下游函数或方法还未实现。上面的代码就用到了打桩，当传入 Get 函数的参数为 liwenzhou.com 时返回 1 和 nil。

gomock 支持针对参数、返回值、调用次数、调用顺序等进行打桩。

1. 参数

与参数相关的用法如下。

- gomock.Eq(value)：表示一个等价于 value 值的参数。
- gomock.Not(value)：表示一个非 value 值的参数。
- gomock.Any()：表示任意值的参数。
- gomock.Nil()：表示空值的参数。
- SetArg(n, value)：设置第 n（从 0 开始）个参数的值，通常用于指针参数或切片。

具体示例如下。

```
m.EXPECT().Get(gomock.Not("q1mi")).Return(10, nil)
m.EXPECT().Get(gomock.Any()).Return(20, nil)
m.EXPECT().Get(gomock.Nil()).Return(-1, nil)
```

这里单独说一下 SetArg 的适用场景，假设有一个需要 mock 的接口如下。

```
type YourInterface {
  SetValue(arg *int)
}
```

此后，打桩时可以使用 SetArg 来修改参数的值。

```
m.EXPECT().SetValue(gomock.Any()).SetArg(0, 7)  // 将 SetValue 的第一个参数设置为 7
```

2. 返回值

gomock 中与返回值相关的用法有以下几个。

- Return()：返回指定值。
- Do(func)：执行操作，忽略返回值。
- DoAndReturn(func)：执行并返回指定值。

例如：

```
m.EXPECT().Get(gomock.Any()).Return(20, nil)
m.EXPECT().Get(gomock.Any()).Do(func(key string) {
    t.Logf("input key is %v\n", key)
})
m.EXPECT().Get(gomock.Any()).DoAndReturn(func(key string)(int, error) {
    t.Logf("input key is %v\n", key)
    return 10, nil
})
```

3. 调用次数

使用 gomock 工具 mock 的方法都有期望被调用的次数，默认每个 mock 方法只允许被调用一次。

```
m.
    EXPECT().
    Get(gomock.Eq("liwenzhou.com")). // 参数
    Return(1, nil).                   // 返回值
    Times(1)                          // 设置 Get 方法期望被调用次数为 1
// 调用 GetFromDB 函数时传入上面的 mock 对象 m
if v := GetFromDB(m, "liwenzhou.com"); v != 1 {
    t.Fatal()
}
// 再次调用上面 mock 的 Get 方法时不满足调用次数为 1 的期望
if v := GetFromDB(m, "liwenzhou.com"); v != 1 {
    t.Fatal()
}
```

gomock 为我们提供了如下方法设置期望被调用的次数。

- Times()：断言 mock 方法被调用的次数。
- MaxTimes()：最大次数。
- MinTimes()：最小次数。
- AnyTimes()：任意次数（包括 0 次）。

4. 调用顺序

gomock 还支持使用 InOrder 方法指定 mock 方法的调用顺序。

```
// 指定顺序
gomock.InOrder(
    m.EXPECT().Get("1"),
    m.EXPECT().Get("2"),
```

```
        m.EXPECT().Get("3"),
)
// 按顺序调用
GetFromDB(m, "1")
GetFromDB(m, "2")
GetFromDB(m, "3")
```

此外，知名的 Go 测试库 testify 目前也提供类似的 mock 工具——testify/mock 和 mockery。

gostub

gostub 也是一个单元测试中的打桩工具，它支持为全局变量、函数等打桩。笔者个人感觉，使用它为函数打桩不太方便，一般在单元测试中只会使用它为全局变量打桩。gostub 的安装方式如下。

```
go get github.com/prashantv/gostub
```

这里使用官方文档中的示例代码演示如何使用 gostub 为全局变量打桩。

```
// app.go
var (
    configFile = "config.json"
    maxNum = 10
)
func GetConfig() ([]byte, error) {
    return os.ReadFile(configFile)
}
func ShowNumber()int{
    ...
    return maxNum
}
```

上面的代码定义了两个全局变量和两个使用全局变量的函数，现在为这两个函数编写单元测试。

```
// app_test.go
import (
    "github.com/prashantv/gostub"
    "testing"
)
func TestGetConfig(t *testing.T) {
    // 为全局变量 configFile 打桩，给它赋值一个指定文件
    stubs := gostub.Stub(&configFile, "./test.toml")
    defer stubs.Reset()  // 测试结束后重置
    // 下面是测试的代码
    data, err := GetConfig()
    if err != nil {
        t.Fatal()
    }
    // 返回的 data 的内容就是/tmp/test.config 文件的内容
    t.Logf("data:%s\n", data)
```

```
}
func TestShowNumber(t *testing.T) {
    stubs := gostub.Stub(&maxNum, 20)
    defer stubs.Reset()
    // 下面是一些测试的代码
    res := ShowNumber()
    if res != 20 {
        t.Fatal()
    }
}
```

执行单元测试，查看结果。

```
> go test -v
=== RUN   TestGetConfig
    app_test.go:18: data:blog="liwenzhou.com"
--- PASS: TestGetConfig (0.00s)
=== RUN   TestShowNumber
--- PASS: TestShowNumber (0.00s)
PASS
ok      golang-unit-test-demo/gostub_demo      0.012s
```

可以看出，在单元测试中使用 gostub 可以很方便地对全局变量进行打桩，将其 mock 成预期的值从而进行测试。

monkey

monkey 是 Go 语言单元测试中十分常用的打桩工具，在运行时通过汇编语言重写可执行文件，将目标函数或方法跳转到桩实现，其原理类似于热补丁。

monkey 库很强大，使用时需注意以下事项。

● monkey 不支持内联函数，在测试时需要通过命令行参数-gcflags=-l 关闭 Go 语言的内联优化。
● monkey 不是线程安全的，所以不要把它用到并发的单元测试中。

monkey 的安装方式如下。

```
go get bou.ke/monkey
```

假设公司中台提供了一个用户中心的库 varys，使用这个库可以很方便地根据 uid 获取用户相关信息。但是在编写代码时这个库还没实现，或者这个库要经过内网请求但目前无法做到，这时如果为 MyFunc 函数编写单元测试，就需要做一些 mock 工作。

```
// func.go
func MyFunc(uid int64)string{
    u, err := varys.GetInfoByUID(uid)
    if err != nil {
        return "welcome"
```

```
    }
    // 这里是一些逻辑代码
    return fmt.Sprintf("hello %s\n", u.Name)
}
```

使用 monkey 库对 varys.GetInfoByUID 进行打桩。

```
// func_test.go
func TestMyFunc(t *testing.T) {
    // 对 varys.GetInfoByUID 进行打桩
    // 无论传入的 uid 是多少，都返回 &varys.UserInfo{Name: "liwenzhou"}, nil
    monkey.Patch(varys.GetInfoByUID, func(int64)(*varys.UserInfo, error) {
        return &varys.UserInfo{Name: "liwenzhou"}, nil
    })
    ret := MyFunc(123)
    if !strings.Contains(ret, "liwenzhou"){
        t.Fatal()
    }
}
```

执行单元测试。

注意：这里为防止内联优化添加了-gcflags=-l 参数。

```
go test -run=TestMyFunc -v -gcflags=-l
```

输出：

```
=== RUN   TestMyFunc
--- PASS: TestMyFunc (0.00s)
PASS
ok      monkey_demo    0.009s
```

除了对函数进行 mock，monkey 也支持对方法进行 mock。

```
// method.go
type User struct {
    Name string
    Birthday string
}
// CalcAge 计算用户年龄
func (u *User) CalcAge() int {
    t, err := time.Parse("2006-01-02", u.Birthday)
    if err != nil {
        return -1
    }
    return int(time.Now().Sub(t).Hours()/24.0)/365
}
// GetInfo 获取用户相关信息
```

```
func (u *User) GetInfo()string{
    age := u.CalcAge()
    if age <= 0 {
        return fmt.Sprintf("%s 很神秘，我们还不了解 ta。", u.Name)
    }
    return fmt.Sprintf("%s 今年%d 岁了，ta 是我们的朋友。", u.Name, age)
}
```

如果在为 GetInfo 函数编写单元测试时，CalcAge 方法的功能还未实现，那么可以使用 monkey 打桩。

```
// method_test.go
func TestUser_GetInfo(t *testing.T) {
    var u = &User{
        Name:     "q1mi",
        Birthday: "1990-12-20",
    }
    // 为对象方法打桩
    monkey.PatchInstanceMethod(reflect.TypeOf(u), "CalcAge", func(*User)int {
        return 18
    })
    ret := u.GetInfo()  // 内部调用 u.CalcAge 方法时会返回 18
    if !strings.Contains(ret, "朋友"){
        t.Fatal()
    }
}
```

执行单元测试。

```
> go test -run=User -v
=== RUN   TestUser_GetInfo
--- PASS: TestUser_GetInfo (0.00s)
PASS
ok      monkey_demo     0.012s
```

monkey 能满足单元测试中打桩的绝大多数需求。

社区中还有一个参考 monkey 库实现的 gomonkey 库，原理和使用过程与 monkey 库相似，这里不再赘述。除此之外，社区还有其他打桩工具，如 gostub 等。

熟练使用各种打桩工具能够让我们更快速地编写合格的单元测试，为我们的软件保驾护航。

11.9　更人性化的单元测试

接下来介绍一个更人性化的单元测试工具——GoConvey，它拥有完善的测试套件。

GoConvey

GoConvey 是一个非常非常好用的 Go 语言测试框架，它直接与 go test 集成，提供了丰富的断言函数，能够在终端输出可读的彩色测试结果，并且支持全自动的 Web UI。安装方式如下。

在使用 GoConvey 的 Web UI 程序前，需要先执行下面的命令安装可执行程序。

```
go install github.com/smartystreets/goconvey@latest
```

如果只是想在项目中引入依赖，那么只需要在项目目录中执行以下命令。

```
go get github.com/smartystreets/goconvey
```

使用 GoConvey 为基础示例中的 Split 函数编写单元测试。Split 函数如下。

```
// split.go
func Split(s, sep string) (result []string) {
    result = make([]string, 0, strings.Count(s, sep)+1)
    i := strings.Index(s, sep)
    for i > -1 {
        result = append(result, s[:i])
        s = s[i+len(sep):]
        i = strings.Index(s, sep)
    }
    result = append(result, s)
    return
}
```

单元测试文件内容如下。

```
// split_test.go
import (
    "testing"
    c "github.com/smartystreets/goconvey/convey"  // 别名导入
)
func TestSplit(t *testing.T) {
    c.Convey("基础用例", t, func() {
        var (
            s      = "a:b:c"
            sep    = ":"
            expect = []string{"a", "b", "c"}
        )
        got := Split(s, sep)
        c.So(got, c.ShouldResemble, expect) // 断言
    })
    c.Convey("不包含分隔符用例", t, func() {
        var (
            s      = "a:b:c"
            sep    = "|"
```

```
        expect = []string{"a:b:c"}
    )
    got := Split(s, sep)
    c.So(got, c.ShouldResemble, expect) // 断言
    })
}
```

执行单元测试，会在终端输出可读性非常好的结果，如图 11-3 所示。

图 11-3

GoConvey 还支持在单元测试中根据需要嵌套调用。例如：

```
func TestSplit(t *testing.T) {
    ...
    // 只需在顶层的 Convey 调用时传入 t
    c.Convey("分隔符在开头或结尾用例", t, func() {
        tt := []struct {
            name   string
            s      string
            sep    string
            expect []string
        }{
            {"分隔符在开头", "*1*2*3", "*", []string{"", "1", "2", "3"}},
            {"分隔符在结尾", "1+2+3+", "+", []string{"1", "2", "3", ""}},
        }
        for _, tc := range tt {
            c.Convey(tc.name, func() { // 嵌套调用 Convey
                got := Split(tc.s, tc.sep)
                c.So(got, c.ShouldResemble, tc.expect)
            })
        }
    })
}
```

这样，输出最终的测试结果时也会分层级显示，如图 11-4 所示。

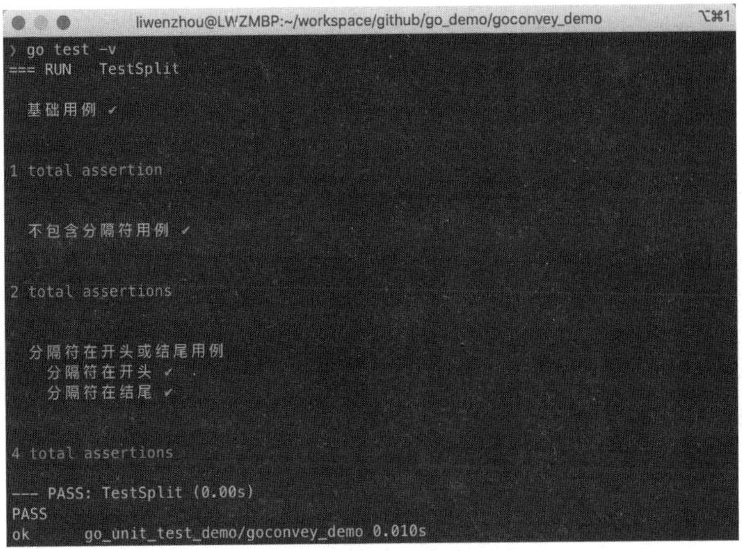

图 11-4

断言方法

GoConvey 为我们提供了多种可以在 So() 函数中使用的断言方法。

1. 一般相等类

```
So(thing1, ShouldEqual, thing2)
So(thing1, ShouldNotEqual, thing2)
So(thing1, ShouldResemble, thing2)      // 用于判断数组、切片、map 和结构体是否相等
So(thing1, ShouldNotResemble, thing2)
So(thing1, ShouldPointTo, thing2)
So(thing1, ShouldNotPointTo, thing2)
So(thing1, ShouldBeNil)
So(thing1, ShouldNotBeNil)
So(thing1, ShouldBeTrue)
So(thing1, ShouldBeFalse)
So(thing1, ShouldBeZeroValue)
```

2. 数字数量比较类

```
So(1, ShouldBeGreaterThan, 0)
So(1, ShouldBeGreaterThanOrEqualTo, 0)
So(1, ShouldBeLessThan, 2)
So(1, ShouldBeLessThanOrEqualTo, 2)
So(1.1, ShouldBeBetween, .8, 1.2)
So(1.1, ShouldNotBeBetween, 2, 3)
```

```
So(1.1, ShouldBeBetweenOrEqual, .9, 1.1)
So(1.1, ShouldNotBeBetweenOrEqual, 1000, 2000)
So(1.0, ShouldAlmostEqual, 0.99999999, .0001)     // 最后的公差参数是可选的，默认为
                                                   // 0.0000000001
So(1.0, ShouldNotAlmostEqual, 0.9, .0001)
```

3. 包含类

```
So([]int{2, 4, 6}, ShouldContain, 4)
So([]int{2, 4, 6}, ShouldNotContain, 5)
So(4, ShouldBeIn, ...[]int{2, 4, 6})
So(4, ShouldNotBeIn, ...[]int{1, 3, 5})
So([]int{}, ShouldBeEmpty)
So([]int{1}, ShouldNotBeEmpty)
So(map[string]string{"a": "b"}, ShouldContainKey, "a")
So(map[string]string{"a": "b"}, ShouldNotContainKey, "b")
So(map[string]string{"a": "b"}, ShouldNotBeEmpty)
So(map[string]string{}, ShouldBeEmpty)
So(map[string]string{"a": "b"}, ShouldHaveLength, 1) // 支持map、slice、chan 和
                                                     // string 类型
```

4. 字符串类

```
So("asdf", ShouldStartWith, "as")
So("asdf", ShouldNotStartWith, "df")
So("asdf", ShouldEndWith, "df")
So("asdf", ShouldNotEndWith, "df")
So("asdf", ShouldContainSubstring, "sd")     // 支持传入可选的"预期次数"参数
So("asdf", ShouldNotContainSubstring, "er")
So("adsf", ShouldBeBlank)
So("asdf", ShouldNotBeBlank)
```

5. panic 类

```
So(func(), ShouldPanic)
So(func(), ShouldNotPanic)
So(func(), ShouldPanicWith, "")      // 或者是errors.New("something")
So(func(), ShouldNotPanicWith, "")   // 或者是errors.New("something")
```

6. 类型检查类

```
So(1, ShouldHaveSameTypeAs, 0)
So(1, ShouldNotHaveSameTypeAs, "asdf")
```

7. 时间和时间间隔类

```
So(time.Now(), ShouldHappenBefore, time.Now())
So(time.Now(), ShouldHappenOnOrBefore, time.Now())
So(time.Now(), ShouldHappenAfter, time.Now())
So(time.Now(), ShouldHappenOnOrAfter, time.Now())
```

```
So(time.Now(), ShouldHappenBetween, time.Now(), time.Now())
So(time.Now(), ShouldHappenOnOrBetween, time.Now(), time.Now())
So(time.Now(), ShouldNotHappenOnOrBetween, time.Now(), time.Now())
So(time.Now(), ShouldHappenWithin, duration, time.Now())
So(time.Now(), ShouldNotHappenWithin, duration, time.Now())
```

8. 自定义断言方法

如果上面列出来的断言方法都不能满足你的需要，那么你还可以按照下面的格式自定义一个断言方法。

注意： <>中的内容需要根据实际需求进行替换。

```
func should<do-something>(actual interface{}, expected ...interface{}) string {
    if <some-important-condition-is-met(actual, expected)> {
        return ""    // 返回空字符串表示断言通过
    }
    return "<一些描述性消息详细说明断言失败的原因...>"
}
```

WebUI

GoConvey 提供全自动的 WebUI，只需要在项目目录下执行以下命令。

```
goconvey
```

默认会在本机的 8080 端口提供 WebUI 界面，十分清晰地展现当前项目的单元测试数据，如图 11-5 所示。

图 11-5

11.10　编写可测试的代码

编写可测试的代码可能比编写单元测试本身更加重要，可测试的代码指可以很容易写出单元测试的代码。编写单元测试的过程也是一个不断思考的过程，思考我们的代码是否正确地被设计和实现。

接下来，我们通过几个简单示例来介绍如何编写可测试的代码。

剔除干扰因素

假设有一个根据时间判断报警信息发送速率的模块，在白天允许发送大量报警信息，在夜晚则减小发送速率，在凌晨不允许发送报警信息。

```
// judgeRate 报警速率决策函数
func judgeRate() int {
    now := time.Now()
    switch hour := now.Hour(); {
    case hour >= 8 && hour < 20:
        return 10
    case hour >= 20 && hour <= 23:
        return 1
    }
    return -1
}
```

这个函数内部使用了 time.Now() 来获取系统的当前时间作为判断的依据，看起来很合理。

但是这个函数隐式包含了一个不确定因素——时间。在不同的时刻调用这个函数可能得到不一样的结果。想象一下，我们该如何为这个函数编写单元测试呢？

如果不修改系统时间，就无法为这个函数编写单元测试，这个函数成了"不可测试的代码"。我们当然可以使用打桩工具对 time.Now() 进行打桩，但那不是重点。

接下来该如何改造它？

通过为函数传参数的方式传入需要判断的时刻，具体实现如下。

```
// judgeRateByTime 报警速率决策函数
func judgeRateByTime(now time.Time) int {
    switch hour := now.Hour(); {
    case hour >= 8 && hour < 20:
        return 10
    case hour >= 20 && hour <= 23:
        return 1
    }
    return -1
}
```

这样不仅解决了函数与系统时间的紧耦合问题，还扩展了函数的功能。现在我们可以根据需要获取任意时刻的速率值，为改造后的 judgeRateByTime 函数编写单元测试也更方便了。

```go
func Test_judgeRateByTime(t *testing.T) {
    tests := []struct {
        name string
        arg  time.Time
        want int
    }{
        {
            name: "工作时间",
            arg:  time.Date(2022, 2, 18, 11, 22, 33, 0, time.UTC),
            want: 10,
        },
        {
            name: "晚上",
            arg:  time.Date(2022, 2, 18, 22, 22, 33, 0, time.UTC),
            want: 1,
        },
        {
            name: "凌晨",
            arg:  time.Date(2022, 2, 18, 2, 22, 33, 0, time.UTC),
            want: -1,
        },
    }
    for _, tt := range tests {
        t.Run(tt.name, func(t *testing.T) {
            if got := judgeRateByTime(tt.arg); got != tt.want {
                t.Errorf("judgeRateByTime() = %v, want %v", got, tt.want)
            }
        })
    }
}
```

通过接口抽象解耦

假设我们实现了一个获取店铺客单价的需求，它实现的功能如下。

```go
// GetAveragePricePerStore 每家店的人均价
func GetAveragePricePerStore(storeName string) (int64, error) {
    res, err := http.Get("https://liwenzhou.com/api/orders?storeName=" + storeName)
    if err != nil {
        return 0, err
    }
    defer res.Body.Close()
    var orders []Order
    if err := json.NewDecoder(res.Body).Decode(&orders); err != nil {
```

```
        return 0, err
    }
    if len(orders) == 0 {
        return 0, nil
    }
    var (
        p int64
        n int64
    )
    for _, order := range orders {
        p += order.Price
        n += order.Num
    }
    return p / n, nil
}
```

我们已经知道如何为上面的代码编写单元测试，但是如何避免每次单元测试时都发起真实的 HTTP 请求呢？当我们改变了获取数据的方式（直接读取缓存或改为 RPC 调用）时，这个函数该怎么么兼容呢？

我们通过将函数中获取数据的部分抽象为接口类型来优化程序，使其支持模块化的数据源配置。

```
// OrderInfoGetter 订单信息提供者
type OrderInfoGetter interface {
    GetOrders(string) ([]Order, error)
}
```

定义一个 API 类型，它拥有一个通过 HTTP 请求获取订单数据的 GetOrders 方法，正好实现 OrderInfoGetter 接口。

```
// HttpApi HTTP API 类型
type HttpApi struct{}
// GetOrders 通过 HTTP 请求获取订单数据的方法
func (a HttpApi) GetOrders(storeName string) ([]Order, error) {
    res, err := http.Get("https://liwenzhou.com/api/orders?storeName=" +
storeName)
    if err != nil {
        return nil, err
    }
    defer res.Body.Close()

    var orders []Order
    if err := json.NewDecoder(res.Body).Decode(&orders); err != nil {
        return nil, err
    }
    return orders, nil
}
```

将原来的 GetAveragePricePerStore 函数修改为以下实现。

```
// GetAveragePricePerStore 每家店的人均消费
func GetAveragePricePerStore(getter OrderInfoGetter, storeName string) (int64,
error) {
    orders, err := getter.GetOrders(storeName)
    if err != nil {
        return 0, err
    }
    if len(orders) == 0 {
        return 0, nil
    }
    var (
        p int64
        n int64
    )
    for _, order := range orders {
        p += order.Price
        n += order.Num
    }
    return p / n, nil
}
```

经过这番改动后，就能很容易地写出单元测试代码。例如，对于不方便直接请求的 HTTP API，可以进行 mock 测试。

```
// mock 一个mock类型
type Mock struct{}

// GetOrders mock获取订单数据的方法
func (m Mock) GetOrders(string) ([]Order, error) {
    return []Order{
        {
            Price: 20300,
            Num:   2,
        },
        {
            Price: 642,
            Num:   5,
        },
    }, nil
}
func TestGetAveragePricePerStore(t *testing.T) {
    type args struct {
        getter   OrderInfoGetter
        storeName string
    }
```

```
    tests := []struct {
        name    string
        args    args
        want    .int64
        wantErr bool
    }{
        {
            name: "mock test",
            args: args{
                getter:    Mock{},
                storeName: "mock",
            },
            want:    12062,
            wantErr: false,
        },
    }
    for _, tt := range tests {
        t.Run(tt.name, func(t *testing.T) {
            got, err := GetAveragePricePerStore(tt.args.getter, tt.args.storeName)
            if (err != nil) != tt.wantErr {
                t.Errorf("GetAveragePricePerStore() error = %v, wantErr %v", err,
tt.wantErr)
                return
            }
            if got != tt.want {
                t.Errorf("GetAveragePricePerStore() got = %v, want %v", got, tt.want)
            }
        })
    }
}
```

依赖注入代替隐式依赖

我们经常看到类似下面的代码,在应用程序中使用全局变量的方式引入日志库或数据库连接实例等。

```
package main
import (
    "github.com/sirupsen/logrus"
)
var log = logrus.New()
type App struct{}
func (a *App) Start() {
    log.Info("app start ...")
}
func (a *app) Start() {
    a.Logger.Info("app start ...")
```

```
    ...
}
func main() {
    app := &App{}
    app.Start()
}
```

在上面的代码中，App 通过引用全局变量的方式将依赖项硬编码到代码中，在这种情况下，我们如何 mock log 变量呢？

这样的代码还存在一个更严重的问题——它与具体的日志库程序强耦合，当我们因为某些原因需要更换另一个日志库时，该如何修改代码呢？

我们应该将依赖项解耦出来，并且将依赖注入 App 实例，而不是在其内部隐式调用全局变量。

```
type App struct {
    Logger
}
func (a *App) Start() {
    a.Logger.Info("app start ...")
    ...
}
// NewApp 构造函数，将依赖项注入
func NewApp(lg Logger) *App {
    return &App{
        Logger: lg, // 使用传入的依赖项完成初始化
    }
}
```

上面的代码很容易 mock log 实例，完成单元测试。

依赖注入指在创建组件（Go 语言的 struct）时接收它的依赖项，而不是在它的初始化代码中直接引用外部依赖项或自行创建依赖项。

```
// Config 配置项结构体
type Config struct {
    ...
}
// LoadConfFromFile 从配置文件中加载配置
func LoadConfFromFile(filename string) *Config {
    return &Config{}
}
// Server server 程序
type Server struct {
    Config *Config
}
// NewServer Server 构造函数
func NewServer() *Server {
```

```
    return &Server{
    // 隐式创建依赖项
        Config: LoadConfFromFile("./config.toml"),
    }
}
```

上面的代码在构造函数中隐式创建依赖项，这样的代码强耦合、不易扩展，也不容易编写单元测试。我们完全可以使用依赖注入的方式，将构造函数中的依赖作为参数传递给构造函数。

```
// NewServer Server 构造函数
func NewServer(conf *Config) *Server {
    return &Server{
        // 隐式创建依赖项
        Config: conf,
    }
}
```

不要隐式引用外部依赖（全局变量、隐式输入等），而是通过依赖注入的方式引入依赖。经过这样的修改，构造函数 NewServer 的依赖项会很清晰，同时方便我们编写 mock 测试代码。

使用依赖注入的方式能够让代码看起来更清晰，但是过多的构造函数也会让主函数的代码迅速膨胀，好在 Go 语言提供了一些依赖注入工具（例如 wire），可以帮助我们更好地管理依赖注入的代码。

SOLID 原则

最后补充一个程序设计的 SOLID 原则。在设计程序时践行表 11-2 中的原则有助于写出可测试的代码。

表 11-2

全　　称	首字母	含　义	概　　念
Single-responsiblity Principle	S	单一职责原则	每类都应该只有一个职责
Open-closed Principle	O	开闭原则	一个软件实体，如类、模块和函数应该对扩展开放，对修改关闭
Liskov Substitution Principle	L	里式替换原则	程序中的对象应该可以在不改变程序正确性的前提下被它的子类替换
Interface Segregation Principle	I	接口隔离原则	许多针对客户端的接口优于一个通用接口
Dependency Inversion Principle	D	依赖反转原则	应该依赖抽象，而不是某个具体示例

练习题

编写一个回文[1]检测函数，并为其编写单元测试和基准测试，根据测试的结果逐步对其进行优化。

参考答案见本书 GitHub 代码仓库 Q1mi/the-road-to-learn-golang。

---

[1]　回文：正序和逆序一样的字符串，如"Madam,I'mAdam""油灯少灯油"等。

第 12 章

常用标准库

本章学习目标

- 掌握常用标准库的使用方法。
- 了解部分标准库的实现细节。

标准库是编程语言十分重要的组成部分，使用标准库可以让我们"站在那些伟大开发者的肩膀上"。

12.1　fmt 包

fmt 包实现了类似 C 语言 printf 和 scanf 的格式化 I/O。主要包括向外输出内容和获取输入内容两大部分。

12.1.1　向外输出内容

标准库 fmt 提供了以下几种与输出相关的函数。

Print 系列函数

Print 系列函数会将内容输出到系统的标准输出，区别在于 Print 函数直接输出内容，Printf 函数支持格式化输出字符串，Println 函数会在输出内容的结尾添加一个换行符。

```
func Print(a ...interface{}) (n int, err error)
func Printf(format string, a ...interface{}) (n int, err error)
func Println(a ...interface{}) (n int, err error)
```

Print 系列函数的示例代码如下。

```
package main
import "fmt"
func printDemo() {
    fmt.Print("在终端打印该信息（不换行）")
    name := "七米"
    fmt.Printf("我是: %s\n", name)
    fmt.Println("在终端打印该信息（换行）")
}
func main() {
    printDemo()
}
```

执行上面的代码输出：

```
在终端打印该信息（不换行）我是: 七米
在终端打印该信息（换行）
```

Fprint 系列函数

Fprint 系列函数会将内容输出到一个 io.Writer 接口类型的变量 w 中，函数的签名如下。

```
func Fprint(w io.Writer, a ...interface{}) (n int, err error)
func Fprintf(w io.Writer, format string, a ...interface{}) (n int, err error)
func Fprintln(w io.Writer, a ...interface{}) (n int, err error)
```

下面的示例代码使用 fmt.Fprintln 将内容写入标准输出（os.Stdout）。

```
// fprintlnDemo 将指定字符串写入系统的标准输出（os.Stdout）
func fprintlnDemo() {
    str := "跟七米学习 Go 语言"
    // 向标准输出写入内容
    fmt.Fprintln(os.Stdout, str)
}
```

将上面的代码编译后执行，会在终端看到如下输出。

```
跟七米学习 Go 语言
```

下面的示例代码使用 fmt.Fprintf 将格式化后的完整内容写入打开的文件。

```
// fprintfDemo 将格式化后的字符串写入 xx.txt 文件
func fprintfDemo() {
    name := "七米"
    fileObj, _ := os.OpenFile("./xx.txt", os.O_CREATE|os.O_WRONLY|os.O_APPEND,
0644)
    // 向打开的文件中写入格式化的字符串内容
    fmt.Fprintf(fileObj, "跟%s 学习 Go 语言", name)
}
```

将上面的代码编译后执行，会在当前目录下创建一个名为 xx.txt 的文件，它的内容如下。

```
> cat xx.txt
跟七米学习 Go 语言
```

不仅仅是标准输出和文件，只要满足 io.Writer 接口的类型（例如网络 I/O 等）都支持写入。

Sprint 系列函数

Sprint 系列函数会把传入的数据生成并返回一个字符串，具体函数签名如下。

```
func Sprint(a ...interface{}) string
func Sprintf(format string, a ...interface{}) string
func Sprintln(a ...interface{}) string
```

fmt.Sprint 函数的示例代码如下。

```
// sprintDemo 字符串生成示例
func sprintDemo() {
    name := "七米"
    age := 18
    s := fmt.Sprintf("name:%s,age:%d", name, age)
    fmt.Println(s)
}
```

执行后的输出结果如下。

```
name:七米,age:18
```

Errorf 函数

Errorf 函数根据格式化参数 format 生成字符串，并返回一个包含该字符串的 error。

```
func Errorf(format string, a ...interface{}) error
```

我们通常使用这种方式来自定义 error，例如：

```
err := fmt.Errorf("无效的 id")
```

Go 1.13 版本为 fmt.Errorf 函数新加了一个%w 格式化动词，用来生成一个可以包含指定 error 的新 error。

```
// errorDemo fmt.Errorf 搭配 %w 示例
func errorDemo() {
    e := errors.New("连接失败")              // 原始错误
    err := fmt.Errorf("查询失败,err:%w", e) // 生成一个包含原始 error 的新 error
    fmt.Println(err)
}
```

12.1.2　格式化占位符

fmt.*printf 系列函数都支持 format 格式化参数，这里按照占位符将被替换的变量类型划分，方便查询和记忆。

通用占位符

通用占位符及其说明如表 12-1 所示。

表 12-1

占 位 符	说　　明
%v	值的默认格式表示
%+v	类似%v，但输出结构体时会添加字段名
%#v	值的 Go 语法表示
%T	打印值的类型
%%	百分号

通用占位符的示例代码如下。

```
// formatDemo 格式化的通用占位符
func formatDemo() {
    fmt.Printf("%v\n", 100)   // 整型
    fmt.Printf("%v\n", false) // 布尔型
    o := struct {             // 结构体类型
        name string
    }{"七米"}
    fmt.Printf("%v\n", o)
    fmt.Printf("%#v\n", o)
    fmt.Printf("%T\n", o)
    fmt.Printf("100%%\n") // 转义%
}
```

输出结果如下。

```
100
false
{七米}
struct { name string }{name:"七米"}
struct { name string }
100%
```

布尔型

布尔型占位符主要指%t，表示 true 或 false。

整型

整型占位符及其说明如表 12-2 所示。

表 12-2

占 位 符	说　　明
%b	表示为二进制数
%c	该值对应的 unicode 码值
%d	表示为十进制数
%o	表示为八进制数
%x	表示为十六进制数，使用 a~f
%X	表示为十六进制数，使用 A~F
%U	表示为 Unicode 格式：U+1234，等价于"U+%04X"
%q	该值对应单引号括起来的 Go 语法字符字面值，必要时会采用安全的转义表示

示例代码如下。

```
n := 65
fmt.Printf("%b\n", n)
fmt.Printf("%c\n", n)
fmt.Printf("%d\n", n)
fmt.Printf("%o\n", n)
fmt.Printf("%x\n", n)
fmt.Printf("%X\n", n)
```

输出结果如下。

```
1000001
A
65
101
41
41
```

浮点数与复数

浮点数与复数占位符及其说明如表 12-3 所示。

表 12-3

占 位 符	说　　明
%b	无小数部分、二进制指数的科学计数法，如-123456p-78
%e	科学计数法，如-1234.456e+78
%E	科学计数法，如-1234.456E+78
%f	有小数部分但无指数部分，如 123.456
%F	等价于%f
%g	根据实际情况采用%e 或%f 格式（以获得更简捷、准确的输出）
%G	根据实际情况采用%E 或%F 格式（以获得更简捷、准确的输出）

示例代码如下。

```
f := 12.34
fmt.Printf("%b\n", f)
fmt.Printf("%e\n", f)
fmt.Printf("%E\n", f)
fmt.Printf("%f\n", f)
fmt.Printf("%g\n", f)
fmt.Printf("%G\n", f)
```

输出结果如下。

```
6946802425218990p-49
1.234000e+01
1.234000E+01
12.340000
12.34
12.34
```

字符串和[]byte

字符串和[]byte 占位符及其说明如表 12-4 所示。

表 12-4

占 位 符	说　　明
%s	直接输出字符串或者[]byte
%q	该值对应双引号括起来的 Go 语法字符串字面值，必要时会采用安全的转义表示
%x	每字节用两字符十六进制数表示（使用 a~f）
%X	每字节用两字符十六进制数表示（使用 A~F）

示例代码如下。

```
s := "小王子"
fmt.Printf("%s\n", s)
fmt.Printf("%q\n", s)
fmt.Printf("%x\n", s)
fmt.Printf("%X\n", s)
```

输出结果如下。

```
小王子
"小王子"
e5b08fe78e8be5ad90
E5B08FE78E8BE5AD90
```

指针

指针占位符主要指%p，代表表示为十六进制，并加上前导的 0x。

示例代码如下。

```
a := 10
fmt.Printf("%p\n", &a)
fmt.Printf("%#p\n", &a)
```

输出结果如下。

```
0xc000094000
c000094000
```

宽度标识符

宽度通过一个紧跟在百分号（%）后面的十进制数指定，宽度是可选的，如果未指定，则在表示值时非必要不填充。精度通过点号（.）后面的十进制数指定，如果未指定，则使用默认精度；如果点号（.）后没有跟数字，则表示精度为 0。其占位符及说明如表 12-5 所示。

表 12-5

占 位 符	说　　明
%f	默认宽度，默认精度
%9f	宽度为 9，默认精度
%.2f	默认宽度，精度为 2
%9.2f	宽度为 9，精度为 2
%9.f	宽度为 9，精度为 0

示例代码如下。

```
n := 12.34
fmt.Printf("%f\n", n)
fmt.Printf("%9f\n", n)
fmt.Printf("%.2f\n", n)
fmt.Printf("%9.2f\n", n)
fmt.Printf("%9.f\n", n)
```

输出结果如下。

```
12.340000
12.340000
12.34
    12.34
       12
```

其他 flag

其他 flag 的占位符及说明如表 12-6 所示。

表 12-6

占 位 符	说　　　明
'+'	总是输出数值的正负号；对%q（%+q）会生成全部是 ASCII 字符的输出（通过转义）
' '	对于数值，在正数前加空格、在负数前加负号；对于字符串，在采用%x 或%X 时会在输出的各字节之间加空格
'-'	在输出右边而不是左边填充空白（即从默认的右对齐切换为左对齐）
'#'	八进制数前加 0（%#o），十六进制数前加 0x（%#x）或 0X（%#X），指针类型去掉前面的 0x（%#p）对%q（%#q）、%U（%#U）会输出空格和单引号括起来的 Go 字面值
'0'	使用 0 而不是空格填充，对于数值类型，会把填充的 0 放在正负号后面

上述占位符的示例代码如下。

```go
func formatDemo2() {
    s := "Go"
    fmt.Printf("%s\n", s)
    fmt.Printf("%5s\n", s)
    fmt.Printf("%-5s\n", s)
    fmt.Printf("%5.7s\n", s)
    fmt.Printf("%-5.7s\n", s)
    fmt.Printf("%5.2s\n", s)
    fmt.Printf("%05s\n", s)
    // 数字类型
    i := -10
    fmt.Printf("%d\n", i)
    fmt.Printf(" %d\n", i)
    fmt.Printf("%5d\n", i)
    fmt.Printf("%-5d\n", i)
    fmt.Printf("%05d\n", i)
    f := 12.34
    fmt.Printf("%f\n", f)
    fmt.Printf(" %f\n", f)
    fmt.Printf("%f\n", f)
    fmt.Printf("%-f\n", f)
}
```

输出结果如下。

```
Go
   Go
Go
   Go
Go
   Go
000Go
-10
 -10
```

```
-10
-10
-0010
12.340000
 12.340000
12.340000
12.340000
```

12.1.3　获取输入内容

Go 语言 fmt 包下有 fmt.Scan、fmt.Scanf、fmt.Scanln 三个函数，可以在程序运行过程中从标准输入获取用户的输入。

fmt.Scan 函数

函数的签名如下。

```
func Scan(a ...interface{}) (n int, err error)
```

- Scan 从标准输入扫描文本，读取由空格分隔的值保存到传递给本函数的参数中，换行符视为空格。
- 本函数返回成功扫描的数据数量和遇到的错误，如果读取的数据数量比提供的参数少，则返回一个错误报告原因。

具体代码示例如下。

```
package main
import "fmt"
// scanDemo 获取输入
func scanDemo() {
    // 定义三个变量
    var (
        job  string
        num  int
        skip bool
    )
    fmt.Scan(&job, &num, &skip) // 获取输入，输入的内容按空格分隔
    fmt.Printf("获取的输入内容 job:%s num:%d skip:%t \n", job, num, skip)
}
func main(){
  scanDemo()
}
```

编译上面的代码。

```
> go build -o scan_demo
```

执行得到的可执行程序,并在终端依次输入内容,使用空格分隔,最后输入回车确定。

```
> ./scan_demo
ping 10 true
获取的输入内容 job:ping num:10 skip:true
```

fmt.Scan 从标准输入中扫描用户输入的数据,将以空格分隔的数据分别赋值给对应的变量。

fmt.Scanf 函数

函数签名如下。

```
func Scanf(format string, a ...interface{}) (n int, err error)
```

- Scanf 从标准输入扫描文本,根据 format 参数指定的格式读取由空格分隔的值,保存到传递给本函数的参数中。
- 本函数返回成功扫描的数据数量和遇到的错误。

代码示例如下。

```
package main
import "fmt"
// scanfDemo 使用 fmt.Scanf 获取输入
func scanfDemo() {
    var (
        job  string
        num  int
        skip bool
    )
    fmt.Scanf("1:%s 2:%d 3:%t", &job, &num, &skip)
    fmt.Printf("获取的输入内容 name:%s num:%d skip:%t \n", job, num, skip)
}

func main(){
  scanfDemo()
}
```

将上面的代码编译成可执行文件 scanf_demo。

```
> go build -o scanf_demo
```

在终端执行,按照指定的格式依次输入 1:ping 2:10 3:true(注意英文冒号和空格),输入回车后会看到如下输出内容。

```
> ./scanf_demo
1:ping 2:10 3:true
获取的输入内容 name:ping num:10 skip:true
```

不同于 fmt.Scan 以空格作为输入数据的分隔符，fmt.Scanf 为数据指定了具体的输入格式，只有按照格式输入的数据才会被扫描并赋值给对应变量，否则所有变量均是默认值。

fmt.Scanln 函数

函数签名如下。

```
func Scanln(a ...interface{}) (n int, err error)
```

- Scanln 类似 Scan，在遇到换行时才停止扫描。最后一个数据后面必须有换行或者到达结束位置。
- 本函数返回成功扫描的数据数量和遇到的错误。

具体示例代码如下。

```
package main
import "fmt"
// scanlnDemo 使用 fmt.Scanln 获取输入
func scanlnDemo() {
    var (
        job  string
        num  int
        skip bool
    )
    fmt.Scanln(&job, &num, &skip)
    fmt.Printf("获取的输入内容 job:%s num:%d skip:%t \n", job, num, skip)
}
func main(){
  scanlnDemo()
}
```

将上面的代码编译得到可执行文件 scanln_demo，在终端执行并依次输入 ping 10 true，使用空格分隔，最后输入回车。

```
> ./scanln_demo
ping 10 true
获取的输入内容 job:ping num:10 skip:true
```

fmt.Scanln 函数遇到回车就结束扫描。

bufio 包

在某些场景中，输入的内容可能包含空格，想要完整获取输入的内容不能使用 Scan 系列函数，这时可以使用 bufio 包。相关示例代码如下。

```
// bufioDemo 使用 bufio 获取用户输入
func bufioDemo() {
    reader := bufio.NewReader(os.Stdin) // 从标准输入生成读对象
```

```
    fmt.Print("请输入内容：")
    text, _ := reader.ReadString('\n') // 读取内容，直到遇到换行符
    text = strings.TrimSpace(text)     // 去除首尾多余空格
    fmt.Printf("获取的输入内容：%#v\n", text)
}
```

将上述代码编译后执行就可以获取带空格的内容了。

```
> ./bufio_demo
请输入内容：Go Go Go
获取的输入内容："Go Go Go"
```

Fscan 系列函数

下面几个函数的功能分别类似于 fmt.Scan、fmt.Scanf、fmt.Scanln 函数，只不过它们不是从标准输入中读取数据，而是从 io.Reader 中读取数据。具体函数签名如下。

```
func Fscan(r io.Reader, a ...interface{}) (n int, err error)
func Fscanln(r io.Reader, a ...interface{}) (n int, err error)
func Fscanf(r io.Reader, format string, a ...interface{}) (n int, err error)
```

Sscan 系列函数

下面几个函数的功能分别类似于 fmt.Scan、fmt.Scanf、fmt.Scanln 函数，只不过它们不是从标准输入中读取数据，而是从指定字符串中读取数据。具体函数签名如下。

```
func Sscan(str string, a ...interface{}) (n int, err error)
func Sscanln(str string, a ...interface{}) (n int, err error)
func Sscanf(str string, format string, a ...interface{}) (n int, err error)
```

12.1.4 获取命令行参数

os.Args

如果你只是想获取命令行参数，那么可以使用 os.Args，示例代码如下。

```
package main
import (
    "fmt"
    "os"
)
//os.Args demo
func main() {
    //os.Args 是一个[]string
    if len(os.Args) > 0 {
        for index, arg := range os.Args {
            fmt.Printf("args[%d]=%v\n", index, arg)
        }
    }
}
```

```
}
```

将上面的代码执行 go build -o "args_demo"编译之后，执行：

```
> ./args_demo a b c d
args[0]=./args_demo
args[1]=a
args[2]=b
args[3]=c
args[4]=d
```

os.Args 是一个存储命令行参数的字符串切片，它的第一个元素是执行文件的名称。

12.2　flag 包

Go 语言内置的 flag 包实现了命令行参数的解析，同时会提供默认参数和帮助信息等实用功能，flag 包使得开发命令行工具更为简单。

通过以下命令导入 flag 包。

```
import flag
```

flag 包支持的命令行参数类型有 bool、int、int64、uint、uint64、float、float64、string、duration。不同类型参数支持的实际有效值如表 12-7 所示。

表 12-7

flag 参数	有　效　值
字符串 flag	合法字符串
整数 flag	1234、0664、0x1234 等类型，也可以是负数
浮点数 flag	合法浮点数
bool 类型 flag	1、0、t、f、T、F、true、false、TRUE、FALSE、True、False
时间段 flag	任何合法的时间段字符串，如 300ms、-1.5h、2h45m 合法的单位有 ns、us /μs、ms、s、m、h

定义命令行参数

现在假设我们需要编写一个程序执行指定的任务，执行程序的时候通过命令行指定运行时所需的参数。借助内置的 flag 包，有以下两种常用的定义命令行 flag 参数的方法。

1. flag.TypeVar

```
flag.Type(flag 名, 默认值, 帮助信息)*Type
```

我们可以按如下方式定义所需的参数变量。

```
// 定义命令行 flag 参数方式 1
job := flag.String("job", "work", "任务名称")
num := flag.Int("num", 10, "次数")
skip := flag.Bool("skip", false, "是否跳过失败任务")
delay := flag.Duration("d", 0, "任务间隔时间")
```

需要注意的是，此时 job、num、skip、delay 均为指针类型。

2. flag.TypeVar

```
flag.TypeVar(Type 指针, flag 名, 默认值, 帮助信息)
```

例如，要定义姓名、年龄、婚姻状况 3 个命令行参数，可以采用如下方式。

```
// 定义命令行参数方式 2
var (
    job   string
    num   int
    skip  bool
    delay time.Duration
)
flag.StringVar(&job, "job", "work", "任务名称")
flag.IntVar(&num, "num", 10, "次数")
flag.BoolVar(&skip, "skip", false, "是否跳过失败任务")
flag.DurationVar(&delay, "d", 0, "任务间隔时间")
```

解析命令行参数

通过以上两种方法定义好命令行 flag 参数后，需要调用 flag.Parse 对命令行参数进行解析。

命令行参数格式

支持的命令行参数格式有以下几种。

- -flag xxx：使用空格，一个-符号。
- --flag xxx：使用空格，两个-符号。
- -flag=xxx ：使用等号，一个-符号。
- --flag=xxx：使用等号，两个-符号。

其中，必须使用等号的方式指定布尔类型的参数。

flag 包解析参数时会在第一个非 flag 参数（单个 "-" 不是 flag 参数）之前停止，或者在终止符 "-" 之后停止。

其他函数

flag 包中还有以下函数，用来获取命令行参数的其他信息。

```
flag.Args()  // 以[]string 类型返回命令行参数后的其他参数
flag.NArg()  // 返回命令行参数后的其他参数数量
flag.NFlag() // 返回使用的命令行参数数量
```

flag 包完整示例

下面的代码演示了一个使用 flag 包从命令行获取参数（字符串、整型、布尔型以及时间间隔类型）的完整案例。

```
package main
import (
    "flag"
    "fmt"
    "time"
)
func main() {
    // 定义命令行参数方式2
    var (
        job   string
        num   int
        skip  bool
        delay time.Duration
    )
    flag.StringVar(&job, "job", "work", "任务名称")
    flag.IntVar(&num, "num", 10, "次数")
    flag.BoolVar(&skip, "skip", false, "是否跳过失败任务")
    flag.DurationVar(&delay, "d", 0, "任务间隔时间")
    // 解析命令行参数
    flag.Parse()
    fmt.Println(job, num, skip, delay)
    // 返回命令行参数后的其他参数
    fmt.Println(flag.Args())
    // 返回命令行参数后的其他参数数量
    fmt.Println(flag.NArg())
    // 返回使用的命令行参数数量
    fmt.Println(flag.NFlag())
}
```

将上面的代码编译得到可执行文件 flag_demo。

```
go build -o flag_demo
```

在终端执行以下命令查看有关命令行参数的提示信息。

```
> ./flag_demo -help
Usage of ./flag_demo:
  -d duration
        任务间隔时间
  -job string
```

```
        任务名称 (default "work")
  -num int
        次数 (default 10)
  -skip
        是否跳过失败任务
```

下面的代码演示了如何在执行程序时添加命令行参数。

> **注意**：这里只是出于演示的需要才使用了多个命令行参数的格式，在正常情况下应该尽量使用统一风格的命令行参数。

```
> ./flag_demo -job search --num 10 -skip=true -d=1m
search 10 true 1m0s
[]
0
4
```

除了使用定义好的 flag 参数，在执行程序时也可以使用其他命令行参数，这些参数可以通过 flag.Args()获取。

```
> ./flag_demo test 10
work 10 false 0s
[test 10]
2
0
```

除了内置的 flag 库，Go 语言社区还有很多丰富的命令行参数工具，读者可以根据自己的需求自由选择。

12.3 time 包

时间和日期是编程中经常用到的，本文主要介绍了 Go 语言内置的 time 包的基本用法。time 包提供了时间显示和测量函数，采用公历计算日历，不考虑润秒。

时间类型

Go 语言中使用 time.Time 类型表示时间。我们可以通过 time.Now 函数获取当前的时间对象，然后从时间对象中获取年、月、日、时、分、秒等信息。

```
// timeDemo 时间对象的年、月、日、时、分、秒
func timeDemo() {
    now := time.Now() // 获取当前时间
    fmt.Printf("current time:%v\n", now)

    year := now.Year()     // 年
```

```
    month := now.Month()   // 月
    day := now.Day()       // 日
    hour := now.Hour()     // 小时
    minute := now.Minute() // 分钟
    second := now.Second() // 秒
    fmt.Println(year, month, day, hour, minute, second)
}
```

location 和 time zone

Go 语言使用 location 映射具体的时区。

下面的示例代码中使用 beijing 表示东八区 8 小时的偏移量，其中 time.FixedZone 和 time.LoadLocation 这两个函数用来获取 location 信息。

```
// timezoneDemo 时区示例
func timezoneDemo() {
    // 中国没有夏令时，使用固定的 8 小时的 UTC 时差
    // 对于很多国家需要考虑夏令时
    secondsEastOfUTC := int((8 * time.Hour).Seconds())
    // FixedZone 返回始终使用给定区域名称和偏移量（UTC 以东，秒）的 Location。
    beijing := time.FixedZone("Beijing Time", secondsEastOfUTC)

    // 如果当前系统有时区数据库，则可以使用 LoadLocation 加载一个位置得到对应的时区
    // 例如，加载纽约所在的时区
    newYork, err := time.LoadLocation("America/New_York") // UTC-05:00
    if err != nil {
        fmt.Println("load America/New_York location failed", err)
        return
    }

    // 加载上海所在的时区（ UTC+08:00）
    //写为 shanghai, err := time.LoadLocation("Asia/Shanghai")
    // 加载东京所在的时区（ UTC+09:00）
    //写为 tokyo, err := time.LoadLocation("Asia/Tokyo")

    // 创建时间对象需要指定位置，常用的位置是 time.Local（当地时间）和 time.UTC（UTC 时间）
    timeInLocal := time.Date(2009, 1, 1, 20, 0, 0, 0, time.Local) // 系统本地时间
    timeInUTC := time.Date(2009, 1, 1, 12, 0, 0, 0, time.UTC)
    sameTimeInBeijing := time.Date(2009, 1, 1, 20, 0, 0, 0, beijing)
    sameTimeInNewYork := time.Date(2009, 1, 1, 7, 0, 0, 0, newYork)

    // 我目前在北京，所以 timeInLocal 就是北京时间
    timesAreEqual := timeInLocal.Equal(sameTimeInBeijing)
    fmt.Println(timesAreEqual) // true

    // 北京时间（东八区）比 UTC 早 8 小时，所以上面两个时间看似差了 8 小时，但表示的是同一个时间
```

```
    timesAreEqual = timeInUTC.Equal(sameTimeInBeijing)
    fmt.Println(timesAreEqual) // true

    // 纽约（西五区）比 UTC 晚 5 小时，所以上面两个时间看似差了 5 小时，但表示的是同一个时间
    timesAreEqual = timeInUTC.Equal(sameTimeInNewYork)
    fmt.Println(timesAreEqual) // true
}
```

注意： 在使用时间对象时，一定要注意时区信息。

Unix Time

Unix Time 是自 1970 年 1 月 1 日 00:00:00 UTC 至当前时间经过的总秒数。下面的代码片段演示了如何基于时间对象获取 Unix Time。

```
// timestampDemo 时间戳
func timestampDemo() {
    now := time.Now()        // 获取当前时间
    timestamp := now.Unix()  // 秒级时间戳
    milli := now.UnixMilli() // 毫秒时间戳 Go 1.17 及以后
    micro := now.UnixMicro() // 微秒时间戳 Go 1.17 及以后
    nano := now.UnixNano()   // 纳秒时间戳
    fmt.Println(timestamp, milli, micro, nano)
}
```

time 包还提供了一系列将 int64 类型的时间戳转换为时间对象的方法。

```
// timestamp2Time 将时间戳转为时间对象
func timestamp2Time() {
    // 获取北京时间所在的时区为东八区
    secondsEastOfUTC := int((8 * time.Hour).Seconds())
    beijing := time.FixedZone("Beijing Time", secondsEastOfUTC)
    // 北京时间 2022-02-22 22:22:22.000000022 +0800 CST
    t := time.Date(2022, 02, 22, 22, 22, 22, 22, beijing)
    var (
        sec = t.Unix()
        msec = t.UnixMilli()
        usec = t.UnixMicro()
    )
    // 将秒级时间戳转为时间对象（第二个参数为不足 1s 的纳秒数）
    timeObj := time.Unix(sec, 22)
    fmt.Println(timeObj)          // 2022-02-22 22:22:22.000000022 +0800 CST
    timeObj = time.UnixMilli(msec) // 毫秒级时间戳转为时间对象
    fmt.Println(timeObj)          // 2022-02-22 22:22:22 +0800 CST
    timeObj = time.UnixMicro(usec) // 微秒级时间戳转为时间对象
    fmt.Println(timeObj)          // 2022-02-22 22:22:22 +0800 CST
}
```

时间间隔

time.Duration 是 time 包定义的一个类型，它代表两个时间点之间的间隔，以纳秒为单位，可表示的最长时间间隔大约为 290 年。

time 包中定义的时间间隔类型的常量如下。

```
const (
    Nanosecond  Duration = 1
    Microsecond          = 1000 * Nanosecond
    Millisecond          = 1000 * Microsecond
    Second               = 1000 * Millisecond
    Minute               = 60 * Second
    Hour                 = 60 * Minute
)
```

例如，time.Duration 表示 1 纳秒，time.Second 表示 1s。

时间操作

1. Add

Go 语言的时间对象提供 Add 方法如下。

```
func (t Time) Add(d Duration) Time
```

例如，求 1 小时之后的时间。

```
func main() {
    now := time.Now()
    later := now.Add(time.Hour) // 当前时间加 1 小时后的时间
    fmt.Println(later)
}
```

2. Sub

求两个时间之间的差值。

```
func (t Time) Sub(u Time) Duration
```

返回一个时间段 t-u。如果结果超出了 Duration 可以表示的最大值/最小值，则返回最大值/最小值。要获取时间点 t-d（d 为 Duration），可以使用 t.Add(-d)。

3. Equal

叛断两个时间是否相同。

```
func (t Time) Equal(u Time) bool
```

判断两个时间是否相同，考虑时区的影响，因此可以正确比较不同时区标准的时间。与 t==u 不同，Equal 方法还会比较地点和时区信息。

4. Before

判断两个时间的先后。

```
func (t Time) Before(u Time) bool
```

如果 t 代表的时间点在 u 之前，则返回真；否则返回假。

5. After

判断两个时间的先后。

```
func (t Time) After(u Time) bool
```

如果 t 代表的时间点在 u 之后，则返回真；否则返回假。

定时器

使用 time.Tick（时间间隔）来设置定时器，定时器的本质是通道（channel）。

```
func tickDemo() {
    ticker := time.Tick(time.Second) //定义一个间隔为 1s 的定时器
    for i := range ticker {
        fmt.Println(i)//每秒都会执行的任务
    }
}
```

时间格式化

time.Format 函数能够将一个时间对象格式化为指定布局的文本表示形式，需要注意的是，Go 语言时间格式化的布局不是常见的 Y-m-d H:M:S，而是 2006-01-02 15:04:05.000(记忆口诀为 2006 1 2 3[1] 4 5）。

其中，2006 表示年（Y）；01 表示月（m）；02 表示日（d）；15 表示时（H）；04 表示分（M）；05 表示秒（S）。

考虑到使用的便捷性，Go 1.20 中添加了一些常用的格式化布局常量，我们可以直接使用它们。

```
DateTime  = "2006-01-02 15:04:05"
DateOnly  = "2006-01-02"
TimeOnly  = "15:04:05"
```

另外，需要注意以下问题。

- 如果格式化为 12 小时格式，那么需在格式化布局中添加 PM。
- 小数部分如果想保留指定位数就写 0，如果想省略末尾可能的 0 就写 9。

1　此处的 3 表示 PM 3:00。

```go
// formatDemo 时间格式化
func formatDemo() {
    now := time.Now()
    // 格式化的模板为 2006-01-02 15:04:05
    fmt.Println(now.Format(time.DateTime)) // 使用 time 包提供的 DateTime 常量
    // 24 小时制
    fmt.Println(now.Format("2006-01-02 15:04:05.000 Mon Jan"))
    // 12 小时制
    fmt.Println(now.Format("2006-01-02 03:04:05.000 PM Mon Jan"))
    // 小数点后写 0，因为有 3 个 0，所以格式化输出的结果也保留 3 位小数
    fmt.Println(now.Format("2006/01/02 15:04:05.000")) // 输出: 2022/02/27
//00:10:42.960
    // 小数点后写 9，省略末尾可能出现的 0
    fmt.Println(now.Format("2006/01/02 15:04:05.999")) // 输出: 2022/02/27
//00:10:42.96
    // 只格式化时、分、秒部分
    fmt.Println(now.Format("15:04:05"))
    fmt.Println(now.Format(time.TimeOnly)) // 使用 time 包提供的 TimeOnly 常量
    // 只格式化日期部分
    fmt.Println(now.Format("2006-01-02"))
    fmt.Println(now.Format(time.DateOnly)) // 使用 time 包提供的 DateOnly 常量
}
```

解析字符串格式的时间

time 包提供了 time.Parse 和 time.ParseInLocation 两个函数，用于从文本的时间表示中解析出时间对象。

其中，time.Parse 在解析时不需要额外指定时区信息。

```go
// parseDemo 指定时区解析时间
func parseDemo() {
    // 在没有时区指示符的情况下，time.Parse 返回 UTC 时间
    timeObj, err := time.Parse("2006/01/02 15:04:05", "2022/10/05 11:25:20")
    if err != nil {
        fmt.Println(err)
        return
    }
    fmt.Println(timeObj) // 2022-10-05 11:25:20 +0000 UTC
    // 在有时区指示符的情况下，time.Parse 返回对应时区的时间表示
    // RFC3339 = "2006-01-02T15:04:05Z07:00"
    timeObj, err = time.Parse(time.RFC3339, "2022-10-05T11:25:20+08:00")
    if err != nil {
        fmt.Println(err)
        return
    }
    fmt.Println(timeObj) // 2022-10-05 11:25:20 +0800 CST
```

```
    }
```

time.ParseInLocation 函数需要在解析时额外指定时区信息。

```
// parseDemo 解析时间
func parseDemo() {
    now := time.Now()
    fmt.Println(now)
    // 加载时区
    loc, err := time.LoadLocation("Asia/Shanghai")
    if err != nil {
        fmt.Println(err)
        return
    }
    // 按照指定时区和指定格式解析字符串时间
    timeObj, err := time.ParseInLocation("2006/01/02 15:04:05", "2022/10/05
11:25:20", loc)
    if err != nil {
        fmt.Println(err)
        return
    }
    fmt.Println(timeObj)
    fmt.Println(timeObj.Sub(now))
}
```

练习题

1. 获取当前时间，按照 2017/06/19 20:30:05 格式输出。

2. 编写程序统计一段代码的执行时间，精确到微秒。

12.4　log 包

无论是在调试阶段还是在运行阶段，日志都是非常重要的环节，我们应该养成在程序中记录日志的好习惯。Go 语言内置的 log 包实现了简单的日志服务。

12.4.1　默认 logger

log 包中定义了一个 logger 类型，该类型提供了一些格式化输出日志信息的方法。同时，log 包提供了一个预定义的"标准" logger 实例。我们可以直接使用该实例调用 Print 系列（Print、Printf、Println）、Fatal 系列（Fatal、Fatalf、Fatalln）和 Panic 系列（Panic、Panicf、Panicln）函数。

例如，按照下面的示例代码调用上面提到的函数，默认会将日志信息输出到终端界面。

```
package main
import (
    "log"
)
func main() {
    log.Println("这是一条很普通的日志。")
    v := "很普通的"
    log.Printf("这是一条%s 日志。\n", v)
    log.Fatalln("这是一条会触发 fatal 的日志。")
    log.Panicln("这是一条会触发 panic 的日志。")
}
```

编译并执行上面的代码会得到如下结果。

```
2019/06/19 14:04:17 这是一条很普通的日志。
2019/06/19 14:04:17 这是一条很普通的日志。
2019/06/19 14:04:17 这是一条会触发 fatal 的日志。
```

logger 在输出指定日志信息的同时会输出当前日期和时间；Fatal 系列函数会在输出日志信息后调用 os.Exit(1)；Panic 系列函数会在输出日志信息后 panic。

12.4.2　自定义 logger

log 包中的默认 logger 只会提供日志的日期和时间信息，但是在很多情况下，我们希望得到更多信息，例如记录该日志的文件名和行号等。log 标准库提供了如下方法实现自定义 logger。

```
func Flags() int
func SetFlags(flag int)
```

其中，Flags 函数会返回标准 logger 的输出配置；SetFlags 函数用来设置标准 logger 的输出。

flag 选项

log 包提供了如下 flag 选项，它们是一系列定义好的常量。

```
const (
    // 控制输出日志信息的细节，不能控制输出顺序和格式。
    // 输出日志的每项后都有一个冒号分隔：例如 2009/01/23 01:23:23.123123
///a/b/c/d.go:23: message
    Ldate         = 1 << iota  // 日期: 2009/01/23
    Ltime                      // 时间: 01:23:23
    Lmicroseconds              // 微秒级别的时间: 01:23:23.123123（用于增强 Ltime 位）
    Llongfile                  // 文件全路径名+行号: /a/b/c/d.go:23
    Lshortfile                 // 文件名+行号: d.go:23（会覆盖 Llongfile）
    LUTC                       // 使用 UTC 时间
    LstdFlags     = Ldate | Ltime // 标准 logger 的初始值
)
```

在使用 log 包记录日志之前，先设置输出选项。

```
package main
import "log"
func main() {
    // 通过 SetFlags 自定义日志的配置
    log.SetFlags(log.Llongfile | log.Lmicroseconds | log.Ldate)
    log.Println("这是一条很普通的日志。")
}
```

将上面的示例代码编译后执行，将输出如下结果。

```
2019/06/19 14:05:17.494943 .../log_demo/main.go:10: 这是一条很普通的日志。
```

配置日志前缀

log 标准库中还提供了两个与日志信息前缀相关的方法，支持根据需求为日志设置不同的前缀，方便分析和查阅。

```
func Prefix() string
func SetPrefix(prefix string)
```

其中，Prefix 函数用来查看标准 logger 的输出前缀；SetPrefix 函数用来设置输出前缀。

下面的示例代码通过 SetPrefix 为日志设置了一个[order]的前缀。

```
package main
import "log"
func main() {
    // 通过 SetFlags 自定义日志的配置
    log.SetFlags(log.Llongfile | log.Lmicroseconds | log.Ldate)
    log.Println("这是一条很普通的日志。")
    // 通过 SetPrefix 自定义前缀
    log.SetPrefix("[order]")
    log.Println("这是订单流程一条很普通的日志。")
}
```

上面的代码输出如下。

```
[order]2019/06/19 14:05:57.940542 .../log_demo/main.go:12: 这是订单流程一条很普通
的日志。
```

这样就能为日志信息添加指定的前缀，方便后续对日志信息进行检索和处理。

配置日志输出位置

log 包支持使用下面的 SetOutput 函数设置日志的输出位置。

```
func SetOutput(w io.Writer)
```

例如，下面的代码会把日志输出到当前目录下的 app.log 文件中。

```
package main
import (
```

```
        "fmt"
        "log"
        "os"
)
func main() {
    logFile, err := os.OpenFile("./app.log",
os.O_CREATE|os.O_WRONLY|os.O_APPEND, 0644)
    if err != nil {
        fmt.Println("open log file failed, err:", err)
        return
    }
    log.SetOutput(logFile)
    log.SetFlags(log.Llongfile | log.Lmicroseconds | log.Ldate)
    log.Println("这是一条很普通的日志。")
    log.SetPrefix("[order]")
    log.Println("这是订单流程一条很普通的日志。")
}
```

如果在项目中使用标准 log 库记录日志，那么建议将以上代码中配置 log 的操作写到 init 函数中，这样就能保证 log 在程序启动阶段完成配置。

```
func init() {
    logFile, err := os.OpenFile("./app.log",
os.O_CREATE|os.O_WRONLY|os.O_APPEND, 0644)
    if err != nil {
        fmt.Println("open log file failed, err:", err)
        panic(err)
    }
    log.SetOutput(logFile)
    log.SetFlags(log.Llongfile | log.Lmicroseconds | log.Ldate)
}
```

12.4.3 创建 logger

log 包中还提供一个创建新 logger 实例的 New 函数，该函数支持我们创建自己的 logger 实例。New 函数的签名如下。

```
func New(out io.Writer, prefix string, flag int) *Logger
```

其中，out 设置日志信息写入的目的地；prefix 是每条日志的前缀；flag 定义日志的属性（时间、文件等）。

下面的示例代码演示了如何使用 New 函数创建一个新的 logger 实例。

```
func main() {
    // 创建新的 logger
    logger := log.New(os.Stdout, "<New>", log.Lshortfile|log.Ldate|log.Ltime)
    // 使用 logger
```

```
    logger.Println("这是自定义的 logger 记录的日志。")
}
```

将上面的代码编译执行后，得到如下结果。

```
<New>2019/06/19 14:06:51 main.go:34: 这是自定义的 logger 记录的日志。
```

Go 语言内置的 log 库功能十分有限，无法满足记录不同级别日志的要求，并不适合直接在大、中型项目中使用。在实际项目中，我们通常会根据需求编写日志库或使用社区知名的第三方日志库，如 logrus、zap 等。

12.5 strconv 包

Go 语言内置的 strconv 包实现了基本数据类型和其字符串表示的相互转换。本节主要介绍以下常用函数：Atoi、Itia、Parse 系列和 Format 系列。

12.5.1 string 与 int 类型转换

这一组函数是最常用的。

Atoi 函数

Atoi 函数用于将字符串类型的整数转换为 int 类型，函数签名如下。

```
func Atoi(s string) (i int, err error)
```

如果传入的字符串参数无法转换为 int 类型，就会返回错误。

```
// AtoiDemo 字符串转换为 int
func AtoiDemo() {
    str := "56"
    v, err := strconv.Atoi(str)
    fmt.Println(v, err) // 56, nil
    // "中"无法转换为 int
    str2 := "中"
    v, err = strconv.Atoi(str2)
    fmt.Println(v, err) // 0, strconv.Atoi: parsing "中": invalid syntax
}
```

Itoa 函数

Itoa 函数用于将 int 类型数据转换为对应的字符串表示，具体的函数签名如下。

```
func Itoa(i int) string
```

示例代码如下。

```
// ItoaDemo 将 int 转为字符串
func ItoaDemo() {
    i := 65
    // 注意：使用 string(i) 返回的是 UFT-8 编码的表示
    v := string(i)
    fmt.Printf("%#v\n", v) // "A"
    v = strconv.Itoa(i)
    fmt.Printf("%#v\n", v) // "65"
}
```

12.5.2　Parse 系列函数

Parse 系列函数将字符串转换为给定类型的值，包括 ParseBool、ParseFloat、ParseInt 和 ParseUint。

ParseBool

从字符串中解析布尔值。

```
func ParseBool(str string) (value bool, err error)
```

返回字符串表示的 bool 值，只接受 1、0、t、f、T、F、true、false、True、False、TRUE、FALSE 这些参数，传入其他参数会返回错误。

ParseInt

从字符串中解析整数。

```
func ParseInt(s string, base int, bitSize int) (i int64, err error)
```

返回字符串表示的整数值，接受正负号。

base 指定进制（2~36），如果 base 为 0，则会依据字符串前置符号进行判断，"0x"为十六进制，"0"为八进制，否则为十进制。

bitSize 指定结果能赋值（不会溢出）的整数类型，0、8、16、32、64 分别代表 int、int8、int16、int32、int64。

返回的 err 是 *NumErr 类型的。其中，err.Error = ErrSyntax 表示有语法错误，err.Error = ErrRange 表示超出类型范围。

ParseUnit

从字符串中解析无符号整数。

```
func ParseUint(s string, base int, bitSize int) (n uint64, err error)
```

ParseUint 与 ParseInt 类似，但不接收带正负号的字符串参数，用于无符号整型。

ParseFloat

从字符串中解析浮点数。

```
func ParseFloat(s string, bitSize int) (f float64, err error)
```

解析一个表示浮点数的字符串并返回其值。

如果参数 s 合乎语法规则，则返回最接近 s 值的浮点数（使用 IEEE754 规范舍入）。

bitSize 指定了期望的接收类型，32 是 float32（返回值可以不改变精确值地赋值给 float32），64 是 float64。

返回值 err 是 *NumErr 类型的。如果语法有误，那么 err.Error=ErrSyntax；如果结果超出表示范围，那么返回值 f 为±Inf，err.Error= ErrRange。

代码示例

```
// parseDemo Parse 系列函数示例
func parseDemo() {
    b, err := strconv.ParseBool("true")
    fmt.Println(b, err) // true <nil>
    f, err := strconv.ParseFloat("3.1415", 64)
    fmt.Println(f, err) // 3.1415 <nil>
    i, err := strconv.ParseInt("-2", 10, 64)
    fmt.Println(i, err) // -2 <nil>
    u, err := strconv.ParseUint("-2", 10, 64)
    fmt.Println(u, err) // 0 strconv.ParseUint: parsing "-2": invalid syntax
}
```

这些函数都有两个返回值，第一个返回值为转换后的值，第二个返回值为转换失败的错误信息。

12.5.3 Format 系列函数

Format 系列函数实现了将给定类型数据格式化为 string 类型数据的功能。

FormatBool

格式化布尔值。

```
func FormatBool(b bool) string
```

根据传入的参数 b 的值返回 true 或 false。

FormatInt

格式化整数。

```
func FormatInt(i int64, base int) string
```

返回 i 的 base 进制的字符串表示。base 必须在 2 ~ 36，例如 FormatInt(10, 2)会将二进制的 10

转换为对应的字符串表示。结果中会使用小写字母 a~z 表示大于 10 的数字。

FormatUint

格式化无符号整数。

```
func FormatUint(i uint64, base int) string
```

是 FormatInt 的无符号整数版本。

FormatFloat

格式化浮点数。

```
func FormatFloat(f float64, fmt byte, prec, bitSize int) string
```

将浮点数表示为字符串并返回。

bitSize 表示 f 的来源类型（32：float32、64：float64），会据此进行舍入。

fmt 控制展示格式：'f'（-ddd.dddd）、'b'（-ddddp±ddd，二进制指数）、'e'（-d.dddde±dd，十进制指数）、'E'（-d.ddddE±dd，十进制指数）、'g'（指数很大时用'e'格式，否则'f'格式）、'G'（指数很大时用'E'格式，否则用'f'格式）。

prec 控制精度（排除指数部分）：对于'f'、'e'、'E'，它表示小数点后的数字个数；对于'g'、'G'，它控制总的数字个数。如果 prec 为-1，则代表使用最少数量的、但又必需的数字来表示 f。

代码示例

```
// formatDemo strconv.Format 系列示例
func formatDemo() {
    s1 := strconv.FormatBool(true)
    fmt.Printf("%#v\n", s1) // "true"
    s2 := strconv.FormatFloat(3.1415, 'E', -1, 64)
    fmt.Printf("%#v\n", s2) // "3.1415E+00"
    s3 := strconv.FormatInt(-10, 2)
    fmt.Printf("%#v\n", s3) // "-1010"
    s4 := strconv.FormatUint(10, 2)
    fmt.Printf("%#v\n", s4) // "1010"
}
```

12.5.4　其他

isPrint

判断是否支持终端输出。

```
func IsPrint(r rune) bool
```

返回一个字符是否可以输出，和 unicode.IsPrint 一样，参数 r 只能是字母（广义）、数字、标点、符号和 ASCII 空格。

CanBackquote

判断是否支持展示为反引号字符串。

```
func CanBackquote(s string) bool
```

返回字符串 s 是否可以不被修改地表示为一个单行的、没有空格和 tab 之外控制字符的反引号字符串。

除上文列出的函数，strconv 包中还有 Append 系列、Quote 系列等函数，具体用法可查看官方文档。

12.6　net/http 包

Go 语言内置的 net/http 包十分强大，包含了完整的 HTTP 客户端和服务端实现。

超文本传输协议（HyperText Transfer Protocol，HTTP）是互联网上应用最为广泛的一种网络传输协议，设计 HTTP 的最初目的是提供一种发布和接收 HTML 页面的方法。

12.6.1　HTTP 客户端

net/http 包提供了一系列发起 HTTP 或 HTTPS 请求的方法。

基本的 HTTP/HTTPS 请求

Get、Head、Post 和 PostForm 函数发出 HTTP/HTTPS 请求。

```
resp, err := http.Get("http://example.com/")
...
resp, err := http.Post("http://example.com/upload", "image/jpeg", &buf)
...
resp, err := http.PostForm("http://example.com/form",
    url.Values{"key": {"Value"}, "id": {"123"}})
```

注意： 响应体对象在使用后必须关闭，否则会存在内存泄漏的风险。

```
resp, err := http.Get("http://example.com/")
if err != nil {
    // handle error
}
defer resp.Body.Close()  // 关闭
body, err := io.ReadAll(resp.Body)
...
```

GET 请求示例

下面的代码片段使用 net/http 包编写了一个发送 GET 请求的 HTTP 客户端（Client）程序。

```go
package main
import (
    "fmt"
    "io"
    "net/http"
)
func main() {
    resp, err := http.Get("https://www.liwenzhou.com/")
    if err != nil {
        fmt.Printf("get failed, err:%v\n", err)
        return
    }
    defer resp.Body.Close()
    body, err := io.ReadAll(resp.Body)
    if err != nil {
        fmt.Printf("read from resp.Body failed, err:%v\n", err)
        return
    }
    fmt.Print(string(body))
}
```

将上面的代码保存之后编译成可执行文件，执行之后就能在终端输出笔者个人博客 liwenzhou.com 首页的内容了。我们平常使用的浏览器是一个发送和接收 HTTP 数据的客户端，通过浏览器访问网站就是从网站的服务器接收 HTTP 数据，然后浏览器会按照 HTML、CSS 等规则将网页渲染出来。

带参数的 GET 请求示例

GET 请求的参数需要使用 Go 语言内置的 net/url 标准库来处理。

```go
func main() {
    apiUrl := "http://127.0.0.1:9090/get"
    // URL param
    data := url.Values{}
    data.Set("name", "小王子")
    data.Set("age", "18")
    u, err := url.ParseRequestURI(apiUrl)
    if err != nil {
        fmt.Printf("parse url requestUrl failed, err:%v\n", err)
    }
    u.RawQuery = data.Encode() // URL encode
    fmt.Println(u.String())
    resp, err := http.Get(u.String())
```

```
    if err != nil {
        fmt.Printf("post failed, err:%v\n", err)
        return
    }
    defer resp.Body.Close()
    b, err := io.ReadAll(resp.Body)
    if err != nil {
        fmt.Printf("get resp failed, err:%v\n", err)
        return
    }
    fmt.Println(string(b))
}
```

对应的服务端（Server）HandlerFunc 如下。

```
func getHandler(w http.ResponseWriter, r *http.Request) {
    defer r.Body.Close()
    data := r.URL.Query()
    fmt.Println(data.Get("name"))
    fmt.Println(data.Get("age"))
    answer := `{"status": "ok"}`
    w.Write([]byte(answer))
}
```

POST 请求示例

上面的两个示例演示了如何使用 net/http 包发送 GET 请求，接下来编写一个发送 POST 请求的示例。

```
package main
import (
    "fmt"
    "io"
    "net/http"
    "strings"
)
// net/http post demo
func main() {
    url := "http://127.0.0.1:9090/post"
    // 表单数据
    //contentType := "application/x-www-form-urlencoded"
    //data := "name=小王子&age=18"
    // json
    contentType := "application/json"
    data := `{"name":"小王子","age":18}`
    resp, err := http.Post(url, contentType, strings.NewReader(data))
    if err != nil {
        fmt.Printf("post failed, err:%v\n", err)
```

```
        return
    }
    defer resp.Body.Close()
    b, err := io.ReadAll(resp.Body)
    if err != nil {
        fmt.Printf("get resp failed, err:%v\n", err)
        return
    }
    fmt.Println(string(b))
}
```

对应的服务端 HandlerFunc 如下。

```
func postHandler(w http.ResponseWriter, r *http.Request) {
    defer r.Body.Close()
    // 1. 请求类型是 application/x-www-form-urlencoded 时解析 form 数据
    r.ParseForm()
    fmt.Println(r.PostForm) // 输出 form 数据
    fmt.Println(r.PostForm.Get("name"), r.PostForm.Get("age"))
    // 2. 请求类型是 application/json 时从 r.Body 读取数据
    b, err := io.ReadAll(r.Body)
    if err != nil {
        fmt.Printf("read request.Body failed, err:%v\n", err)
        return
    }
    fmt.Println(string(b))
    answer := `{"status": "ok"}`
    w.Write([]byte(answer))
}
```

12.6.2　自定义客户端

要管理 HTTP 客户端的头域、重定向策略和其他设置，可以按照如下方式自定义客户端。

```
client := &http.Client{
    CheckRedirect: redirectPolicyFunc,
}
resp, err := client.Get("http://example.com")
...
req, err := http.NewRequest("GET", "http://example.com", nil)
...
req.Header.Add("If-None-Match", `W/"wyzzy"`)
resp, err := client.Do(req)
```

12.6.3　自定义 Transport

要管理代理、TLS 配置、keep-alive、压缩和其他设置，需要创建一个 Transport 对象，然后使用该对象创建新的客户端。

```
// 按需自定义 Transport
tr := &http.Transport{
    TLSClientConfig:    &tls.Config{RootCAs: pool},
    DisableCompression: true,
}
client := &http.Client{Transport: tr}
resp, err := client.Get("https://example.com")
```

Client 和 Transport 类型都可以安全地被多个 goroutine 同时使用。出于效率考虑，应该一次建立、尽量重用。

12.6.4　HTTP 服务端

默认服务端

ListenAndServe 使用指定的监听地址和处理器启动 HTTP 服务端，处理器参数通常是 nil，这表示采用包变量 DefaultServeMux 作为处理器。

Handle 和 HandleFunc 函数可以向 DefaultServeMux 添加处理器。

```
http.Handle("/foo", fooHandler)
http.HandleFunc("/bar", func(w http.ResponseWriter, r *http.Request) {
    fmt.Fprintf(w, "Hello, %q", html.EscapeString(r.URL.Path))
})
log.Fatal(http.ListenAndServe(":8080", nil))
```

使用 Go 语言中的 net/http 包来编写一个简单的接收 HTTP 请求的服务端示例，net/http 包是对 net 包的进一步封装，专门用来处理 HTTP 数据。具体示例代码如下。

```
// HTTP Server
func sayHello(w http.ResponseWriter, r *http.Request) {
    fmt.Fprintln(w, "Hello 七米! ")
}
func main() {
    http.HandleFunc("/", sayHello)
    err := http.ListenAndServe(":9000", nil)
    if err != nil {
        fmt.Printf("http server failed, err:%v\n", err)
        return
    }
}
```

将上面的代码编译之后执行，在浏览器的地址栏输入 127.0.0.1:9000 并回车，可以看到图 12-1 所示的页面。

图 12-1

自定义服务端

要管理服务端的行为，可以创建一个自定义的服务端。

```
s := &http.Server{
    Addr:           ":800",
    Handler:        myHandler,
    ReadTimeout:    10 * time.Second,
    WriteTimeout:   10 * time.Second,
    MaxHeaderBytes: 1 << 20,
}
log.Fatal(s.ListenAndServe())
```

12.7　Context 包

Context 包是从 Go 1.7 开始增加的标准包，它定义了一个名为 Context 的类型，该类型携带截止时间、取消信号以及跨 API 和进程的其他请求作用域的值。

12.7.1　优雅退出 goroutine

在 Go 语言 net/http 包中的服务端实现中，会为每个连接启动一个对应的 goroutine 处理请求。而请求处理函数中通常又会启动额外的 goroutine 访问后端的数据库或 RPC 服务。用来处理请求的 goroutine 通常需要访问特定的数据，例如终端用户的身份认证信息、验证相关的 token、请求的截止时间。当一个请求超时或被取消时，所有用来处理该请求的 goroutine 都应该迅速退出，然后系统才能释放这些 goroutine 占用的资源。

假设有一个执行某项耗时任务的 work 函数，我们在 main 函数中开启一个单独的 goroutine 运行它，完整示例代码如下。

```
package main
import (
    "fmt"
    "sync"
    "time"
)
var wg sync.WaitGroup
func worker() {
```

```
    for {
        fmt.Println("worker")
        time.Sleep(time.Second)
    }
    // 接收外部命令实现退出
    wg.Done()
}
func main() {
    wg.Add(1)
    go worker()
    // 优雅地通知 goroutine 退出
    wg.Wait()
    fmt.Println("over")
}
```

此时，我们因为某些原因需要在 main 函数中通知 work 函数所在的 goroutine 退出，该怎么实现呢？

通道方案

读者可能想到使用通道通知 goroutine 退出。

```
package main
import (
    "fmt"
    "sync"

    "time"
)
var wg sync.WaitGroup
func worker(exitChan chan struct{}) {
LOOP:
    for {
        fmt.Println("worker")
        time.Sleep(time.Second)
        select {
        case <-exitChan: // 等待接收退出的通知
            break LOOP
        default:
        }
    }
    wg.Done()
}
func main() {
    var exitChan = make(chan struct{})
    wg.Add(1)
    go worker(exitChan)
```

```
    time.Sleep(time.Second * 3) // sleep 3s 以免程序过快退出
    exitChan <- struct{}{}        // 给 goroutine 发送退出信号
    close(exitChan)
    wg.Wait()
    fmt.Println("over")
}
```

上述方式可以解决我们的问题，但是存在以下问题。

- 使用全局变量在跨包调用时不容易统一。
- 如果 worker 函数中再启动其他的 goroutine 就不太好控制了。

context 方案

使用 context 就能够相对友好地从外部控制 goroutine 的退出。

```
package main
import (
    "context"
    "fmt"
    "sync"
    "time"
)
var wg sync.WaitGroup
func worker(ctx context.Context) {
LOOP:
    for {
        fmt.Println("worker")
        time.Sleep(time.Second)
        select {
        case <-ctx.Done(): // 等待接收退出的通知
            break LOOP
        default:
        }
    }
    wg.Done()
}
func main() {
    ctx, cancel := context.WithCancel(context.Background())
    wg.Add(1)
    go worker(ctx)
    time.Sleep(time.Second * 3)
    cancel() // 通知 goroutine 退出
    wg.Wait()
    fmt.Println("over")
}
```

当 work goroutine 中开启另一个 goroutine 时，只需将 ctx 透传下去。

```go
package main
import (
    "context"
    "fmt"
    "sync"
    "time"
)
var wg sync.WaitGroup
func worker(ctx context.Context) {
    go worker2(ctx)
LOOP:
    for {
        fmt.Println("worker")
        time.Sleep(time.Second)
        select {
        case <-ctx.Done(): // 等待接收退出通知
            break LOOP
        default:
        }
    }
    wg.Done()
}
func worker2(ctx context.Context) {
LOOP:
    for {
        fmt.Println("worker2")
        time.Sleep(time.Second)
        select {
        case <-ctx.Done(): // 等待接收退出通知
            break LOOP
        default:
        }
    }
}
func main() {
    ctx, cancel := context.WithCancel(context.Background())
    wg.Add(1)
    go worker(ctx)
    time.Sleep(time.Second * 3,
    cancel() // 通知 goroutine 退出
    wg.Wait()
    fmt.Println("over")
}
```

12.7.2 Context 接口

context.Context 是一个接口, 该接口定义了四个需要实现的方法, 具体签名如下。

```
type Context interface {
    Deadline() (deadline time.Time, ok bool)
    Done() <-chan struct{}
    Err() error
    Value(key interface{}) interface{}
}
```

其中:

- Deadline 方法需要返回当前 context 对象被取消的时间, 也就是完成工作的截止时间 (deadline)。
- Done 方法需要返回一个通道, 这个通道会在当前工作完成或者 context 对象被取消之后关闭, 多次调用 Done 方法会返回同一个通道。
- Err 方法会返回当前 context 对象结束的原因, 它只有在 Done 返回的通道被关闭时才会返回非空的值。
  - 如果当前 context 对象被取消就会返回 Canceled 错误。
  - 如果当前 context 对象超时就会返回 DeadlineExceeded 错误。
- Value 方法会从 context 对象中返回键对应的值, 对于同一个 context 对象来说, 多次调用 Value 并传入相同的 Key 会返回相同的结果, 该方法仅用于传递跨 API、进程或者请求域的数据。

12.7.3 Background 函数

Context 包内置的 Background 函数会返回一个不等于 nil 的空 context 对象, 这个 context 对象没有值也没有超时时间, 其函数签名如下。

```
func Background() Context
```

Background 函数通常用于 main 函数、初始化操作和测试代码, 以及作为传入请求的顶层 context 对象中。

12.7.4 TODO 函数

Context 包内置的 TODO 函数同样会返回一个不等于 nil 的空 context 对象, 函数签名如下。

```
func TODO() Context
```

TODO 并不是在生产环境中使用的, 当尚不清楚在代码中该使用哪种 context 对象或者尚且不能使用 context 对象 (其他函数还没准备好接收 context 参数) 时, 都可以使用 context.TODO。

12.7.5　With 系列函数

Context 包中还定义了 4 个 With 系列函数，每个函数都会有自己的适用场景。对服务器的传入请求应该创建上下文，而对服务器的传出调用应该接受上下文，它们之间的函数调用链必须传递上下文，或者使用 WithCancel、WithDeadline、WithTimeout 或 WithValue 创建的派生上下文。当一个上下文被取消时，它派生的所有上下文也被取消。

WithCancel 函数

WithCancel 函数接收一个父 context 参数，返回一个子 Context 和一个取消函数，具体函数签名如下。

```
func WithCancel(parent Context) (ctx Context, cancel CancelFunc)
```

这里父 Context 和子 Context 的说法表明子 Context 是基于父 Context 得到的。

WithCancel 返回带有新 Done 通道的父节点的副本。当调用返回的取消函数或关闭父 context 的 Done 通道时，将关闭返回上下文的 Done 通道。

取消此上下文将释放与其关联的资源，因此应该在此上下文中运行的操作完成后立即调用 cancel。

```
func gen(ctx context.Context) <-chan int {
    dst := make(chan int)
    n := 1
    go func() {
        for {
            select {
            case <-ctx.Done():
                return // return 结束该 goroutine，防止泄漏
            case dst <- n:
                n++
            }
        }
    }()
    return dst
}
func main() {
    ctx, cancel := context.WithCancel(context.Background())
    defer cancel() // 在取完需要的整数后调用 cancel

    for n := range gen(ctx) {
        fmt.Println(n)
        if n == 5 {
            break
        }
```

```
    }
}
```

在上面的示例代码中，gen 函数在单独的 goroutine 中生成整数并将它们发送到返回通道，gen 的调用者在使用生成的整数之后需要取消上下文，以免 gen 启动的内部 goroutine 发生泄漏。

WithDeadline 函数

WithDeadline 的函数签名如下。

```
func WithDeadline(parent Context, deadline time.Time) (Context, CancelFunc)
```

返回父上下文的副本，并将 deadline 调整为不迟于 d。如果父上下文的 deadline 已经早于 d，则 WithDeadline(parent, d)在语义上等同于父上下文。当超过截止时间、调用返回的 cancel 函数，或者父上下文的 Done 通道关闭时，返回上下文的 Done 通道将被关闭，以最先发生的情况为准。

取消此上下文将释放与其关联的资源，因此应该在此上下文中运行的操作完成后立即调用 cancel。

```
func main() {
    d := time.Now().Add(50 * time.Millisecond)
    ctx, cancel := context.WithDeadline(context.Background(), d)
    // 尽管 ctx 会过期，但在任何情况下调用它的 cancel 函数都是很好的实践
    // 如果不这样做，就可能使上下文及其父类存活的时间超过必要的时间
    defer cancel()
    select {
    case <-time.After(1 * time.Second):
        fmt.Println("overslept")
    case <-ctx.Done():
        fmt.Println(ctx.Err())
    }
}
```

在上面的代码中，定义了一个 50 毫秒之后过期的 deadline，我们调用 context.WithDeadline(context.Background(), d)得到一个上下文（ctx）和一个取消函数（cancel），然后使用 select 让主程序陷入等待，等待 1s 后输出 overslept 退出，或者等待 ctx 过期后退出。因为 ctx50s 后就过期，所以 ctx.Done() 会先接收到值，上面的代码会输出 ctx.Err()取消的原因。

WithTimeout 函数

WithTimeout 函数的签名如下。

```
func WithTimeout(parent Context, timeout time.Duration) (Context, CancelFunc)
WithTimeout 返回 WithDeadline(parent, time.Now().Add(timeout)).
```

取消此上下文将释放与其相关的资源，因此应该在此上下文中运行的操作完成后立即调用 cancel，通常用于数据库或者网络连接的超时控制。具体示例如下。

```
package main
import (
    "context"
    "fmt"
    "sync"

    "time"
)
// context.WithTimeout
var wg sync.WaitGroup
func worker(ctx context.Context) {
LOOP:
    for {
        fmt.Println("db connecting ...")
        time.Sleep(time.Millisecond * 10) // 假设正常连接数据库耗时 10 毫秒
        select {
        case <-ctx.Done(): // 50 毫秒后自动调用
            break LOOP
        default:
        }
    }
    fmt.Println("worker done!")
    wg.Done()
}
func main() {
    // 设置一个 50 毫秒的超时
    ctx, cancel := context.WithTimeout(context.Background(),
time.Millisecond*50)
    wg.Add(1)
    go worker(ctx)
    time.Sleep(time.Second * 5)
    cancel() // 通知子 goroutine 结束
    wg.Wait()
    fmt.Println("over")
}
```

WithValue 函数

WithValue 函数能够将请求作用域的数据与 context 对象建立关系，声明如下。

```
func WithValue(parent Context, key, val interface{}) Context
```

WithValue 返回父节点的副本，其中与 key 关联的值为 val。

仅对 API 和进程间传递请求域的数据使用上下文值，而不是使用它来传递可选参数给函数。

所提供的键必须是可比较的，并且不应该是 string 类型或其他内置类型，以避免上下文在包之间发生冲突。WithValue 的用户应该为键定义自己的类型，为了避免在分配给 interface{}时进行分配，上下文键通常具有具体类型 struct{}，或者，导出的上下文关键变量的静态类型应该是指针或接口。

```go
package main
import (
    "context"
    "fmt"
    "sync"
    "time"
)
// context.WithValue
type TraceCode string
var wg sync.WaitGroup
func worker(ctx context.Context) {
    key := TraceCode("TRACE_CODE")
    traceCode, ok := ctx.Value(key).(string) // 在子 goroutine 中获取 trace code
    if !ok {
        fmt.Println("invalid trace code")
    }
LOOP:
    for {
        fmt.Printf("worker, trace code:%s\n", traceCode)
        time.Sleep(time.Millisecond * 10) // 假设正常连接数据库耗时 10 毫秒
        select {
        case <-ctx.Done(): // 50 毫秒后自动调用
            break LOOP
        default:
        }
    }
    fmt.Println("worker done!")
    wg.Done()
}
func main() {
    // 设置一个 50 毫秒的超时
    ctx, cancel := context.WithTimeout(context.Background(),
time.Millisecond*50)
    // 在系统的入口设置 trace code，传递给后续启动的 goroutine 以实现日志数据聚合
    ctx = context.WithValue(ctx, TraceCode("TRACE_CODE"), "12512312234")
    wg.Add(1)
    go worker(ctx)
    time.Sleep(time.Second * 5)
    cancel() // 通知子 goroutine 结束
    wg.Wait()
    fmt.Println("over")
}
```

12.7.6　使用 Context 的注意事项

在使用 Context 需要注意以下问题。

- 推荐以参数的方式显示传递 Context。
- 以 Context 为参数的函数方法，应该把 Context 作为第一个参数。
- 在给一个函数方法传递 Context 时，不要传递 nil，如果不知道传递什么，就使用 context.TODO()。
- Context 的与 Value 相关的方法应该传递请求域的必要数据，不应该用于传递可选参数。
- Context 是线程安全的，可以在多个 goroutine 中传递。

12.7.7　客户端超时取消示例

调用服务端 API 时如何在客户端实现超时控制呢？我们来看以下案例。

server 端

server 端在本机的 8080 端口启动 HTTP 服务。

```go
// context_timeout/server/main.go
package main
import (
    "fmt"
    "math/rand"
    "net/http"

    "time"
)
// server 端，随机出现慢响应
func indexHandler(w http.ResponseWriter, r *http.Request) {
    number := rand.Intn(2)
    if number == 0 {
        time.Sleep(time.Second * 10) // 耗时 10s 的慢响应
        fmt.Fprintf(w, "slow response")
        return
    }
    fmt.Fprint(w, "quick response")
}
func main() {
    http.HandleFunc("/", indexHandler)
    err := http.ListenAndServe(":8000", nil)
    if err != nil {
        panic(err)
    }
}
```

client 端

client 端对上述 server 端发起 HTTP 请求，使用 Context 实现超时控制。

```go
// context_timeout/client/main.go
package main
import (
    "context"
    "fmt"
    "io"
    "net/http"
    "sync"
    "time"
)
// client 端

type respData struct {
    resp *http.Response
    err  error
}
func doCall(ctx context.Context) {
    transport := http.Transport{
        // 当请求频繁时，可定义全局的 client 对象并启用长链接
        // 当请求不频繁时，使用短链接
        DisableKeepAlives: true,    }
    client := http.Client{
        Transport: &transport,
    }
    respChan := make(chan *respData, 1)
    req, err := http.NewRequest("GET", "http://127.0.0.1:8000/", nil)
    if err != nil {
        fmt.Printf("new requestg failed, err:%v\n", err)
        return
    }
    req = req.WithContext(ctx) // 使用带超时的 ctx 创建一个新的 client request
    var wg sync.WaitGroup
    wg.Add(1)
    defer wg.Wait()
    go func() {
        resp, err := client.Do(req)
        fmt.Printf("client.do resp:%v, err:%v\n", resp, err)
        rd := &respData{
            resp: resp,
            err:  err,
        }
        respChan <- rd
        wg.Done()
```

```
    }()
    select {
    case <-ctx.Done():
        //transport.CancelRequest(req)
        fmt.Println("call api timeout")
    case result := <-respChan:
        fmt.Println("call server api success")
        if result.err != nil {
            fmt.Printf("call server api failed, err:%v\n", result.err)
            return
        }
        defer result.resp.Body.Close()
        data, _ := io.ReadAll(result.resp.Body)
        fmt.Printf("resp:%v\n", string(data))
    }
}
func main() {
    // 定义一个 100 毫秒的超时
    ctx, cancel := context.WithTimeout(context.Background(),
time.Millisecond*100)
    defer cancel() // 调用 cancel 释放子 goroutine 资源
    doCall(ctx)
}
```

练习题参考答案

12.3

1.

```
func showTime() {
    now := time.Now()
    layout := "2006/01/02 15:04:05"
    ret := now.Format(layout)
    fmt.Println(ret)
}
```

2.

```
func showCost(f func()) {
    start := time.Now()
    f()
    cost := time.Now().Sub(start).Microseconds()
    fmt.Printf("cost:%v\n", cost)
}
showCost(showTime)  // 输出: cost:124
```

第 13 章

常用第三方库

本章学习目标

掌握常用的第三方库的使用方法。

作为当下流行的开发语言，Go 语言拥有十分活跃的社区，优秀的开发者们提供了丰富的第三方扩展库，熟练掌握和使用这些优秀的第三方库能让我们事半功倍，提高开发效率。

13.1 gin 框架

gin 框架基于 httprouter 开发，它功能齐全、简单易用，是 Go 社区十分流行的轻量级 Web 框架。

打开终端，创建一个新的项目。

```
mkdir gin_demo
cd gin_demo
go mod init gin_demo
```

在项目目录下执行以下命令，下载 gin 框架。

```
go get -u github.com/gin-gonic/gin
```

将以下内容保存至 main.go 文件中。

```
package main
import (
    "github.com/gin-gonic/gin"
)
func main() {
    // 创建一个默认的路由引擎
```

```go
r := gin.Default()
// GET: 请求方式; /hello: 请求的路径
// 当客户端以 GET 方法请求/hello 路径时，会执行后面的匿名函数
r.GET("/hello", func(c *gin.Context) {
    // c.JSON: 返回 JSON 格式的数据
    c.JSON(200, gin.H{
        "message": "Hello world!",
    })
})
// 启动 HTTP 服务，默认在 0.0.0.0:8080 启动服务
r.Run()
}
```

将上面的代码编译后运行，然后使用浏览器打开 127.0.0.1:8080/hello，就能看到 JSON 字符串
——{"message": "Hello world!"}。现在，你已经使用 gin 框架开发了第一个 web 程序。

路由

使用 gin 框架注册路由的方法如下。

```go
r.GET("/index", func(c *gin.Context) {...})
r.GET("/login", func(c *gin.Context) {...})
r.POST("/login", func(c *gin.Context) {...})
```

此外，还有一个可以匹配所有请求方法的 Any 方法如下。

```go
r.Any("/test", func(c *gin.Context) {...})
```

为没有配置处理函数的路由添加处理程序，在默认情况下，它会返回 404 代码，下面的代码为
没有匹配到路由的请求返回 views/404.html 页面。

```go
r.NoRoute(func(c *gin.Context) {
    c.HTML(http.StatusNotFound, "views/404.html", nil)
})
```

我们可以将拥有共同 URL 前缀的路由划分为一个路由组，习惯上使用一对{}包裹同组的路由，
这只是为了看着清晰，用不用{}并有没什么区别。

```go
func main() {
    r := gin.Default()
    userGroup := r.Group("/user")
    {
        userGroup.GET("/index", func(c *gin.Context) {...})
        userGroup.GET("/login", func(c *gin.Context) {...})
        userGroup.POST("/login", func(c *gin.Context) {...})

    }
    shopGroup := r.Group("/shop")
    {
```

```
        shopGroup.GET("/index", func(c *gin.Context) {...})
        shopGroup.GET("/cart", func(c *gin.Context) {...})
        shopGroup.POST("/checkout", func(c *gin.Context) {...})
    }
    r.Run()
}
```

路由组支持嵌套，例如：

```
shopGroup := r.Group("/shop")
    {
        shopGroup.GET("/index", func(c *gin.Context) {...})
        shopGroup.GET("/cart", func(c *gin.Context) {...})
        shopGroup.POST("/checkout", func(c *gin.Context) {...})
        // 嵌套路由组
        xx := shopGroup.Group("xx")
        xx.GET("/oo", func(c *gin.Context) {...})
    }
```

通常我们将路由分组用在划分业务逻辑或 API 版本中。

获取参数

querystring 指 URL 中?后面携带的参数，例如，/user/search?username=小王子&address=沙河。获取请求的 querystring 参数的方法如下。

```
func main() {
    //Default 返回一个默认的路由引擎
    r := gin.Default()
    r.GET("/user/search", func(c *gin.Context) {
        username := c.DefaultQuery("username", "小王子")
        //username := c.Query("username")
        address := c.Query("address")
        //输出 JSON 结果给调用方
        c.JSON(http.StatusOK, gin.H{
            "message": "ok",
            "username": username,
            "address": address,
        })
    })
    r.Run()
}
```

当前端请求的数据通过 form 表单提交时，例如向/user/search 发送一个 POST 请求，获取请求数据的方式如下。

```
func main() {
    //Default 返回一个默认的路由引擎
```

```
    r := gin.Default()
    r.POST("/user/search", func(c *gin.Context) {
        // DefaultPostForm 取不到值时会返回指定的默认值
        //username := c.DefaultPostForm("username", "小王子")
        username := c.PostForm("username")
        address := c.PostForm("address")
        //输出 JSON 结果给调用方
        c.JSON(http.StatusOK, gin.H{
            "message": "ok",
            "username": username,
            "address": address,
        })
    })
    r.Run(":8080")
}
```

当前端请求的数据通过 json 提交时，例如向/json 发送一个 POST 请求，获取请求参数的方式如下。

```
r.POST("/json", func(c *gin.Context) {
    // 注意：下面为了举例方便，暂时忽略了错误处理
    b, _ := c.GetRawData() // 从 c.Request.Body 读取请求数据
    // 定义 map 或结构体
    var m map[string]interface{}
    // 反序列化
    _ = json.Unmarshal(b, &m)
    c.JSON(http.StatusOK, m)
})
```

请求的参数通过 URL 路径传递，例如：/user/search/小王子/沙河。获取请求 URL 路径中的参数的方式如下。

```
func main() {
    //Default 返回一个默认的路由引擎
    r := gin.Default()
    r.GET("/user/search/:username/:address", func(c *gin.Context) {
        username := c.Param("username")
        address := c.Param("address")
        //输出 JSON 结果给调用方
        c.JSON(http.StatusOK, gin.H{
            "message": "ok",
            "username": username,
            "address": address,
        })
    })
    r.Run(":8080")
}
```

　　为了方便地获取请求相关参数，提高开发效率，我们可以基于请求的 Content-Type 识别请求数据类型并利用反射机制自动提取请求中的 QueryString、form 表单、JSON、XML 等参数到结构体中。下面的示例代码演示了.ShouldBind()强大的功能，它能够基于请求自动提取 JSON、form 表单和 QueryString 类型的数据，并把值绑定到指定的结构体对象。

```go
type Login struct {
    User     string `form:"user" json:"user" binding:"required"`
    Password string `form:"password" json:"password" binding:"required"`
}
func main() {
    router := gin.Default()
    // 绑定 JSON 的示例 ({"user": "q1mi", "password": "123456"})
    router.POST("/loginJSON", func(c *gin.Context) {
        var login Login
        if err := c.ShouldBind(&login); err == nil {
            fmt.Printf("login info:%#v\n", login)
            c.JSON(http.StatusOK, gin.H{
                "user":     login.User,
                "password": login.Password,
            })
        } else {
            c.JSON(http.StatusBadRequest, gin.H{"error": err.Error()})
        }
    })
    // 绑定 form 表单示例 (user=q1mi&password=123456)
    router.POST("/loginForm", func(c *gin.Context) {
        var login Login
        // ShouldBind()会根据请求的 Content-Type 自行选择绑定器
        if err := c.ShouldBind(&login); err == nil {
            c.JSON(http.StatusOK, gin.H{
                "user":     login.User,
                "password": login.Password,
            })
        } else {
            c.JSON(http.StatusBadRequest, gin.H{"error": err.Error()})
        }
    })
    // 绑定 QueryString 示例 (/loginQuery?user=q1mi&password=123456)
    router.GET("/loginForm", func(c *gin.Context) {
        var login Login
        // ShouldBind()会根据请求的 Content-Type 自行选择绑定器
        if err := c.ShouldBind(&login); err == nil {
            c.JSON(http.StatusOK, gin.H{
                "user":     login.User,
                "password": login.Password,
```

```
        })
    } else {
        c.JSON(http.StatusBadRequest, gin.H{"error": err.Error()})
    }
})

// Listen and serve on 0.0.0.0:8080
router.Run(":8080")
}
```

ShouldBind 会按照下面的顺序解析请求中的数据完成绑定。

（1）如果是 GET 请求，则只使用 Form 绑定引擎（query）。

（2）如果是 POST 请求，则先检查 content-type 是否为 JSON 或 XML，再使用 Form（form-data）绑定引擎。

上传文件

以下是一段上传文件的前端示例代码。

```html
<!DOCTYPE html>
<html lang="zh-CN">
<head>
    <title>上传文件示例</title>
</head>
<body>
<form action="/upload" method="post" enctype="multipart/form-data">
    <input type="file" name="f1">
    <input type="submit" value="上传">
</form>
</body>
</html>
```

下面是后端使用 gin 框架接收并存储上传文件的部分代码。

```go
func main() {
    router := gin.Default()
    // 处理 multipart forms 提交文件时默认的内存限制是 32 MiB
    // 可以通过下面的方式修改
    // router.MaxMultipartMemory = 8 << 20  // 8 MiB
    router.POST("/upload", func(c *gin.Context) {
        // 单个文件
        file, err := c.FormFile("f1")
        if err != nil {
            c.JSON(http.StatusInternalServerError, gin.H{
                "message": err.Error(),
            })
```

```
            return
        }

        log.Println(file.Filename)
        dst := fmt.Sprintf("C:/tmp/%s", file.Filename)
        // 将文件上传到指定的目录
        c.SaveUploadedFile(file, dst)
        c.JSON(http.StatusOK, gin.H{
            "message": fmt.Sprintf("'%s' uploaded!", file.Filename),
        })
    })
    router.Run()
}
```

当同一请求中有多个上传的文件时，需要遍历处理每一个文件。

```
func main() {
    router := gin.Default()
    // 处理 multipart forms 提交文件时默认的内存限制是 32 MiB
    // 可以通过下面的方式修改
    // router.MaxMultipartMemory = 8 << 20  // 8 MiB
    router.POST("/upload", func(c *gin.Context) {
        // 获取上传的文件
        form, _ := c.MultipartForm()
        files := form.File["file"]

        for index, file := range files {
            log.Println(file.Filename)
            dst := fmt.Sprintf("C:/tmp/%s_%d", file.Filename, index)
            // 上传文件到指定的目录
            c.SaveUploadedFile(file, dst)
        }
        c.JSON(http.StatusOK, gin.H{
            "message": fmt.Sprintf("%d files uploaded!", len(files)),
        })
    })
    router.Run()
}
```

gin 渲染响应数据

gin 框架支持返回多种不同格式的响应数据，通常我们会根据请求中的数据类型来返回对应类型的响应数据。

1. HTML 格式响应数据

首先定义一个存放模板文件的 templates 文件夹，然后在其内部按照业务分别定义一个 posts 文件夹和一个 users 文件夹。posts/index.html 文件的内容如下。

```
{{define "posts/index.html"}}
<!DOCTYPE html>
<html lang="en">
<head>
    <meta charset="UTF-8">
    <meta name="viewport" content="width=device-width, initial-scale=1.0">
    <meta http-equiv="X-UA-Compatible" content="ie=edge">
    <title>posts/index</title>
</head>
<body>
    {{.title}}
</body>
</html>
{{end}}
```

users/index.html 文件的内容如下。

```
{{define "users/index.html"}}
<!DOCTYPE html>
<html lang="en">
<head>
    <meta charset="UTF-8">
    <meta name="viewport" content="width=device-width, initial-scale=1.0">
    <meta http-equiv="X-UA-Compatible" content="ie=edge">
    <title>users/index</title>
</head>
<body>
    {{.title}}
</body>
</html>
{{end}}
```

gin 框架中使用 LoadHTMLGlob()或者 LoadHTMLFiles()方法渲染 HTML 模板。

```
func main() {
    r := gin.Default()
    r.LoadHTMLGlob("templates/**/*")
    //r.LoadHTMLFiles("templates/posts/index.html",
"templates/users/index.html")
    r.GET("/posts/index", func(c *gin.Context) {
        c.HTML(http.StatusOK, "posts/index.html", gin.H{
            "title": "posts/index",
        })
    })
    r.GET("users/index", func(c *gin.Context) {
        c.HTML(http.StatusOK, "users/index.html", gin.H{
```

```
            "title": "users/index",
        })
    })
    r.Run(":8080")
}
```

2. 静态文件处理

当我们渲染的 HTML 文件中引用了静态文件时，只需要按照以下方式在渲染页面前调用 gin.Static 方法即可。

```
func main() {
    r := gin.Default()
    r.Static("/static", "./static")
    r.LoadHTMLGlob("templates/**/*")
    ...
    r.Run(":8080")
}
```

3. JSON 格式响应数据

在 gin 框架中使用 c.JSON 方法返回 JSON 格式的响应数据。

```
func main() {
    r := gin.Default()
    // gin.H 是 map[string]interface{}的缩写
    r.GET("/someJSON", func(c *gin.Context) {
        // 方式一：自己拼接 JSON
        c.JSON(http.StatusOK, gin.H{"message": "Hello world!"})
    })
    r.GET("/moreJSON", func(c *gin.Context) {
        // 方法二：使用结构体
        var msg struct {
            Name    string `json:"user"`
            Message string
            Age     int
        }
        msg.Name = "小王子"
        msg.Message = "Hello world!"
        msg.Age = 18
        c.JSON(http.StatusOK, msg)
    })
    r.Run(":8080")
}
```

4. protobuf 格式响应数据

gin 框架中使用 c.ProtoBuf 返回 ProtoBuf 格式的响应数据。

```
r.GET("/someProtoBuf", func(c *gin.Context) {
    reps := []int64{int64(1), int64(2)}
    label := "test"
    // protobuf 的具体定义写在 testdata/protoexample 文件中
    data := &protoexample.Test{
        Label: &label,
        Reps:  reps,
    }
    // 注意：数据在响应中变为二进制
    // 输出被 protoexample.Test protobuf 序列化了的数据
    c.ProtoBuf(http.StatusOK, data)
})
```

重定向

在 gin 框架中使用 c.Redirect 方法即可实现 HTTP 重定向，支持将请求重定向到内部网址或外部网址。

```
r.GET("/test", func(c *gin.Context) {
    c.Redirect(http.StatusMovedPermanently, "https://www.liwenzhou.com/")
})
```

路由重定向

路由重定向使用 HandleContext 方法将当前请求交给其他路由处理函数处理。

```
r.GET("/test", func(c *gin.Context) {
    // 指定重定向的 URL
    c.Request.URL.Path = "/test2"
    r.HandleContext(c)  // 将/test 请求交给/test2 的路由处理函数
})
r.GET("/test2", func(c *gin.Context) {
    c.JSON(http.StatusOK, gin.H{"hello": "world"})
})
```

中间件

gin 框架允许开发者在处理请求的过程中加入自己的钩子（Hook）函数，这个钩子函数就叫中间件。中间件适合处理一些公共的业务逻辑，例如登录认证、权限校验、数据分页、记录日志、耗时统计等。

gin 框架中的中间件必须是 gin.HandlerFunc 类型的。

```
type HandlerFunc func(*Context)
```

它是一个函数类型，接收一个必需的*gin.Context 参数。

下面是几个 gin 框架中常用的中间件示例。

1. 记录接口耗时的中间件

下面的代码定义一个统计请求耗时的中间件。

```go
// StatCost 是一个统计耗时请求耗时的中间件
func StatCost() gin.HandlerFunc {
    return func(c *gin.Context) {
        start := time.Now()
        c.Set("name", "小王子") // 可以通过 c.Set 在请求上下文中设置值
// 后续的处理函数能够取到该值
        // 调用该请求的剩余处理程序
        c.Next()
        // 计算耗时
        cost := time.Since(start)
        log.Println(cost)
    }
}
```

2. 记录响应体的中间件

我们有时可能需要记录在某些情况下返回给客户端的响应数据，这时可以编写一个中间件。

```go
type bodyLogWriter struct {
    gin.ResponseWriter            // 嵌入 gin 框架 ResponseWriter
    body            *bytes.Buffer // 用于记录的 response
}
// Write 写入响应体数据
func (w bodyLogWriter) Write(b []byte) (int, error) {
    w.body.Write(b)              // 记录一份
    return w.ResponseWriter.Write(b) // 真正写入响应
}
// ginBodyLogMiddleware 一个记录返回给客户端响应体的中间件
func ginBodyLogMiddleware(c *gin.Context) {
    blw := &bodyLogWriter{body: bytes.NewBuffer([]byte{}), ResponseWriter: c.Writer}
    c.Writer = blw // 使用我们自定义的类型替换默认的
    c.Next() // 执行业务逻辑
    fmt.Println("Response body: " + blw.body.String()) // 事后按需记录返回的响应
}
```

3. 跨域中间件 cors

推荐使用 GitHub 社区的 gin-contrib/cors 库，用一行代码解决前后端分离架构下的跨域问题。

注意：该中间件需要注册在业务处理函数前面。

这个库支持各种常用的配置项，具体使用方法如下。

```go
package main
import (
```

```
  "time"
  "github.com/gin-contrib/cors"
  "github.com/gin-gonic/gin"
)
func main() {
  router := gin.Default()
  router.Use(cors.New(cors.Config{
    AllowOrigins:     []string{"https://foo.com"},  // 允许跨域发来请求的网站
    AllowMethods:     []string{"GET", "POST", "PUT", "DELETE", "OPTIONS"},  // 允许
//的请求方法
    AllowHeaders:     []string{"Origin", "Authorization", "Content-Type"},
    ExposeHeaders:    []string{"Content-Length"},
    AllowCredentials: true,
    AllowOriginFunc: func(origin string) bool {  // 自定义过滤源站的方法
      return origin == "https://github.com"
    },
    MaxAge: 12 * time.Hour,
  }))
  router.Run()
}
```

你可像下面这样使用默认配置，允许所有的跨域请求。

```
func main() {
  router := gin.Default()
  // 写法 1
  router.Use(cors.Default())
  // 写法 2（以下三种任选其一）
  config := cors.DefaultConfig()
  config.AllowAllOrigins = true
  router.Use(cors.New(config))
  router.Run()
}
```

在 gin 框架中，我们可以为每个路由添加任意数量的中间件。为全局路由注册中间件的方法如下。

```
func main() {
  // 新建一个没有任何默认中间件的路由
  r := gin.New()
  // 注册一个全局中间件
  r.Use(StatCost())
  r.GET("/test", func(c *gin.Context) {
    name := c.MustGet("name").(string) // 从上下文取值
    log.Println(name)
    c.JSON(http.StatusOK, gin.H{
      "message": "Hello world!",
    })
```

```
    })
    r.Run()
}
```

为某个路由单独注册中间件的方法如下。

```
// 为 /test2 路由单独注册中间件（可注册多个）
    r.GET("/test2", StatCost(), func(c *gin.Context) {
        name := c.MustGet("name").(string) // 从上下文取值
        log.Println(name)
        c.JSON(http.StatusOK, gin.H{
            "message": "Hello world!",
        })
    })
```

为路由组注册中间件有两种写法。写法 1 如下。

```
shopGroup := r.Group("/shop", StatCost())
{
    shopGroup.GET("/index", func(c *gin.Context) {...})
    ...
}
```

写法 2 如下。

```
shopGroup := r.Group("/shop")
shopGroup.Use(StatCost())
{
    shopGroup.GET("/index", func(c *gin.Context) {...})
    ...
}
```

gin.Default()默认使用了 Logger 和 Recovery 中间件，其中：

- 即使配置了 GIN_MODE=release，Logger 中间件，也会将日志写入 gin.DefaultWriter。
- Recovery 中间件会 recover 任何 panic，如果有 panic，则会写入 500 响应码。

如果不想使用上面两个默认中间件，那么可以使用 gin.New()新建一个没有任何默认中间件的路由。

> **注意**：当你需要在中间件中启动新的 goroutine 时，为了并发安全，在创建的 goroutine 中不能使用原始的上下文（c *gin.Context），必须使用其只读副本（c.Copy()）。

运行多个服务

在使用 gin 框架开发 Web 程序时，我们可以在多个端口启动服务。

```
package main
import (
    "log"
```

```go
    "net/http"
    "time"
    "github.com/gin-gonic/gin"
    "golang.org/x/sync/errgroup"
)
var (
    g errgroup.Group
)
func router01() http.Handler {
    e := gin.New()
    e.Use(gin.Recovery())
    e.GET("/", func(c *gin.Context) {
        c.JSON(
            http.StatusOK,
            gin.H{
                "code": http.StatusOK,
                "error": "Welcome server 01",
            },
        )
    })
    return e
}
func router02() http.Handler {
    e := gin.New()
    e.Use(gin.Recovery())
    e.GET("/", func(c *gin.Context) {
        c.JSON(
            http.StatusOK,
            gin.H{
                "code": http.StatusOK,
                "error": "Welcome server 02",
            },
        )
    })
    return e
}
func main() {
    server01 := &http.Server{
        Addr:         ":8080",
        Handler:      router01(),
        ReadTimeout:  5 * time.Second,
        WriteTimeout: 10 * time.Second,
    }
    server02 := &http.Server{
        Addr:         ":8081",
        Handler:      router02(),
```

```
    ReadTimeout:  5 * time.Second,
    WriteTimeout: 10 * time.Second,
  }
 // 借助 errgroup.Group 或者自行开启两个 goroutine 分别启动两个服务
 g.Go(func() error {
    return server01.ListenAndServe()
 })
 g.Go(func() error {
    return server02.ListenAndServe()
 })
 if err := g.Wait(); err != nil {
    log.Fatal(err)
 }
}
```

13.2　MySQL

MySQL 是业界常用的关系型数据库，本节介绍如何使用 Go 语言操作 MySQL 数据库。

13.2.1　连接

Go 语言标准库 database/sql 提供了 SQL（或类 SQL）数据库的通用接口，它本身不提供任何具体的数据库驱动。使用 database/sql 包时必须注入至少一个数据库驱动。常用的数据库基本都有完整的第三方实现，完整的 SQL 驱动包列表见 https://github.com/golang/go/wiki/SQLDrivers，例如，我们连接 MySQL 数据库时可以使用 https://github.com/go-sql-driver/mysql。

下载依赖

```
go get github.com/go-sql-driver/mysql
```

使用 MySQL 驱动

```
import _ "github.com/go-sql-driver/mysql"
```

我们需要在代码中使用匿名 import 的方式引入 MySQL 驱动。之所以匿名导入是因为代码中并没有直接使用这个驱动包，而是通过该 import 语句执行驱动包中的 init 函数。从 MySQL 驱动包的源码中可以看到，其 init 函数只有一行。

```
// github.com/go-sql-driver/mysql/driver.go
func init() {
    sql.Register("mysql", &MySQLDriver{})
}
```

它调用 database/sql 包中 Register 函数向 drivers 添加了一个名为 mysql 的驱动。

```
// src/database/sql/sql.go
func Register(name string, driver driver.Driver) {
```

```
    driversMu.Lock()
    defer driversMu.Unlock()
    if driver == nil {
        panic("sql: Register driver is nil")
    }
    if _, dup := drivers[name]; dup {
        panic("sql: Register called twice for driver " + name)
    }
    drivers[name] = driver
}
```

drivers 则是 database/sql 包中维护的一个全局 map 变量，它管理着所有被添加的驱动，下面就是 drivers 在源码中的定义。

```
// src/database/sql/sql.go

var (
    driversMu sync.RWMutex
    drivers   = make(map[string]driver.Driver)
)
```

注意： 由于我们使用匿名导入的方式引入了 MySQL 驱动包，这通常不会触发编辑器的自动导入功能，所以一定要注意不要忘记在自己的代码中导入它。

创建数据库连接对象使用的是 database/sql 包中的 Open 函数，它会返回一个 *sql.DB 和错误，具体函数签名如下。

```
func Open(driverName, dataSourceName string) (*DB, error)
```

其中：

- dirverName 表示驱动名称，即我们导入驱动时向 database/sql 包注册的驱动名称。
- dataSourceName 表示数据源，一般至少包括数据库文件名和其他连接必要的信息。

下面是一个完整的示例。

```
import (
    "database/sql"

    _ "github.com/go-sql-driver/mysql"
)
func main() {
    // DSN 全称是 Data Source Name，表示要连接的数据源名称
    dsn := "user:password@tcp(127.0.0.1:3306)/dbname?charset=
utf8mb4&parseTime=True"
    db, err := sql.Open("mysql", dsn)
    if err != nil {
        panic(err)
```

```
    }
    defer db.Close()  // 注意这行代码要写在 err 判断的下面

    // 后续可使用 db 进行操作
}
```

思考题： 为什么上面代码中的 defer db.Close()语句不应该写在 if err != nil 的前面呢？

初始化连接

Open 函数只是简单验证参数格式是否正确，实际上并不创建与数据库的连接。如果要检查数据源信息是否真实有效，那么应该调用 Ping 方法。

返回的 DB 对象可以安全地被多个 goroutine 并发使用，并且维护其自己的空闲连接池。因此，Open 函数应该仅被调用一次，很少需要关闭这个 DB 对象。

```
// 定义一个全局对象 DB
var db *sql.DB
// 定义一个初始化数据库的函数
func initDB() (err error) {
    // DSN:Data Source Name
    dsn := "user:password@tcp(127.0.0.1:3306)/sql_test?charset=
utf8mb4&parseTime=True"
    // 不会校验账号密码是否正确
    // 注意：这里不要使用:=，我们给全局变量赋值，然后在其他函数中使用全局变量 db
    db, err = sql.Open("mysql", dsn)
    if err != nil {
        return err
    }
    // 尝试与数据库建立连接（校验 dsn 是否正确）
    err = db.Ping()
    if err != nil {
        return err
    }
    return nil
}

func main() {
    err := initDB() // 调用输出化数据库的函数
    if err != nil {
        fmt.Printf("init db failed,err:%v\n", err)
        return
    }
}
```

其中，sql.DB 是表示连接的数据库对象（结构体实例），它保存了连接数据库相关的所有信息。

内部维护着一个具有零到多个底层连接的连接池，可以安全地被多个 goroutine 同时使用。

SetMaxOpenConns

```
func (db *DB) SetMaxOpenConns(n int)
```

SetMaxOpenConns 设置与数据库建立连接的最大数目。

如果 n 大于 0 且小于最大闲置连接数，则将最大闲置连接数减小到匹配的最大开启连接数。

如果 n≤0，则不会限制最大开启连接数，默认为 0（无限制）。

SetMaxIdleConns

```
func (db *DB) SetMaxIdleConns(n int)
```

SetMaxIdleConns 设置连接池中的最大闲置连接数。

如果 n 大于最大开启连接数，则新的最大闲置连接数会减小到匹配的最大开启连接数。

如果 n≤0，则不会保留闲置连接。

13.2.2　CRUD

准备 MySQL 环境

读者可以自行安装 MySQL 或使用各类云数据库，这里推荐使用 Docker 快速搭建一个可用的测试环境，需要提前安装好 Docker。

使用以下命令启动一个名为 mysql8019 的 MySQL Server（v8.0.19），root 账户的密码为 root1234。

```
docker run --name mysql8019 -p 3306:3306 -d -e MYSQL_ROOT_PASSWORD=root1234
mysql:8.0.19
```

使用下面的命令启动一个 MySQL 客户端连接上面的数据库。

```
docker run -it --network host --rm mysql:8.0.19 mysql
--default-character-set=utf8mb4 -h127.0.0.1 -P3306 -uroot -p
```

至此，一个简单的测试数据库就准备好了。

建库建表

在 MySQL 中创建一个名为 sql_test 的数据库。

```
CREATE DATABASE sql_test;
```

进入该数据库。

```
use sql_test;
```

执行以下命令创建一张用于测试的数据表。

```
CREATE TABLE `user` (
    `id` BIGINT(20) NOT NULL AUTO_INCREMENT,
    `name` VARCHAR(20) DEFAULT '',
    `age` INT(11) DEFAULT '0',
    PRIMARY KEY(`id`)
)ENGINE=InnoDB AUTO_INCREMENT=1 DEFAULT CHARSET=utf8mb4;
```

查询

为了方便查询，我们事先定义好一个结构体来存储 user 表的数据。

```
type user struct {
    id   int
    age  int
    name string
}
```

1. 单行查询

单行查询 db.QueryRow 执行一次查询，并期望返回最多一行结果（即 Row）。QueryRow 总是返回非 nil 的值，直到返回值的 Scan 方法被调用，才会返回被延迟的错误（例如未找到结果）。

```
func (db *DB) QueryRow(query string, args ...interface{}) *Row
```

具体示例代码。

```
// 查询单条数据示例
func queryRowDemo() {
    sqlStr := "select id, name, age from user where id=?"
    var u user
    // 注意：确保在 QueryRow 之后调用 Scan 方法，否则持有的数据库链接不会被释放
    err := db.QueryRow(sqlStr, 1).Scan(&u.id, &u.name, &u.age)
    if err != nil {
        fmt.Printf("scan failed, err:%v\n", err)
        return
    }
    fmt.Printf("id:%d name:%s age:%d\n", u.id, u.name, u.age)
}
```

2. 多行查询

多行查询 db.Query 执行一次查询，返回多行结果（即 Rows），一般用于执行 select 命令。args 表示 query 中的占位参数。

```
func (db *DB) Query(query string, args ...interface{}) (*Rows, error)
```

具体示例代码。

```
// 查询多条数据示例
func queryMultiRowDemo() {
```

```
sqlStr := "select id, name, age from user where id > ?"
rows, err := db.Query(sqlStr, 0)
if err != nil {
    fmt.Printf("query failed, err:%v\n", err)
    return
}
// 注意：关闭 rows 释放持有的数据库链接
defer rows.Close()
// 循环读取结果集中的数据
for rows.Next() {
    var u user
    err := rows.Scan(&u.id, &u.name, &u.age)
    if err != nil {
        fmt.Printf("scan failed, err:%v\n", err)
        return
    }
    fmt.Printf("id:%d name:%s age:%d\n", u.id, u.name, u.age)
}
}
```

插入数据

插入、更新和删除操作都使用 Exec 方法。

```
func (db *DB) Exec(query string, args ...interface{}) (Result, error)
```

Exec 方法执行一次命令（包括查询、删除、更新、插入等），返回的 Result 是对已执行的 SQL 命令的总结。参数 args 表示 query 中的占位参数。

插入数据的示例代码如下。

```
// 插入数据
func insertRowDemo() {
    sqlStr := "insert into user(name, age) values (?,?)"
    ret, err := db.Exec(sqlStr, "王五", 38)
    if err != nil {
        fmt.Printf("insert failed, err:%v\n", err)
        return
    }
    theID, err := ret.LastInsertId() // 新插入数据的 id
    if err != nil {
        fmt.Printf("get lastinsert ID failed, err:%v\n", err)
        return
    }
    fmt.Printf("insert success, the id is %d.\n", theID)
}
```

更新数据

更新数据的示例代码如下。

```
// 更新数据
func updateRowDemo() {
    sqlStr := "update user set age=? where id = ?"
    ret, err := db.Exec(sqlStr, 39, 3)
    if err != nil {
        fmt.Printf("update failed, err:%v\n", err)
        return
    }
    n, err := ret.RowsAffected() // 操作影响的行数
    if err != nil {
        fmt.Printf("get RowsAffected failed, err:%v\n", err)
        return
    }
    fmt.Printf("update success, affected rows:%d\n", n)
}
```

删除数据

删除数据的示例代码如下。

```
// 删除数据
func deleteRowDemo() {
    sqlStr := "delete from user where id = ?"
    ret, err := db.Exec(sqlStr, 3)
    if err != nil {
        fmt.Printf("delete failed, err:%v\n", err)
        return
    }
    n, err := ret.RowsAffected() // 操作影响的行数
    if err != nil {
        fmt.Printf("get RowsAffected failed, err:%v\n", err)
        return
    }
    fmt.Printf("delete success, affected rows:%d\n", n)
}
```

13.2.3　预处理

预处理与普通 SQL 语句执行过程的区别如下。

普通 SQL 语句执行过程。

- 客户端替换 SQL 语句占位符得到完整的 SQL 语句。
- 客户端发送完整 SQL 语句到 MySQL 服务端。

- MySQL 服务端执行完整的 SQL 语句并将结果返回给客户端。

预处理执行过程。

- 把 SQL 语句分成命令部分与数据部分。
- 先把命令部分发送给 MySQL 服务端，MySQL 服务端进行 SQL 语句预处理。
- 再把数据部分发送给 MySQL 服务端，MySQL 服务端替换 SQL 语句占位符。
- MySQL 服务端执行完整的 SQL 语句并将结果返回给客户端。

进行预处理，优化 MySQL 服务器重复执行 SQL 的方法，可以提升服务器性能，提前让服务器进行编译，一次编译多次执行，节省后续编译的成本。同时，预处理可以避免 SQL 注入问题。

database/sql 库中提供了下面的 Prepare 方法来实现 MySQL 预处理。

```go
func (db *DB) Prepare(query string) (*Stmt, error)
```

Prepare 方法会先将 SQL 语句发送给 MySQL 服务端，返回一个准备好的状态用于之后的查询和命令。返回值可以同时执行多个查询和命令。

下面的示例代码演示了如何在批量查询时进行预处理。

```go
// 预处理查询示例
func prepareQueryDemo() {
    sqlStr := "select id, name, age from user where id > ?"
    stmt, err := db.Prepare(sqlStr)
    if err != nil {
        fmt.Printf("prepare failed, err:%v\n", err)
        return
    }
    defer stmt.Close()
    rows, err := stmt.Query(0)
    if err != nil {
        fmt.Printf("query failed, err:%v\n", err)
        return
    }
    defer rows.Close()
    // 循环读取结果集中的数据
    for rows.Next() {
        var u user
        err := rows.Scan(&u.id, &u.name, &u.age)
        if err != nil {
            fmt.Printf("scan failed, err:%v\n", err)
            return
        }
        fmt.Printf("id:%d name:%s age:%d\n", u.id, u.name, u.age)
    }
}
```

插入、更新和删除操作的预处理十分类似，这里以插入操作的预处理为例。

```go
// 预处理插入示例
func prepareInsertDemo() {
    sqlStr := "insert into user(name, age) values (?,?)"
    stmt, err := db.Prepare(sqlStr)
    if err != nil {
        fmt.Printf("prepare failed, err:%v\n", err)
        return
    }
    defer stmt.Close()
    _, err = stmt.Exec("小王子", 18)
    if err != nil {
        fmt.Printf("insert failed, err:%v\n", err)
        return
    }
    _, err = stmt.Exec("沙河娜扎", 18)
    if err != nil {
        fmt.Printf("insert failed, err:%v\n", err)
        return
    }
    fmt.Println("insert success.")
}
```

13.2.4　SQL 注入问题

注意：任何时候都不应该直接使用外部输入拼接 SQL 语句。

这里演示一个自行拼接 SQL 语句的示例，编写一个根据 name 字段查询 user 表的函数如下。

```go
// SQL 注入示例
func sqlInjectDemo(name string) {
    sqlStr := fmt.Sprintf("select id, name, age from user where name='%s'", name)
    fmt.Printf("SQL:%s\n", sqlStr)
    var u user
    err := db.QueryRow(sqlStr).Scan(&u.id, &u.name, &u.age)
    if err != nil {
        fmt.Printf("exec failed, err:%v\n", err)
        return
    }
    fmt.Printf("user:%#v\n", u)
}
```

此时以下字符串都可以引发 SQL 语句注入问题。

```go
sqlInjectDemo("xxx' or 1=1#")
sqlInjectDemo("xxx' union select * from user #")
sqlInjectDemo("xxx' and (select count(*) from user) <10 #")
```

在不同的数据库中，SQL 语句使用的占位符语法不尽相同，如表 13-1 所示。

表 13-1

数 据 库	占位符语法
MySQL	?
PostgreSQL	$1, $2 等
SQLite	? 和$1
Oracle	:name

13.2.5　实现 MySQL 事务

事务（Transaction）是不可再分的最小工作单元。通常一个事务对应一个完整的业务（例如银行转账业务就是一个最小工作单元），这个完整的业务需要执行多次 DML（insert、update、delete）操作。例如，A 转账给 B 这个业务就需要执行两次 update 操作。

在 MySQL 中，只有使用了 InnoDB 数据库引擎的数据库或表才支持事务，事务处理可以用来维护数据库的完整性，保证成批的 SQL 语句要么全部执行，要么全部不执行。

事务的 ACID

事务必须满足 4 个条件（ACID）：原子性（Atomicity，又称不可分割性）、一致性（Consistency）、隔离性（Isolation，又称独立性）、持久性（Durability）。每个条件及其对应的解释如表 13-2 所示。

表 13-2

条　件	解　释
原子性	一个事务中的所有操作要么全部完成，要么全部不完成，不会在中间某个环节结束。事务在执行过程中发生错误会被回滚（Rollback）到事务开始前的状态，就像这个事务从来没有执行过一样
一致性	在事务开始之前和事务结束以后，数据库的完整性没有被破坏。这表示写入的资料必须完全符合所有的预设规则，这包含资料的精确度、串联性以及后续数据库可以自发性地完成预定的工作
隔离性	数据库允许多个并发事务同时对数据进行读写和修改，隔离性可以防止由于多个事务交叉执行而导致数据不一致。事务隔离分为不同级别，包括读未提交（read uncommitted）、读提交（read committed）、可重复读（repeatable read）和串行化（serializable）
持久性	事务处理结束后，对数据的修改是永久的，即便系统发生故障也不会丢失

事务相关方法

Go 语言中使用以下三个方法实现 MySQL 中的事务操作。

开始事务。

```
func (db *DB) Begin() (*Tx, error)
```

提交事务。

```
func (tx *Tx) Commit() error
```

回滚事务。

```
func (tx *Tx) Rollback() error
```

事务示例

下面的代码演示了一个简单的事务操作，该事物操作能够确保两次更新操作要么同时成功，要么同时失败，不存在中间状态。

```
// 事务操作示例
func transactionDemo() {
    tx, err := db.Begin() // 开启事务
    if err != nil {
        if tx != nil {
            tx.Rollback() // 回滚
        }
        fmt.Printf("begin trans failed, err:%v\n", err)
        return
    }
    sqlStr1 := "Update user set age=30 where id=?"
    ret1, err := tx.Exec(sqlStr1, 2)
    if err != nil {
        tx.Rollback() // 回滚
        fmt.Printf("exec sql1 failed, err:%v\n", err)
        return
    }
    affRow1, err := ret1.RowsAffected()
    if err != nil {
        tx.Rollback() // 回滚
        fmt.Printf("exec ret1.RowsAffected() failed, err:%v\n", err)
        return
    }
    sqlStr2 := "Update user set age=40 where id=?"
    ret2, err := tx.Exec(sqlStr2, 3)
    if err != nil {
        tx.Rollback() // 回滚
        fmt.Printf("exec sql2 failed, err:%v\n", err)
        return
    }
    affRow2, err := ret2.RowsAffected()
    if err != nil {
        tx.Rollback() // 回滚
        fmt.Printf("exec ret1.RowsAffected() failed, err:%v\n", err)
        return
    }
    fmt.Println(affRow1, affRow2)
```

```
    if affRow1 == 1 && affRow2 == 1 {
        fmt.Println("事务提交啦...")
        tx.Commit() // 提交事务
    } else {
        tx.Rollback()
        fmt.Println("事务回滚啦...")
    }
    fmt.Println("exec trans success!")
}
```

练习题

结合 net/http 和 database/sql 实现一个使用 MySQL 存储用户信息的注册及登录的简易 web 程序。

参考答案见本书 GitHub 代码仓库 Q1mi/the-road-to-learn-golang。

13.3　sqlx

在项目中可能会使用标准库 database/sql 连接 MySQL 数据库，而 sqlx 可以认为是 database/sql 的超集，它在 database/sql 基础上提供了一些易用的方法扩展，主要包括以下几种。

- 支持将查询结果直接解析到结构体、map 和切片。
- 支持命名参数。
- 支持使用 Get 和 Select 快捷地查询数据至结构体或切片。

除此之外，sqlx 还提供了很多强大的功能，例如各种便捷的查询、批量插入数据等。

使用下面的命令安装 sqlx。

```
go get github.com/jmoiron/sqlx
```

13.3.1　基本使用

连接数据库

sqlx 包连接数据库使用的是 Connect 方法，这个方法包含了 Open 和 Ping 两个操作。

```
func Connect(driverName, dataSourceName string) (*DB, error) {
    db, err := Open(driverName, dataSourceName)
    if err != nil {
        return nil, err
    }
    err = db.Ping()
    if err != nil {
        db.Close()
        return nil, err
```

```
    }
    return db, nil
}
```

sqlx 还支持连接池相关设置，使用 sqlx 连接数据库的完整示例代码如下。

```
package main
import (
    "database/sql/driver"
    "fmt"
    _ "github.com/go-sql-driver/mysql"
    "github.com/jmoiron/sqlx"
)
var db *sqlx.DB
func initDB() (err error) {
    dsn := "user:password@tcp(127.0.0.1:3306)/sql_test?charset=
utf8mb4&parseTime=True"
    // 也可以使用 MustConnect，连接不成功就 panic
    db, err = sqlx.Connect("mysql", dsn)
    if err != nil {
        fmt.Printf("connect DB failed, err:%v\n", err)
        return
    }
    // 连接池设置
    db.SetMaxOpenConns(20)
    db.SetMaxIdleConns(10)
    return
}
```

注意：不要忘记导入数据库驱动包。

查询

查询单行数据时可以直接使用 Get 方法将查询到的结果解析至结构体变量，示例代码如下。

```
// 查询单条数据
func queryRowDemo() {
    sqlStr := "select id, name, age from user where id=?"
    var u user
    err := db.Get(&u, sqlStr, 1)
    if err != nil {
        fmt.Printf("get failed, err:%v\n", err)
        return
    }
    fmt.Printf("id:%d name:%s age:%d\n", u.ID, u.Name, u.Age)
}
```

查询多行数据时可以使用 Select 方法将查询结果解析至结构体切片，示例代码如下。

```
// 查询多条数据
func queryMultiRowDemo() {
    sqlStr := "select id, name, age from user where id > ?"
    var users []user
    err := db.Select(&users, sqlStr, 0)
    if err != nil {
        fmt.Printf("query failed, err:%v\n", err)
        return
    }
    fmt.Printf("users:%#v\n", users)
}
```

插入、更新和删除

sqlx 中的 exec 与标准库 sql 包中的 exec 的使用方法基本一致。

```
// 插入数据
func insertRowDemo() {
    sqlStr := "insert into user(name, age) values (?,?)"
    ret, err := db.Exec(sqlStr, "沙河小王子", 19)
    if err != nil {
        fmt.Printf("insert failed, err:%v\n", err)
        return
    }
    theID, err := ret.LastInsertId() // 新插入数据的 id
    if err != nil {
        fmt.Printf("get lastinsert ID failed, err:%v\n", err)
        return
    }
    fmt.Printf("insert success, the id is %d.\n", theID)
}
// 更新数据
func updateRowDemo() {
    sqlStr := "update user set age=? where id = ?"
    ret, err := db.Exec(sqlStr, 39, 6)
    if err != nil {
        fmt.Printf("update failed, err:%v\n", err)
        return
    }
    n, err := ret.RowsAffected() // 操作影响的行数
    if err != nil {
        fmt.Printf("get RowsAffected failed, err:%v\n", err)
        return
    }
    fmt.Printf("update success, affected rows:%d\n", n)
}
// 删除数据
```

```go
func deleteRowDemo() {
    sqlStr := "delete from user where id = ?"
    ret, err := db.Exec(sqlStr, 6)
    if err != nil {
        fmt.Printf("delete failed, err:%v\n", err)
        return
    }
    n, err := ret.RowsAffected() // 操作影响的行数
    if err != nil {
        fmt.Printf("get RowsAffected failed, err:%v\n", err)
        return
    }
    fmt.Printf("delete success, affected rows:%d\n", n)
}
```

NamedQuery

NamedQuery 方法支持命名参数查询，可以在 SQL 语句中使用:var 与 map 中的 key 或结构体中的字段绑定。

下面的代码分别演示了如何使用 map 和结构体进行 NamedQuery 查询。

```go
// NamedQuery 查询示例
func namedQuery(){
    sqlStr := "SELECT * FROM user WHERE name=:name"

    // 使用 map[string]interface{}命名查询
    m := map[string]interface{}{
        "name": "七米", // key 与 SQL 中的占位符对应
    }
    // 使用"七米"替换 SQL 语句中的:name
    rows, err := db.NamedQuery(sqlStr, m)
    if err != nil {
        fmt.Printf("db.NamedQuery by map failed, err:%v\n", err)
        return
    }
    defer rows.Close()
    for rows.Next(){
        var u user
        if err := rows.StructScan(&u);err != nil {
            fmt.Printf("scan failed, err:%v\n", err)
            continue
        }
        fmt.Printf("got user:%#v\n", u)
    }

    // 使用结构体命名查询
```

```
    u := user{
        Name: "七米",   // 字段的db tag 与 SQL 中的占位符对应
    }
    // 根据结构体字段的 db tag 进行映射
    rows, err = db.NamedQuery(sqlStr, u)
    if err != nil {
        fmt.Printf("db.NamedQuery by struct failed, err:%v\n", err)
        return
    }
    defer rows.Close()
    for rows.Next(){
        var u user
        if err := rows.StructScan(&u);err != nil {
            fmt.Printf("scan failed, err:%v\n", err)
            continue
        }
        fmt.Printf("got user:%#v\n", u)
    }
}
```

NamedExec

DB.NamedExec 的用法与 NamedQuery 类似，下面的示例代码分别演示了如何使用 map 和结构体传递参数实现数据插入。

```
// insertUserDemo 插入数据示例
func insertUserDemo() (err error) {
    sqlStr := "INSERT INTO user (name,age) VALUES (:name,:age)"
    // 使用 map 传递参数
    var newUser1 = map[string]interface{}{
        "name": "liwenzhou1",
        "age":  30,
    }
    if _, err := db.NamedExec(sqlStr, newUser1);err!=nil{
        return err
    }
    // 使用结构体传递参数
    var newUser2 = user{
        Name: "liwenzhou2",
        Age: 30,
    }
    if _, err := db.NamedExec(sqlStr, newUser2);err!=nil{
        return err
    }
    return
}
```

事务操作

可以使用 sqlx 包中提供的 db.Beginx 和 tx.Exec 方法实现事务，示例代码如下。

```go
// transactionDemo2 事务示例
func transactionDemo2()(err error) {
    tx, err := db.Beginx() // 开启事务
    if err != nil {
        fmt.Printf("begin trans failed, err:%v\n", err)
        return err
    }
    defer func() {
        if p := recover(); p != nil {
            tx.Rollback()
            panic(p) // 在回滚后抛出 panic
        } else if err != nil {
            fmt.Println("rollback")
            tx.Rollback() // 执行出错要回滚
        } else {
            err = tx.Commit() // 未出错则提交
            fmt.Println("commit")
        }
    }()
    sqlStr1 := "Update user set age=20 where id=?"
    rs, err := tx.Exec(sqlStr1, 1)
    if err!= nil{
        return err
    }
    n, err := rs.RowsAffected()
    if err != nil {
        return err
    }
    if n != 1 {
        return errors.New("exec sqlStr1 failed")
    }
    sqlStr2 := "Update user set age=50 where i=?"
    rs, err = tx.Exec(sqlStr2, 5)
    if err!=nil{
        return err
    }
    n, err = rs.RowsAffected()
    if err != nil {
        return err
    }
    if n != 1 {
        return errors.New("exec sqlStr1 failed")
    }
}
```

```
    return err
}
```

批量插入

可以使用 sqlx 包中的 NameExec 实现批量插入，代码如下。

```
// batchInsertUsers 使用 NamedExec 实现批量插入
func batchInsertUsers() error {
    sqlStr := "INSERT INTO user (name, age) VALUES (:name, :age)"
    // 使用 map[string]interface{}实现批量插入
    userMaps := []map[string]interface{}{
        {"name": "小红", "age": 18,},
        {"name": "小兰", "age": 19,},
        {"name": "小黑", "age": 20,},
    }
    if _, err := db.NamedExec(sqlStr, userMaps);err !=nil{
        return err
    }
    // 使用结构体实现批量插入
    userStructs := []user{
        {Name: "小 C", Age: 20},
        {Name: "小 G", Age: 21},
        {Name: "小 Z", Age: 22},
    }
    if _, err := db.NamedExec(sqlStr, userStructs);err !=nil{
        return err
    }
    return nil
}
```

把上面三种方法综合起来试一下。

```
func main() {
    err := initDB()
    if err != nil {
        panic(err)
    }
    defer DB.Close()
    u1 := User{Name: "七米", Age: 18}
    u2 := User{Name: "q1mi", Age: 28}
    u3 := User{Name: "小王子", Age: 38}
    // 方法 1
    users := []*User{&u1, &u2, &u3}
    err = BatchInsertUsers(users)
    if err != nil {
        fmt.Printf("BatchInsertUsers failed, err:%v\n", err)
    }
```

```
    // 方法 2
    users2 := []interface{}{u1, u2, u3}
    err = BatchInsertUsers2(users2)
    if err != nil {
        fmt.Printf("BatchInsertUsers2 failed, err:%v\n", err)
    }
    // 方法 3
    users3 := []*User{&u1, &u2, &u3}
    err = BatchInsertUsers3(users3)
    if err != nil {
        fmt.Printf("BatchInsertUsers3 failed, err:%v\n", err)
    }
}
```

13.3.2　in 查询示例

sqlx 包中还支持使用 sqlx.In 实现 in 查询和 FIND_IN_SET 函数，即实现类似下面的查询。

```
SELECT * FROM user WHERE id in (3, 2, 1);
SELECT * FROM user WHERE id in (3, 2, 1) ORDER BY FIND_IN_SET(id, '3,2,1');
```

in 查询

根据指定的 id 列表查询数据。

```
// QueryByIDs 根据给定的 id列表查询
func QueryByIDs(ids []int)(users []User, err error){
    // 动态填充id
    query, args, err := sqlx.In("SELECT name, age FROM user WHERE id IN (?)", ids)
    if err != nil {
        return
    }
    // sqlx.In 返回带 `?` bindvar 的查询语句，我们使用 Rebind() 重新绑定它
    query = DB.Rebind(query)
    err = DB.Select(&users, query, args...)
    return
}
```

FIND_IN_SET 函数

有时候我们希望在根据指定 id 列表查询数据的同时保持指定的顺序，在这种场景中可以按如下方式使用 FIND_IN_SET 函数。

```
// QueryAndOrderByIDs 按照指定 id查询并维护顺序
func QueryAndOrderByIDs(ids []int)(users []User, err error){
    // 动态填充id
    strIDs := make([]string, 0, len(ids))
    for _, id := range ids {
```

```
            strIDs = append(strIDs, fmt.Sprintf("%d", id))
    }
    query, args, err := sqlx.In("SELECT name, age FROM user WHERE id IN (?) ORDER
BY FIND_IN_SET(id, ?)", ids, strings.Join(strIDs, ","))
    if err != nil {
        return
    }
    // sqlx.In 返回带 `?` bindvar 的查询语句, 使用 Rebind() 重新绑定它
    query = DB.Rebind(query)
    err = DB.Select(&users, query, args...)
    return
}
```

当然，在这个例子里面也可以先使用 in 查询，然后通过代码按给定的 ids 对查询结果进行排序。

13.4　Redis

Redis 是一个开源的内存数据库，提供了多种不同类型的数据结构，很多业务场景中的问题都可以很自然地映射到这些数据结构上。除此之外，通过复制、持久化和客户端分片等特性，可以很方便地将 Redis 扩展成一个能够包含数百 GB 数据、每秒处理上百万次请求的系统。

Redis 支持字符串（string）、散列（hash）、列表（list）、集合（set）、带范围查询的排序集合（sorted set）、bitmap、hyperloglog、带半径查询的地理空间索引（geospatial index）和流（stream）等数据结构。

Redis 的应用场景如下。

- 缓存系统，减轻主数据库（MySQL）的压力。
- 计数场景，例如微博、抖音中的关注数和粉丝数。
- 热门排行榜，需要排序的场景特别适合使用 zset。
- 利用 LIST 可以实现队列的功能。
- 利用 HyperLogLog 统计 UV、PV 等数据。
- 使用 geospatial index 查询地理位置等信息。

读者可以选择在本机安装 Redis 或使用云数据库，这里直接使用 Docker 启动一个 Redis 环境，方便学习使用。

使用下面的命令启动一个名为 redis507 的 5.0.7 版本的 redis server 环境。

```
docker run --name redis507 -p 6379:6379 -d redis:5.0.7
```

注意： 此处的版本、容器名和端口号可以根据自己的需要设置。

启动一个 redis-cli 连接上面的 redis server。

```
docker run -it --network host --rm redis:5.0.7 redis-cli
```

13.4.1 go-redis 库

Go 社区中目前有很多成熟的 redis client 库，例如 GitHub 代码库中的 gomodule/redigo 和 redis/go-redis，读者可以自行选择适合自己的库。本书使用 go-redis 这个库来操作 Redis 数据库。

使用以下命令安装 go-redis 库。

```
go get github.com/redis/go-redis/v9
```

在项目中按如下方式导入 go-redis 库。

```
import "github.com/redis/go-redis/v9"
```

普通连接模式

go-redis 库中使用 redis.NewClient 函数连接 Redis 服务器。

```
rdb := redis.NewClient(&redis.Options{
    Addr:     "localhost:6379",
    Password: "", // 密码
    DB:       0, // 数据库
    PoolSize: 20, // 连接池大小
})
```

除此之外，还可以使用 redis.ParseURL 函数从表示数据源的字符串中解析得到 Redis 服务器的配置信息。

```
opt, err := redis.ParseURL("redis://<user>:<pass>@localhost:6379/<db>")
if err != nil {
    panic(err)
}

rdb := redis.NewClient(opt)
```

TLS 连接模式

如果使用的是 TLS 连接方式，则需要使用 tls.Config 配置。

```
rdb := redis.NewClient(&redis.Options{
    TLSConfig: &tls.Config{
        MinVersion: tls.VersionTLS12,
    },
})
```

Redis Sentinel 模式

使用下面的命令连接到由 Redis Sentinel 管理的 Redis 服务器。

```
rdb := redis.NewFailoverClient(&redis.FailoverOptions{
    MasterName:    "master-name",
    SentinelAddrs: []string{":9126", ":9127", ":9128"},
})
```

Redis Cluster 模式

使用下面的命令连接到 Redis Cluster，go-redis 库支持按延时或随机路由命令。

```
rdb := redis.NewClusterClient(&redis.ClusterOptions{
    Addrs: []string{":7000", ":7001", ":7002", ":7003", ":7004", ":7005"},
    // 时根据延迟路由命令，将命令路由到延时低的节点
    // RouteByLatency: true,
    //随机路由命令，将命令路由到随机节点
    // RouteRandomly: true,
})
```

13.4.2 基本使用

执行命令

下面的示例代码演示了 go-redis 库的基本使用方法。

```
// doCommand go-redis 库基本使用示例
func doCommand() {
    ctx, cancel := context.WithTimeout(context.Background(), 500*time.Millisecond)
    defer cancel()
    // 执行命令获取结果
    val, err := rdb.Get(ctx, "key").Result()
    fmt.Println(val, err)
    // 获取命令对象
    cmder := rdb.Get(ctx, "key")
    fmt.Println(cmder.Val()) // 获取值
    fmt.Println(cmder.Err()) // 获取错误
    // 直接执行命令获取错误
    err = rdb.Set(ctx, "key", 10, time.Hour).Err()
    // 直接执行命令获取值
    value := rdb.Get(ctx, "key").Val()
    fmt.Println(value)
}
```

执行任意命令

go-redis 库还提供了一个执行任意命令或自定义命令的 Do 方法，对于可以使用该方法执行 go-redis 库暂时不支持的命令，具体使用方法如下。

```
// doDemo rdb.Do 方法使用示例
func doDemo() {
    ctx, cancel := context.WithTimeout(context.Background(), 500*time.Millisecond)
```

```
    defer cancel()
    // 直接执行命令获取错误
    err := rdb.Do(ctx, "set", "key", 10, "EX", 3600).Err()
    fmt.Println(err)
    // 执行命令获取结果
    val, err := rdb.Do(ctx, "get", "key").Result()
    fmt.Println(val, err)
}
```

redis.Nil

go-redis 库提供了 redis.Nil 错误来表示 key 不存在，因此，在使用 go-redis 库时需要注意对返回错误的判断。在某些场景中，我们应该区别处理 redis.Nil 和其他不为 nil 的错误。

```
// getValueFromRedis redis.Nil 判断
func getValueFromRedis(key, defaultValue string) (string, error) {
    ctx, cancel := context.WithTimeout(context.Background(), 500*time.Millisecond)
    defer cancel()
    val, err := rdb.Get(ctx, key).Result()
    if err != nil {
        // 如果返回的错误则表示 key 不存在
        if errors.Is(err, redis.Nil) {
            return defaultValue, nil
        }
        // 出其他错了
        return "", err
    }
    return val, nil
}
```

13.4.3　其他示例

zset 示例

下面的示例代码演示了如何使用 go-redis 库操作 zset，使用 redis.Z 类型来表示 zset 中的元素。

```
// zsetDemo 操作 zset 示例
func zsetDemo() {
    // key
    zsetKey := "language_rank"
    // value
    languages := []redis.Z{
        {Score: 90.0, Member: "Golang"},
        {Score: 98.0, Member: "Java"},
        {Score: 95.0, Member: "Python"},
        {Score: 97.0, Member: "JavaScript"},
        {Score: 99.0, Member: "C/C++"},
    }
```

```go
    ctx, cancel := context.WithTimeout(context.Background(), 500*time.Millisecond)
    defer cancel()
    // ZADD
    err := rdb.ZAdd(ctx, zsetKey, languages...).Err()
    if err != nil {
        fmt.Printf("zadd failed, err:%v\n", err)
        return
    }
    fmt.Println("zadd success")
    // 把 Golang 的分数加 10
    newScore, err := rdb.ZIncrBy(ctx, zsetKey, 10.0, "Golang").Result()
    if err != nil {
        fmt.Printf("zincrby failed, err:%v\n", err)
        return
    }
    fmt.Printf("Golang's score is %f now.\n", newScore)
    // 取分数最高的 3 个
    ret := rdb.ZRevRangeWithScores(ctx, zsetKey, 0, 2).Val()
    for _, z := range ret {
        fmt.Println(z.Member, z.Score)
    }
    // 取 95~100 分的
    op := &redis.ZRangeBy{
        Min: "95",
        Max: "100",
    }
    ret, err = rdb.ZRangeByScoreWithScores(ctx, zsetKey, op).Result()
    if err != nil {
        fmt.Printf("zrangebyscore failed, err:%v\n", err)
        return
    }
    for _, z := range ret {
        fmt.Println(z.Member, z.Score)
    }
}
```

执行上面的函数将得到如下结果。

```
zadd success
Golang's score is 100.000000 now.
Golang 100
C/C++ 99
Java 98
Python 95
JavaScript 97
Java 98
C/C++ 99
```

Golang 100

扫描或遍历所有 key

在 Redis 中可以使用 KEYS prefix* 命令按前缀查找符合条件的所有 key，go-redis 库中提供了 Keys 方法实现类似功能。例如使用以下命令查询所有以 user: 为前缀的 key（user:cart:10、user:order:2023 等）。

```
vals, err := rdb.Keys(ctx, "user:*").Result()
```

如果需要扫描数百万的 key，那么速度会比较慢。在这种场景中可以使用 Scan 命令来遍历所有符合要求的 key。

```go
// scanKeysDemo1 按前缀查找所有 key 示例
func scanKeysDemo1() {
    ctx, cancel := context.WithTimeout(context.Background(), 500*time.Millisecond)
    defer cancel()
    var cursor uint64
    for {
        var keys []string
        var err error
        // 按前缀扫描 key
        keys, cursor, err = rdb.Scan(ctx, cursor, "prefix:*", 0).Result()
        if err != nil {
            panic(err)
        }
        for _, key := range keys {
            fmt.Println("key", key)
        }
        if cursor == 0 { // no more keys
            break
        }
    }
}
```

针对这种需要遍历大量 key 的场景，go-redis 中提供了一个简化方法——Iterator，其使用示例如下。

```go
// scanKeysDemo2 按前缀扫描 key 示例
func scanKeysDemo2() {
    ctx, cancel := context.WithTimeout(context.Background(), 500*time.Millisecond)
    defer cancel()
    // 按前缀扫描 key
    iter := rdb.Scan(ctx, 0, "prefix:*", 0).Iterator()
    for iter.Next(ctx) {
        fmt.Println("keys", iter.Val())
    }
    if err := iter.Err(); err != nil {
```

```
        panic(err)
    }
}
```

我们可以写出一个将所有指定模式的 key 删除的示例。

```
// delKeysByMatch 按 match 格式扫描所有 key 并删除
func delKeysByMatch(match string, timeout time.Duration) {
    ctx, cancel := context.WithTimeout(context.Background(), timeout)
    defer cancel()
    iter := rdb.Scan(ctx, 0, match, 0).Iterator()
    for iter.Next(ctx) {
        err := rdb.Del(ctx, iter.Val()).Err()
        if err != nil {
            panic(err)
        }
    }
    if err := iter.Err(); err != nil {
        panic(err)
    }
}
```

此外，对于 Redis 中的 set、hash、zset 数据类型，go-redis 也支持类似的遍历方法。

```
iter := rdb.SScan(ctx, "set-key", 0, "prefix:*", 0).Iterator()
iter := rdb.HScan(ctx, "hash-key", 0, "prefix:*", 0).Iterator()
iter := rdb.ZScan(ctx, "sorted-hash-key", 0, "prefix:*", 0).Iterator(
```

13.4.4　pipeline

Redis 的 pipeline 允许通过使用单个 client-server-client 往返执行多个命令来提高性能。区别于一个接一个地执行 100 个命令，你可以将这些命令放入 pipeline 中，然后使用 1 次读写操作像执行单个命令一样执行它们。这样做的好处是节省了执行命令的网络往返时间（RTT）。

下面的示例代码使用 pipeline 通过一个 write + read 操作来执行多个命令。

```
pipe := rdb.Pipeline()
incr := pipe.Incr(ctx, "pipeline_counter")
pipe.Expire(ctx, "pipeline_counter", time.Hour)
cmds, err := pipe.Exec(ctx)
if err != nil {
    panic(err)
}
// 执行 pipe.Exec 后才能获取结果
fmt.Println(incr.Val())
```

上面的代码相当于将以下两个命令一次发给 Redis 服务端执行，与不使用 pipeline 相比能减少一次 RTT。

```
INCR pipeline_counter
EXPIRE pipeline_counts 3600
```

也可以使用 Pipelined 方法，它会在函数退出时调用 Exec。

```
var incr *redis.IntCmd
cmds, err := rdb.Pipelined(ctx, func(pipe redis.Pipeliner) error {
    incr = pipe.Incr(ctx, "pipelined_counter")
    pipe.Expire(ctx, "pipelined_counter", time.Hour)
    return nil
})
if err != nil {
    panic(err)
}
// 执行 pipeline 后获取结果
fmt.Println(incr.Val())
```

可以遍历 pipeline 命令的返回值依次获取每个命令的结果。下方的示例代码中使用 pipiline 一次执行了 100 个 Get 命令，在 pipeline 执行后遍历取出 100 个命令的执行结果。

```
cmds, err := rdb.Pipelined(ctx, func(pipe redis.Pipeliner) error {
    for i := 0; i < 100; i++ {
        pipe.Get(ctx, fmt.Sprintf("key%d", i))
    }
    return nil
})
if err != nil {
    panic(err)
}
for _, cmd := range cmds {
    fmt.Println(cmd.(*redis.StringCmd).Val())
}
```

在需要一次性执行多个命令的场景中，可以考虑使用 pipeline 来优化。

13.4.5 事务

Redis 是单线程执行命令的，因此单个命令始终是原子的，来自不同客户端的两个给定命令可以依次执行，例如交替执行。MULTI/EXEC 能够确保这两个语句间的命令之间没有其他客户端正在执行的命令。在这种场景中，需要使用 TxPipeline 或 TxPipelined 方法将 pipeline 命令使用 MULTI 和 EXEC 包裹起来。

```
// TxPipeline demo
pipe := rdb.TxPipeline()
incr := pipe.Incr(ctx, "tx_pipeline_counter")
pipe.Expire(ctx, "tx_pipeline_counter", time.Hour)
_, err := pipe.Exec(ctx)
```

```
fmt.Println(incr.Val(), err)

// TxPipelined demo
var incr2 *redis.IntCmd
_, err = rdb.TxPipelined(ctx, func(pipe redis.Pipeliner) error {
    incr2 = pipe.Incr(ctx, "tx_pipeline_counter")
    pipe.Expire(ctx, "tx_pipeline_counter", time.Hour)
    return nil
})
fmt.Println(incr2.Val(), err)
```

上面的代码相当于在一个 RTT 下执行了下面的 Redis 命令。

```
MULTI
INCR pipeline_counter
EXPIRE pipeline_counts 3600
EXEC
```

Watch 方法

我们通常搭配 Redis WATCH 命令来执行事务操作。从使用 Redis WATCH 命令监视某个 key 开始，直到执行 Redis EXEC 命令的这段时间里，如果有其他用户抢先对被监视的 key 进行了替换、更新、删除等操作，那么当用户尝试执行 Redis EXEC 命令时，事务将失败并返回一个错误，用户可以根据这个错误选择重试事务或者放弃事务。

Watch 方法接收一个函数和一个或多个 key 作为参数。

```
Watch(fn func(*Tx) error, keys ...string) error
```

下面的代码演示了 Watch 方法如何与 TxPipelined 搭配使用。

```
// watchDemo 在 key 值不变的情况下将其值+1
func watchDemo(ctx context.Context, key string) error {
    return rdb.Watch(ctx, func(tx *redis.Tx) error {
        n, err := tx.Get(ctx, key).Int()
        if err != nil && err != redis.Nil {
            return err
        }
        // 假设操作耗时 5s
        // 5s 内通过其他的客户端修改 key，当前事务就会失败
        time.Sleep(5 * time.Second)
        _, err = tx.TxPipelined(ctx, func(pipe redis.Pipeliner) error {
            pipe.Set(ctx, key, n+1, time.Hour)
            return nil
        })
        return err
    }, key)
}
```

执行上面的函数并输出返回值，如果我们在程序运行后的 5s 内修改了被监视的 key 的值，那么该事务操作失败，返回 redis: transaction failed 错误。

最后我们来看一个 go-redis 官方文档中使用 GET、SET 和 WATCH 命令实现 INCR 命令的完整示例，代码中的 rdb 变量为已初始化的 redis 连接客户端。

```go
// 定义一个最大重试次数
const maxRetries = 1000
// increment 是一个自定义对 key 进行递增（+1）的函数
// 使用 GET + SET + WATCH 命令实现，类似 redis 的 INCR 命令
// 使用 GET 和 SET 命令按事务递增 key 的值
func increment(key string) error {
    ctx, cancel := context.WithTimeout(context.Background(), 200*time.Millisecond)
    defer cancel()
    // 执行事务的函数
    txf := func(tx *redis.Tx) error {
        // 获取当前 key 的值或使用 0
        n, err := tx.Get(ctx, key).Int()
        if err != nil && err != redis.Nil {
            return err
        }
        // 实际的操作（使用乐观锁）
        n++
        // set 操作只有在被监视的 key 保持不变时才提交执行
        _, err = tx.TxPipelined(ctx, func(pipe redis.Pipeliner) error {
            pipe.Set(ctx, key, n, 0)
            return nil
        })
        return err
    }
    // 如果 key 被修改则重试
    for i := 0; i < maxRetries; i++ {
        err := rdb.Watch(ctx, txf, key)
        if err == nil {
            // 操作成功
            return nil
        }
        if err == redis.TxFailedErr {
            // 乐观锁失败，重试
            continue
        }
        // 出现任何其他错误时返回
        return err
    }
    return errors.New("超过最大重试次数")
}
```

```go
// transactionDemo 使用乐观锁的 Redis 事务示例
// 开启 routineCount 个 goroutine 对 key 执行递增操作
func transactionDemo(routineCount int, key string) {
    var wg sync.WaitGroup
    wg.Add(routineCount)
    for i := 0; i < routineCount; i++ {
        go func() {
            defer wg.Done()
            if err := increment(key); err != nil {
                fmt.Println("increment error:", err)
            }
        }()
    }
    wg.Wait()
    ctx, cancel := context.WithTimeout(context.Background(), 200*time.Millisecond)
    defer cancel()
    n, err := rdb.Get(ctx, key).Int()
    fmt.Println("ended with", n, err)
}
```

在这个示例中使用了 redis.TxFailedErr 来检查事务是否失败。

13.5 MongoDB

MongoDB 是目前比较流行的基于分布式文件存储的数据库，是介于关系数据库和非关系数据库（NoSQL）之间的产品，是非关系数据库中功能最丰富、最像关系数据库的。

MongoDB 中将一条数据存储为一个文档（document），数据结构由键-值对（key-value）组成。其中，文档类似于编程常用的 JSON 对象，文档中的字段值可以包含其他文档、数组及文档数组。

MongoDB 与 SQL 中的概念对比如表 13-3 所示。

表 13-3

MongoDB 中的概念	SQL 中的概念	说　　明
database	database	数据库
collection	table	集合
document	row	文档
field	column	字段
index	索引	index
primary key	primary key	主键，MongoDB 自动将_id 字段设置为主键

MongoDB 的社区版下载地址为 https://www.mongodb.com/try/download/community。选择对应的版本、操作系统和包类型，单击"Download"按钮即可下载。

这里补充说明一下，对于 Windows 操作系统，MongoDB 有 ZIP 和 MSI 两种包类型。其中，ZIP 表示压缩文件版本；MSI 表示可执行文件版本。

对于 macOS 操作系统，除了在该网页下载 TGZ 文件，还可以使用 Homebrew 安装。更多安装细节可以参考官方教程。在 Windows 操作系统下启动 MongoDB 的方式如下。

```
"C:\Program Files\MongoDB\Server\4.2\bin\mongod.exe" --dbpath="c:\data\db"
```

在 macOS 操作系统下启动 MongoDB 方式如下。

```
mongod --config /usr/local/etc/mongod.conf
```

或

```
brew services start mongodb-community@4.2
```

在 Windows 操作系统下启动 client 的方式如下。

```
"C:\Program Files\MongoDB\Server\4.2\bin\mongo.exe"
```

在 macOS 操作系统下启动 client 的方式如下。

```
mongo
```

数据库常用命令

MongoDB 的常用命令如下。

- show dbs;：查看数据库。

```
> show dbs;
admin   0.000GB
config  0.000GB
local   0.000GB
test    0.000GB
```

- use q1mi;：切换到指定数据库，如果不存在该数据库就创建。

```
> use q1mi;
switched to db q1mi
```

- db;：显示当前所在数据库。

```
> db;
q1mi
```

- db.dropDatabase()：删除当前数据库。

```
> db.dropDatabase();
{ "ok" : 1 }
```

数据集常用命令

数据集的常用操作有创建、查看和删除。

- db.createCollection(name,options)：创建数据集。
- name：数据集名称。
- options：可选参数，指定内存大小和索引。

```
> db.createCollection("student");
{ "ok" : 1 }
```

- show collections;：查看当前数据库中所有集合。

```
> show collections;
student
```

- db.student.drop()：删除指定数据集。

```
> db.student.drop()
true
```

文档常用命令

文档的常用操作有查询、插入、更新和删除。

- 插入一条文档。

```
> db.student.insertOne({name:"小王子",age:18});
{
    "acknowledged" : true,
    "insertedId" : ObjectId("5db149e904b33457f8c02509")
}
```

- 插入多条文档。

```
> db.student.insertMany([
... {name:"张三",age:20},
... {name:"李四",age:25}
... ]);
{
    "acknowledged" : true,
    "insertedIds" : [
        ObjectId("5db14c4704b33457f8c0250a"),
        ObjectId("5db14c4704b33457f8c0250b")
    ]
}
```

- 查询所有文档。

```
> db.student.find();
{ "_id" : ObjectId("5db149e904b33457f8c02509"), "name" : "小王子", "age" : 18 }
```

```
{ "_id" : ObjectId("5db14c4704b33457f8c0250a"), "name" : "张三", "age" : 20 }
{ "_id" : ObjectId("5db14c4704b33457f8c0250b"), "name" : "李四", "age" : 25 }
```

- 查询 age>20 的文档。

```
> db.student.find(
... {age:{$gt:20}}
... )
{ "_id" : ObjectId("5db14c4704b33457f8c0250b"), "name" : "李四", "age" : 25 }
```

- 更新文档。

```
> db.student.update(
... {name:"小王子"},
... {name:"老王子",age:98}
... );
WriteResult({ "nMatched" : 1, "nUpserted" : 0, "nModified" : 1 })
> db.student.find()
{ "_id" : ObjectId("5db149e904b33457f8c02509"), "name" : "老王子", "age" : 98 }
{ "_id" : ObjectId("5db14c4704b33457f8c0250a"), "name" : "张三", "age" : 20 }
{ "_id" : ObjectId("5db14c4704b33457f8c0250b"), "name" : "李四", "age" : 25 }
```

- 删除文档。

```
> db.student.deleteOne({name:"李四"});
{ "acknowledged" : true, "deletedCount" : 1 }
> db.student.find()
{ "_id" : ObjectId("5db149e904b33457f8c02509"), "name" : "老王子", "age" : 98 }
{ "_id" : ObjectId("5db14c4704b33457f8c0250a"), "name" : "张三", "age" : 20 }
```

更多命令请参阅官方文档。

操作 MongoDB

这里使用的是官方驱动包，也可以使用第三方的驱动包（如 mgo 等）。MongoDB 官方版的 Go 驱动发布得比较晚（2018 年 12 月 13 日发布）。

执行以下命令安装 MongoDB Go 驱动包。

```
go get github.com/mongodb/mongo-go-driver
```

连接 MongoDB 的代码如下。

```
package main
import (
    "context"
    "fmt"
    "log"

    "go.mongodb.org/mongo-driver/mongo"
    "go.mongodb.org/mongo-driver/mongo/options"
```

```
)
func main() {
    // 设置客户端连接配置
    clientOptions := options.Client().ApplyURI("mongodb://localhost:27017")
    // 连接到 MongoDB
    client, err := mongo.Connect(context.TODO(), clientOptions)
    if err != nil {
        log.Fatal(err)
    }
    // 检查连接
    err = client.Ping(context.TODO(), nil)
    if err != nil {
        log.Fatal(err)
    }
    fmt.Println("Connected to MongoDB!")
}
```

连接 MongoDB 后，可以通过下面的语句处理 q1mi 数据库中的 student 数据集。

```
// 指定获取要操作的数据集
collection := client.Database("q1mi").Collection("student")
```

处理完任务可以通过下面的命令断开与 MongoDB 的连接。

```
// 断开连接
err = client.Disconnect(context.TODO())
if err != nil {
    log.Fatal(err)
}
fmt.Println("Connection to MongoDB closed.")
```

连接池模式

下面的代码演示了如何使用连接池模式连接 MongoDB。

```
import (
    "context"
    "time"
    "go.mongodb.org/mongo-driver/mongo"
    "go.mongodb.org/mongo-driver/mongo/options"
)

func ConnectToDB(uri, name string, timeout time.Duration, num uint64)
(*mongo.Database, error) {
    ctx, cancel := context.WithTimeout(context.Background(), timeout)
    defer cancel()
    o := options.Client().ApplyURI(uri)
    o.SetMaxPoolSize(num)
    client, err := mongo.Connect(ctx, o)
```

```
    if err != nil {
        return nil, err
    }
    return client.Database(name), nil
}
```

BSON

MongoDB 中的 JSON 文档存储在名为 BSON（二进制编码的 JSON）的二进制表示中。与其他将 JSON 数据存储为简单字符串和数字的数据库不同，BSON 编码扩展了 JSON 表示，使其包含额外的类型，如 int、long、date、浮点数和 decimal128，这使得应用程序可以更容易可靠地处理、排序和比较数据。

连接 MongoDB 的 Go 驱动程序中有两大类型表示 BSON 数据：D 和 Raw。

类型 D 家族被用来简捷地构建使用本地 Go 类型的 BSON 对象，这对于构造传递给 MongoDB 的命令特别有用。D 家族包括以下四类。

- D：一个 BSON 文档。这种类型应该在顺序重要的情况下使用，例如 MongoDB 命令。
- M：一张无序的 map。它和 D 是一样的，只是不保持顺序。
- A：一个 BSON 数组。
- E：D 里面的一个元素。

要使用 BSON，需要先导入下面的包。

```
import "go.mongodb.org/mongo-driver/bson"
```

下面是一个使用 D 类型构建过滤器文档的例子，可以用来查找 name 字段与张三或李四匹配的文档。

```
bson.D{{
    "name",
    bson.D{{
        "$in",
        bson.A{"张三", "李四"},
    }},
}}
```

Raw 类型家族用于验证字节切片，也可以使用 Lookup() 从原始类型检索单个元素。如果不想将 BSON 反序列化成另一种类型的开销，那么这是非常有用的。这里的讲解将只使用 D 类型。

CRUD

在 Go 代码中定义一个 Student 类型如下。

```
type Student struct {
    Name string
```

```
        Age int
}
```

接下来，创建一些 Student 类型的值，准备插入数据库。

```
s1 := Student{"小红", 12}
s2 := Student{"小兰", 10}
s3 := Student{"小黄", 11}
```

插入文档

使用 collection.InsertOne()方法插入一条文档记录。

```
insertResult, err := collection.InsertOne(context.TODO(), s1)
if err != nil {
    log.Fatal(err)
}
fmt.Println("Inserted a single document: ", insertResult.InsertedID)
```

使用 collection.InsertMany()方法插入多条文档记录。

```
students := []interface{}{s2, s3}
insertManyResult, err := collection.InsertMany(context.TODO(), students)
if err != nil {
    log.Fatal(err)
}
fmt.Println("Inserted multiple documents: ", insertManyResult.InsertedIDs)
```

UpdateOne()方法允许更新单个文档，它需要一个筛选器文档来匹配数据库中的文档，并需要一个更新文档来描述更新操作。可以使用 bson.D 类型来构建筛选文档和更新文档。

```
filter := bson.D{{"name", "小兰"}}
update := bson.D{
    {"$inc", bson.D{
        {"age", 1},
    }},
}
```

接下来，就可以通过下面的语句找到小兰，给他增加一岁了。

```
updateResult, err := collection.UpdateOne(context.TODO(), filter, update)
if err != nil {
    log.Fatal(err)
}
fmt.Printf("Matched %v documents and updated %v documents.\n",
updateResult.MatchedCount, updateResult.ModifiedCount)
```

要找到一个文档，需要一个 filter 文档，以及一个指向可以将结果解码为值的指针。要查找单个文档，可以使用 collection.FindOne()，这个方法返回一个解码的结果。

使用上面定义过的 filter 来查找姓名为小兰的文档。

```
// 创建一个 Student 变量用来接收查询的结果
var result Student
err = collection.FindOne(context.TODO(), filter).Decode(&result)
if err != nil {
    log.Fatal(err)
}
fmt.Printf("Found a single document: %+v\n", result)
```

要查找多个文档，请使用 collection.Find()，此方法返回一个游标。游标提供了一个文档流，可以通过它一次迭代和解码一个文档，游标用完后应关闭。下面的示例将使用 options 包进行设置，以便只返回两个文档。

```
// 查询多个
// 将选项传递给 Find()
findOptions := options.Find()
findOptions.SetLimit(2)
// 定义一个切片用来存储查询结果
var results []*Student
// 把 bson.D{{}} 作为一个 filter 来匹配所有文档
cur, err := collection.Find(context.TODO(), bson.D{{}}, findOptions)
if err != nil {
    log.Fatal(err)
}
// 查找多个文档返回一个光标
// 遍历游标允许我们一次解码一个文档
for cur.Next(context.TODO()) {
    // 创建一个值，将单个文档解码为该值
    var elem Student
    err := cur.Decode(&elem)
    if err != nil {
        log.Fatal(err)
    }
    results = append(results, &elem)
}
if err := cur.Err(); err != nil {
    log.Fatal(err)
}
// 完成后关闭游标
cur.Close(context.TODO())
fmt.Printf("Found multiple documents (array of pointers): %#v\n", results)
```

可以使用 collection.DeleteOne() 或 collection.DeleteMany() 删除文档。如果传递 bson.D{{}} 作为过滤器参数，那么它将匹配数据集中的所有文档。另外，可以使用 collection.drop() 删除整个数据集。

```
// 删除名字是小黄的文档
```

```
   deleteResult1, err := collection.DeleteOne(context.TODO(), bson.D{{"name","小
黄"}})
   if err != nil {
       log.Fatal(err)
   }
   fmt.Printf("Deleted %v documents in the trainers collection\n",
deleteResult1.DeletedCount)
   // 删除所有
   deleteResult2, err := collection.DeleteMany(context.TODO(), bson.D{{}})
   if err != nil {
       log.Fatal(err)
   }
   fmt.Printf("Deleted %v documents in the trainers collection\n",
deleteResult2.DeletedCount)
```

更多方法请查阅官方文档。

13.6　etcd

etcd 是使用 Go 语言开发的一个开源的、高可用的分布式键-值对存储系统，可以用于配置共享和服务的注册和发现。类似项目有 zookeeper 和 consul。

etcd 具有以下特点。

- 完全复制：集群中的每个节点都可以使用完整的数据。
- 高可用性：使用 etcd 可避免硬件的单点故障或网络问题。
- 一致性：每次读取都会返回跨多主机的最新写入。
- 简单：包括一个定义良好、面向用户的 API（gRPC）。
- 安全：实现了带有可选客户端证书身份验证的自动化 TLS。
- 快速：每秒 10000 次写入的基准速度。
- 可靠：使用 Raft 算法实现了强一致、高可用的服务存储目录。

13.6.1　etcd 应用场景

服务发现

服务发现要解决的也是分布式系统中最常见的问题：在同一个分布式集群中的进程或服务，要如何才能找到对方并建立连接。从本质上看，服务发现就是想要了解集群中是否有进程在监听 udp 或 tcp 端口，并且通过名字就可以查找和连接。

配置中心

将一些配置信息放到 etcd 上进行集中管理。

这类场景的使用方式通常是：应用在启动时主动从 etcd 获取一次配置信息，同时在 etcd 节点上注册一个 Watcher 并等待，以后在每次更新配置时，etcd 都会实时通知订阅者，以此达到获取最新配置信息的目的。

分布式锁

etcd 使用 Raft 算法保持了数据的强一致性，某次操作存储到集群中的值必然是全局一致的，所以很容易实现分布式锁。锁服务有两种使用方式，一是保持独占；二是控制时序。

- **保持独占，即所有获取锁的用户最终只有一个可以得到锁**。etcd 为此提供了一套实现分布式锁原子操作 CAS（Compare And Swap）的 API。通过设置 prevExist 值，可以保证在多个节点同时创建某个目录时，只有一个成功。而创建成功的用户被认为获得了锁。
- 控制时序，即所有想要获得锁的用户都会被安排执行，但是**获得锁的顺序是全局唯一的，同时决定执行顺序**。etcd 为此也提供了一套 API（自动创建有序键），将对一个目录建值指定为 POST 动作，这样 etcd 会自动在目录下生成一个当前最大的值作为键，存储这个新的值（客户端编号）。还可以使用 API 按顺序列出当前目录下所有的键值，这些键的值就是客户端的时序，而这些键中存储的值可以是代表客户端的编号。

使用 etcd 具有以下优势。

- 简单。使用 Go 语言编写，支持 HTTP/JSON API，使用 Raft 算法保证强一致性。
- etcd 默认数据一旦更新就进行持久化。
- etcd 支持 SSL 客户端安全认证。

作为一个年轻的项目，etcd 正在高速迭代和开发中，这既是一个优点，也是一个缺点。它的未来具有无限的可能性，但缺少大项目长时间的检验。目前，CoreOS、Kubernetes 和 CloudFoundry 等知名项目均在生产环境中使用了 etcd，总的来说，etcd 值得尝试。

13.6.2 etcd 集群

作为一个高可用键-值对存储系统，etcd 天生就是为集群化而设计的。由于 Raft 算法在做决策时需要多数节点的投票，所以推荐使用奇数个节点部署集群，3、5 或者 7 个节点构成一个集群。

在每个 etcd 节点指定集群成员，为了区分不同的集群，最好同时配置一个独一无二的 token。

下面是提前定义好的集群信息，其中 n1、n2 和 n3 表示 3 个不同的 etcd 节点。

```
TOKEN=token-01
CLUSTER_STATE=new
CLUSTER=n1=http://10.240.0.17:2380,n2=http://10.240.0.18:2380,n3=http://10.2
40.0.19:2380
```

在 n1 这台机器上执行以下命令启动 etcd。

```
etcd --data-dir=data.etcd --name n1 \
    --initial-advertise-peer-urls http://10.240.0.17:2380 --listen-peer-urls
http://10.240.0.17:2380 \
    --advertise-client-urls http://10.240.0.17:2379 --listen-client-urls
http://10.240.0.17:2379 \
    --initial-cluster ${CLUSTER} \
    --initial-cluster-state ${CLUSTER_STATE} --initial-cluster-token ${TOKEN}
```

在 n2 这台机器上执行以下命令启动 etcd。

```
etcd --data-dir=data.etcd --name n2 \
    --initial-advertise-peer-urls http://10.240.0.18:2380 --listen-peer-urls
http://10.240.0.18:2380 \
    --advertise-client-urls http://10.240.0.18:2379 --listen-client-urls
http://10.240.0.18:2379 \
    --initial-cluster ${CLUSTER} \
    --initial-cluster-state ${CLUSTER_STATE} --initial-cluster-token ${TOKEN}
```

在 n3 这台机器上执行以下命令启动 etcd。

```
etcd --data-dir=data.etcd --name n3 \
    --initial-advertise-peer-urls http://10.240.0.19:2380 --listen-peer-urls
http://10.240.0.19:2380 \
    --advertise-client-urls http://10.240.0.19:2379 --listen-client-urls
http://10.240.0.19:2379 \
    --initial-cluster ${CLUSTER} \
    --initial-cluster-state ${CLUSTER_STATE} --initial-cluster-token ${TOKEN}
```

etcd 官网提供了一个可以用公网访问的 etcd 存储地址，可以通过如下命令得到 etcd 服务的目录，并把它作为-discovery 参数使用。

```
curl https://discovery.etcd.io/new?size=3
https://discovery.etcd.io/a81b5818e67a6ea83e9d4daea5ecbc92
# grab this token
TOKEN=token-01
CLUSTER_STATE=new
DISCOVERY=https://discovery.etcd.io/a81b5818e67a6ea83e9d4daea5ecbc92
etcd --data-dir=data.etcd --name n1 \
    --initial-advertise-peer-urls http://10.240.0.17:2380 --listen-peer-urls
http://10.240.0.17:2380 \
    --advertise-client-urls http://10.240.0.17:2379 --listen-client-urls
http://10.240.0.17:2379 \
    --discovery ${DISCOVERY} \
    --initial-cluster-state ${CLUSTER_STATE} --initial-cluster-token ${TOKEN}
etcd --data-dir=data.etcd --name n2 \
    --initial-advertise-peer-urls http://10.240.0.18:2380 --listen-peer-urls
http://10.240.0.18:2380 \
```

```
    --advertise-client-urls http://10.240.0.18:2379 --listen-client-urls
http://10.240.0.18:2379 \
    --discovery ${DISCOVERY} \
    --initial-cluster-state ${CLUSTER_STATE} --initial-cluster-token ${TOKEN}
  etcd --data-dir=data.etcd --name n3 \
    --initial-advertise-peer-urls http://10.240.0.19:2380 --listen-peer-urls
http://10.240.0.19:2380 \
    --advertise-client-urls http://10.240.0.19:2379 --listen-client-urls
http:/10.240.0.19:2379 \
    --discovery ${DISCOVERY} \
    --initial-cluster-state ${CLUSTER_STATE} --initial-cluster-token ${TOKEN}
```

到此，etcd 集群就搭建起来了，可以使用 etcdctl 来连接 etcd。

```
export ETCDCTL_API=3
HOST_1=10.240.0.17
HOST_2=10.240.0.18
HOST_3=10.240.0.19
ENDPOINTS=$HOST_1:2379,$HOST_2:2379,$HOST_3:2379

etcdctl --endpoints=$ENDPOINTS member list
```

13.6.3　Go 语言操作 etcd

这里使用官方的 etcd/clientv3 包连接 etcd 并进行相关操作。

执行以下命令进行安装。

```
go get go.etcd.io/etcd/clientv3
```

put 和 get 操作

put 命令用来设置键-值对数据，get 命令用来根据 key 获取值。

```
package main
import (
    "context"
    "fmt"
    "time"
    "go.etcd.io/etcd/clientv3"
)

// etcd client put/get demo
// use etcd/clientv3

func main() {
    cli, err := clientv3.New(clientv3.Config{
        Endpoints:   []string{"127.0.0.1:2379"},
        DialTimeout: 5 * time.Second,
```

```
    })
    if err != nil {
        // handle error!
        fmt.Printf("connect to etcd failed, err:%v\n", err)
        return
    }
    fmt.Println("connect to etcd success")
    defer cli.Close()
    // put
    ctx, cancel := context.WithTimeout(context.Background(), time.Second)
    _, err = cli.Put(ctx, "q1mi", "dsb")
    cancel()
    if err != nil {
        fmt.Printf("put to etcd failed, err:%v\n", err)
        return
    }
    // get
    ctx, cancel = context.WithTimeout(context.Background(), time.Second)
    resp, err := cli.Get(ctx, "q1mi")
    cancel()
    if err != nil {
        fmt.Printf("get from etcd failed, err:%v\n", err)
        return
    }
    for _, ev := range resp.Kvs {
        fmt.Printf("%s:%s\n", ev.Key, ev.Value)
    }
}
```

watch 操作

watch 用来获取未来更改的通知。

```
package main

import (
    "context"
    "fmt"
    "time"

    "go.etcd.io/etcd/clientv3"
)
// watch demo
func main() {
    cli, err := clientv3.New(clientv3.Config{
        Endpoints:   []string{"127.0.0.1:2379"},
        DialTimeout: 5 * time.Second,
```

```
    })
    if err != nil {
        fmt.Printf("connect to etcd failed, err:%v\n", err)
        return
    }
    fmt.Println("connect to etcd success")
    defer cli.Close()
    // watch key:q1mi change
    rch := cli.Watch(context.Background(), "q1mi") // <-chan WatchResponse
    for wresp := range rch {
        for _, ev := range wresp.Events {
            fmt.Printf("Type: %s Key:%s Value:%s\n", ev.Type, ev.Kv.Key,
ev.Kv.Value)
        }
    }
}
```

将上面的代码保存编译执行，此时程序就会等待 etcd 中 q1mi 这个 key 的变化。

例如，打开终端执行以下命令对 q1mi 这个 key 进行修改、删除、设置。

```
etcd> etcdctl.exe --endpoints=http://127.0.0.1:2379 put q1mi "dsb2"
OK
etcd> etcdctl.exe --endpoints=http://127.0.0.1:2379 del q1mi
1
etcd> etcdctl.exe --endpoints=http://127.0.0.1:2379 put q1mi "dsb3"
OK
```

执行上面的命令能收到如下通知。

```
watch>watch.exe
connect to etcd success
Type: PUT Key:q1mi Value:dsb2
Type: DELETE Key:q1mi Value:
Type: PUT Key:q1mi Value:dsb3
```

lease 租约

下面的代码演示了如何以租约模式连接 etcd。

```
package main
import (
    "fmt"
    "time"
)
// etcd lease
import (
    "context"
    "log"
```

```go
        "go.etcd.io/etcd/clientv3"
)
func main() {
    cli, err := clientv3.New(clientv3.Config{
        Endpoints:   []string{"127.0.0.1:2379"},
        DialTimeout: time.Second * 5,
    })
    if err != nil {
        log.Fatal(err)
    }
    fmt.Println("connect to etcd success.")
    defer cli.Close()
    // 创建一个 5s 的租约
    resp, err := cli.Grant(context.TODO(), 5)
    if err != nil {
        log.Fatal(err)
    }
    // 5s 之后，/nazha/ 这个 key 就会被移除
    _, err = cli.Put(context.TODO(), "/nazha/", "dsb",
clientv3.WithLease(resp.ID))
    if err != nil {
        log.Fatal(err)
    }
}
```

keepAlive

下面的代码演示了如何以 keepAlive 模式连接 etcd。

```go
package main

import (
    "context"
    "fmt"
    "log"
    "time"
    "go.etcd.io/etcd/clientv3"
)
// etcd keepAlive
func main() {
    cli, err := clientv3.New(clientv3.Config{
        Endpoints:   []string{"127.0.0.1:2379"},
        DialTimeout: time.Second * 5,
    })
    if err != nil {
        log.Fatal(err)
    }
```

```
    fmt.Println("connect to etcd success.")
    defer cli.Close()
    resp, err := cli.Grant(context.TODO(), 5)
    if err != nil {
        log.Fatal(err)
    }
    _, err = cli.Put(context.TODO(), "/nazha/", "dsb",
clientv3.WithLease(resp.ID))
    if err != nil {
        log.Fatal(err)
    }
    // the key 'foo' will be kept forever
    ch, kaerr := cli.KeepAlive(context.TODO(), resp.ID)
    if kaerr != nil {
        log.Fatal(kaerr)
    }
    for {
        ka := <-ch
        fmt.Println("ttl:", ka.TTL)
    }
}
```

13.6.4　基于 etcd 实现分布式锁

go.etcd.io/etcd/clientv3/concurrency 在 etcd 之上实现并发操作，如分布式锁、屏障和选举。执行以下命令导入该包。

```
import "go.etcd.io/etcd/clientv3/concurrency"
```

基于 etcd 实现的分布式锁示例如下。

```
cli, err := clientv3.New(clientv3.Config{Endpoints: endpoints})
if err != nil {
    log.Fatal(err)
}
defer cli.Close()
// 创建两个单独的会话用来演示锁竞争
s1, err := concurrency.NewSession(cli)
if err != nil {
    log.Fatal(err)
}
defer s1.Close()
m1 := concurrency.NewMutex(s1, "/my-lock/")
s2, err := concurrency.NewSession(cli)
if err != nil {
    log.Fatal(err)
}
```

```
defer s2.Close()
m2 := concurrency.NewMutex(s2, "/my-lock/")
// 会话 s1 获取锁
if err := m1.Lock(context.TODO()); err != nil {
    log.Fatal(err)
}
fmt.Println("acquired lock for s1")

m2Locked := make(chan struct{})
go func() {
    defer close(m2Locked)
    // 等待直到会话 s1 释放了/my-lock/的锁
    if err := m2.Lock(context.TODO()); err != nil {
        log.Fatal(err)
    }
}()
if err := m1.Unlock(context.TODO()); err != nil {
    log.Fatal(err)
}
fmt.Println("released lock for s1")

<-m2Locked
fmt.Println("acquired lock for s2")
```

输出如下。

```
acquired lock for s1
released lock for s1
acquired lock for s2
```

13.7 Zap 日志库

很多 Go 语言项目需要好的日志记录器提供如下功能。

- 将事件记录到文件中，而不是应用程序控制台中。
- 能够根据文件大小、时间或间隔等来切割日志文件。
- 支持不同的日志级别，例如 INFO、DEBUG、ERROR 等。
- 能够输出基本信息，如调用文件/函数名和行号、日志时间等。

13.7.1 Go 语言总体日志库

在介绍 Uber-go 的 zap 包之前，让我们先看看 Go 语言提供的基本日志功能。Go 语言提供的默认日志包是 https://golang.org/pkg/log/。

实现日志记录器

实现一个 Go 语言中的日志记录器（Logger）非常简单：创建一个新的日志文件，然后将它设置为日志的输出位置。

设置日志记录器

下面的代码可以设置日志记录器。

```
func SetupLogger() {
    logFileLocation, _ := os.OpenFile("/Users/q1mi/test.log",
os.O_CREATE|os.O_APPEND|os.O_RDWR, 0744)
    log.SetOutput(logFileLocation)
}
```

使用日志记录器

让我们通过虚拟代码来使用这个日志记录器。

当前示例中将建立一个到 URL 的 HTTP 连接，并将状态代码/错误记录到日志文件中。

```
func simpleHttpGet(url string) {
    resp, err := http.Get(url)
    if err != nil {
        log.Printf("Error fetching url %s : %s", url, err.Error())
    } else {
        log.Printf("Status Code for %s : %s", url, resp.Status)
        resp.Body.Close()
    }
}
```

运行日志记录器

现在让我们执行上面的代码并查看日志记录器的运行情况。

```
func main() {
    SetupLogger()
    simpleHttpGet("www.google.com")
    simpleHttpGet("http://www.google.com")
}
```

执行上面的代码，可以看到创建了一个 test.log 文件，下面的内容会被添加到这个日志文件中。

```
2019/05/24 01:14:13 Error fetching url www.google.com : Get www.google.com:
unsupported protocol scheme ""
2019/05/24 01:14:14 Status Code for http://www.google.com : 200 OK
```

优势和劣势

Go 语言日志记录器最大的优势是使用非常简单，可以设置任何 io.Writer 作为日志记录输出并向其发送要写入的日志。

Go 语言日志记录器的劣势如下。

- 仅限基本的日志级别：只有一个 Print 选项，不支持 INFO/DEBUG 等级别。
- 对于错误日志，它有 Fatal 和 Panic。
  - Fatal 日志通过调用 os.Exit(1)来结束程序。
  - Panic 日志在写入日志消息之后抛出一个 panic。
  - 缺少 ERROR 日志级别，这个级别可以在不抛出 panic 或退出程序的前提下记录错误。
- 缺乏日志格式化的能力，例如记录调用者的函数名和行号、格式化日期和时间格式等。
- 不提供日志切割的能力。

13.7.2　Uber-go Zap

Zap 是非常快的、结构化的，分日志级别的 Go 日志库具有以下优势。

- 同时提供了结构化日志记录和 printf 风格的日志记录。
- 非常快。

Uber-go Zap 的性能比类似的结构化日志包更好，也比标准库更快，以下是 Zap 发布的基准测试信息。

记录一条消息和 10 个字段，如表 13-4 所示。

表 13-4

Package	Time	Time % to zap	Objects Allocated
zap	862 ns/op	+0%	5 allocs/op
zap (sugared)	1250 ns/op	+45%	11 allocs/op
zerolog	4021 ns/op	+366%	76 allocs/op
go-kit	4542 ns/op	+427%	105 allocs/op
apex/log	26785 ns/op	+3007%	115 allocs/op
logrus	29501 ns/op	+3322%	125 allocs/op
log15	29906 ns/op	+3369%	122 allocs/op

记录一个静态字符串，没有任何上下文或 printf 风格的模板，如表 13-5 所示。

表 13-5

Package	Time	Time % to zap	Objects Allocated
zap	118 ns/op	+0%	0 allocs/op
zap (sugared)	191 ns/op	+62%	2 allocs/op
zerolog	93 ns/op	−21%	0 allocs/op

续表

Package	Time	Time % to zap	Objects Allocated
go-kit	280 ns/op	+137%	11 allocs/op
standard library	499 ns/op	+323%	2 allocs/op
logrus	3129 ns/op	+2552%	24 allocs/op
log15	3887 ns/op	+3194%	23 allocs/op

安装

运行下面的命令安装 Zap。

```
go get -u go.uber.org/zap
```

配置 Zap logger

Zap 提供了两种类型的日志记录器：SugaredLogger 和 logger。在对性能要求不是特别苛刻的情况下建议使用 SugaredLogger，它比其他结构化日志库快 4~10 倍，并且支持结构化和 printf 风格的日志记录。

在每微秒和每次内存分配都很重要的情况下应该使用 logger，它比 SugaredLogger 更快，内存分配次数也更少，但它只支持强类型的结构化日志记录。

logger 实例

- 通过调用 zap.NewProduction()、zap.NewDevelopment()或者 zap.Example()创建一个 logger 实例。
- 上面的每个函数都将创建一个 logger 实例，这些 logger 实例唯一的区别在于记录的信息不同。例如，production logger 默认记录调用函数信息、日期和时间等。
- 通过 logger 调用 Info、Error 等。
- 在默认情况下，日志会输出到应用程序的 console 界面。

```go
var logger *zap.Logger
func main() {
    InitLogger()
    defer logger.Sync()
    simpleHttpGet("www.google.com")
    simpleHttpGet("http://www.google.com")
}
func InitLogger() {
    logger, _ = zap.NewProduction()
}
func simpleHttpGet(url string) {
    resp, err := http.Get(url)
    if err != nil {
        logger.Error(
            "Error fetching url..",
```

```
        zap.String("url", url),
        zap.Error(err))
    } else {
      logger.Info("Success..",
        zap.String("statusCode", resp.Status),
        zap.String("url", url))
      resp.Body.Close()
    }
}
```

上面的代码首先创建了一个 logger 实例，然后使用 Info、Error 等方法记录日志信息。

日志记录器方法的语法如下。

```
func (log *Logger) MethodXXX(msg string, fields ...Field)
```

其中，MethodXXX 是可变参数函数，可以是 Info、Error、Debug、Panic 等。每个方法都接受一个消息字符串和任意数量的 zapcore.Field 参数。

每个 zapcore.Field 都是一组键-值对参数。

执行上面的代码会输出如下结果。

```
{"level":"error","ts":1572159218.912792,"caller":"zap_demo/temp.go:25","msg"
:"Error fetching url..","url":"www.sogo.com","error":"Get www.sogo.com:
unsupported protocol scheme \"\"","stacktrace":"main.simpleHttpGet\n\t/Users/
q1mi/zap_demo/temp.go:25\nmain.main\n\t/Users/q1mi/zap_demo/temp.go:14\nruntime.
main\n\t/usr/local/go/src/runtime/proc.go:203"}
    {"level":"info","ts":1572159219.1227388,"caller":"zap_demo/temp.go:30","msg":
Success..","statusCode":"200 OK","url":"http://www.sogo.com"}
```

sugaredLogger

现在让我们使用 sugaredLogger 来实现与 logger 相同的功能。

- 大部分的实现基本相同。
- 惟一的区别是这里通过调用主 logger 实例的.Sugar()方法来获取一个 sugaredLogger 实例。
- 使用 sugaredLogger 类型以 printf 格式记录语句。

下面是使用 sugaredLogger 代替 logger 的代码。

```
var sugarLogger *zap.SugaredLogger
func main() {
    InitLogger()
    defer sugarLogger.Sync()
    simpleHttpGet("www.google.com")
    simpleHttpGet("http://www.google.com")
}
func InitLogger() {
```

```
    logger, _ := zap.NewProduction()
    sugarLogger = logger.Sugar()
}
func simpleHttpGet(url string) {
    sugarLogger.Debugf("Trying to hit GET request for %s", url)
    resp, err := http.Get(url)
    if err != nil {
        sugarLogger.Errorf("Error fetching URL %s : Error = %s", url, err)
    } else {
        sugarLogger.Infof("Success! statusCode = %s for URL %s", resp.Status, url)
        resp.Body.Close()
    }
}
```

执行上面的代码输出如下结果。

```
{"level":"error","ts":1572159149.923002,"caller":"logic/temp2.go:27","msg":"
Error fetching URL www.sogo.com : Error = Get www.sogo.com: unsupported protocol scheme
\"\"","stacktrace":"main.simpleHttpGet\n\t/Users/q1mi/zap_demo/logic/temp2.go:27
\nmain.main\n\t/Users/q1mi/zap_demo/logic/temp2.go:14\nruntime.main\n\t/usr/loca
l/go/src/runtime/proc.go:203"}
{"level":"info","ts":1572159150.192585,"caller":"logic/temp2.go:29","msg":"S
uccess! statusCode = 200 OK for URL http://www.sogo.com"}
```

到目前为止，这两个 logger 都是默认输出 JSON 格式的日志信息并打印到终端。

13.7.3　定制 logger

Zap 支持按需定制 logger，包括日志输出位置、编码方式等。

将日志写入文件而不是终端

我们可以根据需要定制 logger 实例，比如在记录日志时把日志信息写入文件，而不是打印到终端。使用 zap.New(…)方法手动传递所有配置，而不是使用像 zap.NewProduction()这样的预置方法来创建 logger 实例。

```
func New(core zapcore.Core, options ...Option) *Logger
```

zapcore.Core 需要三个配置：Encoder、WriteSyncer 和 LogLevel。

- Encoder 编码器（如何写入日志）。使用开箱即用的 NewJSONEncoder()，并使用预先设置的 ProductionEncoderConfig()。

```
zapcore.NewJSONEncoder(zap.NewProductionEncoderConfig())
```

- WriterSyncer：指定日志将写到哪里去。使用 zapcore.AddSync()函数并将打开的文件句柄传进去。

```
file, _ := os.Create("./test.log")
writeSyncer := zapcore.AddSync(file)
```

- Log Level：将被写入的日志级别。

重写 InitLogger()方法，修改之前创建 logger 实例的代码，main()、SimpleHttpGet()方法保持不变。

```
func InitLogger() {
    writeSyncer := getLogWriter()
    encoder := getEncoder()
    core := zapcore.NewCore(encoder, writeSyncer, zapcore.DebugLevel)
    logger := zap.New(core)
    sugarLogger = logger.Sugar()
}
func getEncoder() zapcore.Encoder {
    return zapcore.NewJSONEncoder(zap.NewProductionEncoderConfig())
}
func getLogWriter() zapcore.WriteSyncer {
    file, _ := os.Create("./test.log")
    return zapcore.AddSync(file)
}
```

将上述代码保存，编译后重新执行时，以下日志信息会输出到文件 test.log 中。

```
{"level":"debug","ts":1572160754.994731,"msg":"Trying to hit GET request for www.sogo.com"}
{"level":"error","ts":1572160754.994982,"msg":"Error fetching URL www.sogo.com : Error = Get www.sogo.com: unsupported protocol scheme \"\""}
{"level":"debug","ts":1572160754.994996,"msg":"Trying to hit GET request for http://www.sogo.com"}
{"level":"info","ts":1572160757.3755069,"msg":"Success! statusCode = 200 OK for URL http://www.sogo.com"}
```

将 JSON Encoder 更改为 Log Encoder

如果需要将编码器从 JSON Encoder 更改为 Log Encoder，那么请将 NewJSONEncoder()更改为 NewConsoleEncoder()。

```
return zapcore.NewConsoleEncoder(zap.NewProductionEncoderConfig())
```

当按上述方式修改 logger 实例的配置时，程序会将以下内容输出到 test.log 文件中。

```
1.572161051846623e+09   debug   Trying to hit GET request for www.sogo.com
1.572161051846828e+09   error   Error fetching URL www.sogo.com : Error = Get www.sogo.com: unsupported protocol scheme ""
1.5721610518468401e+09  debug   Trying to hit GET request for http://www.sogo.com
1.572161052068744e+09   info    Success! statusCode = 200 OK for URL http://www.sogo.com
```

更改时间编码并添加调用者详细信息

我们对配置所做的更改造成了以下问题。

- 时间以非人类可读的方式展示，例如 1.572161051846623e+09。
- 调用方函数的详细信息没有显示在日志中。

我们要做的第一件事是覆盖默认的 ProductionConfig()，并进行以下更改。

- 修改时间编码器。
- 在日志文件中使用大写字母记录日志级别。

```
func getEncoder() zapcore.Encoder {
    encoderConfig := zap.NewProductionEncoderConfig()
    encoderConfig.EncodeTime = zapcore.ISO8601TimeEncoder
    encoderConfig.EncodeLevel = zapcore.CapitalLevelEncoder
    return zapcore.NewConsoleEncoder(encoderConfig)
}
```

接下来修改 Zap logger 代码，添加将调用函数信息记录到日志中的功能，在 zap.New(..)函数中添加 Option。

```
logger := zap.New(core, zap.AddCaller())
```

当按上述方式修改 logger 实例的配置时，输出在 test.log 文件中的内容会变成以下格式。

```
 2019-10-27T15:33:29.855+0800    DEBUG   logic/temp2.go:47   Trying to hit GET
request for www.sogo.com
 2019-10-27T15:33:29.855+0800    ERROR   logic/temp2.go:50   Error fetching URL
www.sogo.com : Error = Get www.sogo.com: unsupported protocol scheme ""
 2019-10-27T15:33:29.856+0800    DEBUG   logic/temp2.go:47   Trying to hit GET
request for http://www.sogo.com
 2019-10-27T15:33:30.125+0800    INFO    logic/temp2.go:52   Success! statusCode
= 200 OK for URL http://www.sogo.com
```

13.7.4　使用 Lumberjack 进行日志切割归档

Zap 日志程序中唯一缺少的就是日志切割归档功能。

注意：Zap 本身不支持切割归档日志文件。

我们使用第三方库 Lumberjack 来实现日志切割归档功能。

执行下面的命令安装 Lumberjack。

```
go get -u github.com/natefinch/lumberjack
```

在 Zap logger 中加入 Lumberjack

在 Zap logger 中加入 Lumberjack 需要修改 WriteSyncer 代码，可以通过下面的代码修改

getLogWriter()函数。

```go
func getLogWriter() zapcore.WriteSyncer {
    lumberJackLogger := &lumberjack.Logger{
        Filename:  "./test.log",
        MaxSize:   10,
        MaxBackups: 5,
        MaxAge:    30,
        Compress:  false,
    }
    return zapcore.AddSync(lumberJackLogger)
}
```

Lumberjack Logger 采用以下属性作为输入。

- Filename：日志文件的位置。
- MaxSize：切割前日志文件的最大大小（以 MB 为单位）。
- MaxBackups：保留旧文件的最大数量。
- MaxAges：保留旧文件的最大天数。
- Compress：是否压缩/归档旧文件。

测试所有功能

最终，使用 Zap/Lumberjack logger 的完整示例代码如下。

```go
package main
import (
    "net/http"
    "github.com/natefinch/lumberjack"
    "go.uber.org/zap"
    "go.uber.org/zap/zapcore"
)
var sugarLogger *zap.SugaredLogger
func main() {
    InitLogger()
    defer sugarLogger.Sync()
    simpleHttpGet("www.sogo.com")
    simpleHttpGet("http://www.sogo.com")
}
func InitLogger() {
    writeSyncer := getLogWriter()
    encoder := getEncoder()
    core := zapcore.NewCore(encoder, writeSyncer, zapcore.DebugLevel)
    logger := zap.New(core, zap.AddCaller())
    sugarLogger = logger.Sugar()
}
func getEncoder() zapcore.Encoder {
```

```
    encoderConfig := zap.NewProductionEncoderConfig()
    encoderConfig.EncodeTime = zapcore.ISO8601TimeEncoder
    encoderConfig.EncodeLevel = zapcore.CapitalLevelEncoder
    return zapcore.NewConsoleEncoder(encoderConfig)
}
func getLogWriter() zapcore.WriteSyncer {
    lumberJackLogger := &lumberjack.Logger{
        Filename:   "./test.log",
        MaxSize:    1,
        MaxBackups: 5,
        MaxAge:     30,
        Compress:   false,
    }
    return zapcore.AddSync(lumberJackLogger)
}
func simpleHttpGet(url string) {
    sugarLogger.Debugf("Trying to hit GET request for %s", url)
    resp, err := http.Get(url)
    if err != nil {
        sugarLogger.Errorf("Error fetching URL %s : Error = %s", url, err)
    } else {
        sugarLogger.Infof("Success! statusCode = %s for URL %s", resp.Status, url)
        resp.Body.Close()
    }
}
```

执行上述代码，下面的日志内容会输出到 test.log 文件中。

```
  2019-10-27T15:50:32.944+0800    DEBUG    logic/temp2.go:48    Trying to hit GET
request for www.sogo.com
  2019-10-27T15:50:32.944+0800    ERROR    logic/temp2.go:51    Error fetching URL
www.sogo.com : Error = Get www.sogo.com: unsupported protocol scheme ""
  2019-10-27T15:50:32.944+0800    DEBUG    logic/temp2.go:48    Trying to hit GET
request for http://www.sogo.com
  2019-10-27T15:50:33.165+0800    INFO     logic/temp2.go:53    Success! statusCode
= 200 OK for URL http://www.sogo.com
```

同时，读者可自行在 main 函数中循环记录日志，测试日志文件是否会自动切割和归档[1]。

13.7.5　gin 框架集成 Zap

在基于 gin 框架开发的项目中，可以通过使用 Zap 来接收并记录 gin 框架默认的日志，并且使用 Zap 来记录项目中的业务日志。

gin 框架是如何输出日志的呢？

1　日志文件每 1MB 切割一次，并且在当前目录下最多保存 5 个备份。

gin 默认的中间件

首先来看一个最简单的 gin 项目。

```go
func main() {
    r := gin.Default()
    r.GET("/hello", func(c *gin.Context) {
        c.String("hello liwenzhou.com!")
    })
    r.Run(
}
```

gin.Default() 的源码如下。

```go
func Default() *Engine {
    debugPrintWARNINGDefault()
    engine := New()
    engine.Use(Logger(), Recovery())
    return engine
}
```

可以看出，在使用 gin.Default() 的同时用到了 gin 框架内的默认中间件 Logger() 和 Recovery()。

其中，Logger() 把 gin 框架的日志转换为标准输出，Recovery() 在程序 panic 时恢复现场并写入表示服务端异常的 500 响应状态码。

基于 Zap 的中间件

我们可以模仿 Logger() 和 Recovery() 的实现，使用第三方日志库来接收 gin 框架默认输出的日志。

这里以 Zap 为例，实现两个中间件如下。

```go
// GinLogger 接收 gin 框架默认的日志
func GinLogger(logger *zap.Logger) gin.HandlerFunc {
    return func(c *gin.Context) {
        start := time.Now()
        path := c.Request.URL.Path
        query := c.Request.URL.RawQuery
        c.Next()

        cost := time.Since(start)
        logger.Info(path,
            zap.Int("status", c.Writer.Status()),
            zap.String("method", c.Request.Method),
            zap.String("path", path),
            zap.String("query", query),
            zap.String("ip", c.ClientIP()),
            zap.String("user-agent", c.Request.UserAgent()),
```

```
            zap.String("errors",
c.Errors.ByType(gin.ErrorTypePrivate).String()),
            zap.Duration("cost", cost),
        )
    }
}
// GinRecovery recover 掉项目可能出现的 panic
func GinRecovery(logger *zap.Logger, stack bool) gin.HandlerFunc {
    return func(c *gin.Context) {
        defer func() {
            if err := recover(); err != nil {
                // 检查连接是否断开
                var brokenPipe bool
                if ne, ok := err.(*net.OpError); ok {
                    if se, ok := ne.Err.(*os.SyscallError); ok {
                        if strings.Contains(strings.ToLower(se.Error()), "broken
pipe") || strings.Contains(strings.ToLower(se.Error()), "connection reset by peer") {
                            brokenPipe = true
                        }
                    }
                }
                httpRequest, _ := httputil.DumpRequest(c.Request, false)
                if brokenPipe {
                    logger.Error(c.Request.URL.Path,
                        zap.Any("error", err),
                        zap.String("request", string(httpRequest)),
                    )
                    // 如果连接已关闭就无法写入响应状态码
                    c.Error(err.(error)) // nolint: errcheck
                    c.Abort()
                    return
                }
                if stack {
                    logger.Error("[Recovery from panic]",
                        zap.Any("error", err),
                        zap.String("request", string(httpRequest)),
                        zap.String("stack", string(debug.Stack())),
                    )
                } else {
                    logger.Error("[Recovery from panic]",
                        zap.Any("error", err),
                        zap.String("request", string(httpRequest)),
                    )
                }
                c.AbortWithStatus(http.StatusInternalServerError)
            }
```

```
        }()
        c.Next()
    }
}
```

如果不想自己实现，那么可以在 GitHub 上选择别人封装好的，这样就可以在 gin 框架中使用上面定义好的两个中间件来代替 gin 框架默认的 Logger() 和 Recovery() 了。

```
r := gin.New()
r.Use(GinLogger(), GinRecovery())
```

在 gin 项目中使用 Zap

最后加入项目中常用的日志切割，完整版的 logger.go 代码如下。

```go
package logger
import (
    "gin_zap_demo/config"
    "net"
    "net/http"
    "net/http/httputil"
    "os"
    "runtime/debug"
    "strings"
    "time"
    "github.com/gin-gonic/gin"
    "github.com/natefinch/lumberjack"
    "go.uber.org/zap"
    "go.uber.org/zap/zapcore"
)
var lg *zap.Logger
// InitLogger 初始化 logger
func InitLogger(cfg *config.LogConfig) (err error) {
    writeSyncer := getLogWriter(cfg.Filename, cfg.MaxSize, cfg.MaxBackups,
cfg.MaxAge)
    encoder := getEncoder()
    var l = new(zapcore.Level)
    err = l.UnmarshalText([]byte(cfg.Level))
    if err != nil {
        return
    }
    core := zapcore.NewCore(encoder, writeSyncer, l)
    lg = zap.New(core, zap.AddCaller())
    zap.ReplaceGlobals(lg) // 替换 zap 包中全局的 logger 实例，在其他包中使用 zap.L() 调
用即可
    return
}
func getEncoder() zapcore.Encoder {
```

```
        encoderConfig := zap.NewProductionEncoderConfig()
        encoderConfig.EncodeTime = zapcore.ISO8601TimeEncoder
        encoderConfig.TimeKey = "time"
        encoderConfig.EncodeLevel = zapcore.CapitalLevelEncoder
        encoderConfig.EncodeDuration = zapcore.SecondsDurationEncoder
        encoderConfig.EncodeCaller = zapcore.ShortCallerEncoder
        return zapcore.NewJSONEncoder(encoderConfig)
    }
    func getLogWriter(filename string, maxSize, maxBackup, maxAge int)
zapcore.WriteSyncer {
        lumberJackLogger := &lumberjack.Logger{
            Filename:   filename,
            MaxSize:    maxSize,
            MaxBackups: maxBackup,
            MaxAge:     maxAge,
        }
        return zapcore.AddSync(lumberJackLogger)
    }

    // GinLogger 接收 gin 框架默认的日志
    func GinLogger() gin.HandlerFunc {
        return func(c *gin.Context) {
            start := time.Now()
            path := c.Request.URL.Path
            query := c.Request.URL.RawQuery
            c.Next()
            cost := time.Since(start)
            lg.Info(path,
                zap.Int("status", c.Writer.Status()),
                zap.String("method", c.Request.Method),
                zap.String("path", path),
                zap.String("query", query),
                zap.String("ip", c.ClientIP()),
                zap.String("user-agent", c.Request.UserAgent()),
                zap.String("errors",
c.Errors.ByType(gin.ErrorTypePrivate).String()),
                zap.Duration("cost", cost),
            )
        }
    }

    // GinRecovery recover 掉项目可能出现的 panic，并使用 Zap 记录相关日志
    func GinRecovery(stack bool) gin.HandlerFunc {
        return func(c *gin.Context) {
            defer func() {
                if err := recover(); err != nil {
```

```
            // 检查连接是否断开
            var brokenPipe bool
            if ne, ok := err.(*net.OpError); ok {
                if se, ok := ne.Err.(*os.SyscallError); ok {
                    if strings.Contains(strings.ToLower(se.Error()), "broken
pipe") || strings.Contains(strings.ToLower(se.Error()), "connection reset by peer") {
                        brokenPipe = true
                    }
                }
            }
            httpRequest, _ := httputil.DumpRequest(c.Request, false)
            if brokenPipe {
                lg.Error(c.Request.URL.Path,
                    zap.Any("error", err),
                    zap.String("request", string(httpRequest)),
                )
                // 如果连接已关闭就无法写入响应状态码
                c.Error(err.(error)) // nolint: errcheck
                c.Abort()
                return
            }
            if stack {
                lg.Error("[Recovery from panic]",
                    zap.Any("error", err),
                    zap.String("request", string(httpRequest)),
                    zap.String("stack", string(debug.Stack())),
                )
            } else {
                lg.Error("[Recovery from panic]",
                    zap.Any("error", err),
                    zap.String("request", string(httpRequest)),
                )
            }
            c.AbortWithStatus(http.StatusInternalServerError)
        }
    }()
    c.Next()
  }
}
```

定义日志相关配置。

```
type LogConfig struct {
    Level string `json:"level"`
    Filename string `json:"filename"`
    MaxSize int `json:"maxsize"`
    MaxAge int `json:"max_age"`
```

```
        MaxBackups int `json:"max_backups"`
    }
```

先从配置文件中加载配置信息，再调用 logger.InitLogger(config.Conf.LogConfig)，即可完成 logger 实例的初始化。其中，通过 r.Use(logger.GinLogger(), logger.GinRecovery(true))注册中间件来使用 Zap 接收 gin 框架自身的日志，在项目中需要的地方使用 zap.L().Xxx()方法来记录自定义日志信息。

```
package main
import (
    "fmt"
    "gin_zap_demo/config"
    "gin_zap_demo/logger"
    "net/http"
    "os"
    "go.uber.org/zap"
    "github.com/gin-gonic/gin"
)
func main() {
    // load config from config.json
    if len(os.Args) < 1 {
        return
    }
    if err := config.Init(os.Args[1]); err != nil {
        panic(err)
    }
    // init logger
    if err := logger.InitLogger(config.Conf.LogConfig); err != nil {
        fmt.Printf("init logger failed, err:%v\n", err)
        return
    }
    gin.SetMode(config.Conf.Mode)
    r := gin.Default()
    // 注册 Zap 相关中间件
    r.Use(logger.GinLogger(), logger.GinRecovery(true))
    r.GET("/hello", func(c *gin.Context) {
        // 假设有一些数据需要记录到日志中
        var (
            name = "q1mi"
            age  = 18
        )
        // 记录日志并使用 zap.Xxx(key, val)记录相关字段
        zap.L().Debug("this is hello func", zap.String("user", name),
zap.Int("age", age))
        c.String(http.StatusOK, "hello liwenzhou.com!")
    })
    addr := fmt.Sprintf(":%v", config.Conf.Port)
```

```
    r.Run(addr)
}
```

13.8　Viper

Viper 是 Go 社区比较知名的配置库。在应用程序中引入 Viper, 可以处理绝大多数类型的配置需求和格式。Viper 支持以下特性: 设置默认值; 从 JSON、TOML、YAML、HCL、envfile 和 Java properties 格式的配置文件中读取配置信息; 实时监控和重新读取配置文件 (可选); 从环境变量中读取配置信息; 从远程配置系统 (etcd 或 Consul) 中读取并监控配置变化; 从命令行参数读取配置信息。

Viper 会按照以下优先级读取配置信息: 显示调用 Set 设置值; 命令行参数 (flag); 环境变量; 配置文件; 键-值对存储; 默认值。

▌**注意**: 目前 Viper 中配置的键 (key) 是不区分大小写的。

执行下面的命令安装 Viper。

```
go get github.com/spf13/viper
```

读取配置

Viper 支持为配置项设置默认值, 如果没能通过配置文件、环境变量、远程配置或命令行标志 (flag) 获取到某个配置的值, 则会使用默认值。

例如:

```
viper.SetDefault("ContentDir", "content")
viper.SetDefault("LayoutDir", "layouts")
viper.SetDefault("Taxonomies", map[string]string{"tag": "tags", "category":
"categories"})
```

读取配置文件

Viper 可以从配置文件中读取配置, 它支持 JSON、TOML、YAML、HCL、envfile 和 Java properties 格式的配置文件, 可以在多个路径中查找配置文件, 但 Viper 实例目前只支持单个配置文件。

下面是一个使用 Viper 搜索和读取配置文件的示例, 在使用 Viper 时可以直接指定配置文件的路径, 也可以指定一个或多个目录让 Viper 自行搜索配置文件。

```
viper.SetConfigFile("./config.yaml") // 指定配置文件路径
viper.SetConfigName("config") // 配置文件名称(无扩展名)
viper.SetConfigType("yaml") // 如果配置文件的名称中没有扩展名, 则需要配置此项
viper.AddConfigPath("/etc/appname/")    // 查找配置文件所在的路径
viper.AddConfigPath("$HOME/.appname")   // 多次调用以添加多个搜索路径
viper.AddConfigPath(".")                // 在工作目录中查找配置
```

```
err := viper.ReadInConfig() // 查找并读取配置文件
if err != nil { // 处理读取配置文件的错误
    panic(fmt.Errorf("Fatal error config file: %s \n", err))
}
```

在使用 Viper 读取配置文件时，可以像下面这样处理找不到配置文件的特定错误。

```
if err := viper.ReadInConfig(); err != nil {
    if _, ok := err.(viper.ConfigFileNotFoundError); ok {
        // 配置文件未找到错误，如果需要则可以忽略
    } else {
        // 配置文件被找到，但产生了其他错误
    }
}
// 配置文件找到并成功解析
```

注意：从 Go 1.6 起开始，支持不带扩展名的文件，并以编程方式指定其格式。对于位于用户 $HOME 目录中的配置文件没有任何扩展名，如.bashrc。

监控并重新读取配置文件

Viper 驱动的应用程序可以在运行时读取配置文件的更新，并且不会错过任何消息，只需告诉 Viper 实例 WatchConfig。同时，可以为 Viper 提供一个回调函数，以便在每次变更时运行。

确保在调用 WatchConfig()之前添加了所有的配置路径。

```
viper.WatchConfig()
viper.OnConfigChange(func(e fsnotify.Event) {
    // 配置文件发生变更时调用的回调函数
    fmt.Println("Config file changed:", e.Name)
})
```

读取环境变量

Viper 原生支持从环境变量中读取配置，它提供了以下常用方法。

```
AutomaticEnv()
BindEnv(string...) : error
SetEnvPrefix(string)
AllowEmptyEnv(bool)
```

注意：Viper 读取环境变量时默认区分大小写。

Viper 提供了 SetEnvPrefix 方法来设置使用的环境变量的通用前缀，确保不会与其他应用冲突。BindEnv 和 AutomaticEnv 方法都将使用这个前缀。

BindEnv 方法使用一个或两个参数：第一个是键名称，第二个是环境变量名称（区分大小写）。如果没有提供环境变量名称，那么 Viper 将自动按以下格式匹配：通用前缀+ "_" +键名（全部大写）。

当显式提供环境变量名称时，Viper 会直接使用提供的环境变量名，不会自动添加通用前缀。例如，如果第二个参数是"id"，那么 Viper 将查找环境变量"ID"。

在使用环境变量时，每次从 Viper 获取该值时，Viper 都会重新读取环境变量。也就是在调用 BindEnv 方法时 Viper 不会保存这个值。

AutomaticEnv 方法通常与 SetEnvPrefix 方法结合使用，在调用 AutomaticEnv 时，Viper 会读取环境变量并更新已有的键。

Viper 默认空的环境变量是未设置的，并尝试读取下一个配置源。若要将空环境变量视为已设置，那么需要调用 AllowEmptyEnv 方法。

Viper 读取环境变量的示例如下。

```
// 在应用程序外设置环境变量 export QIMI_ID=7
viper.SetEnvPrefix("qimi") // 设置通用前缀，将自动转为大写
viper.BindEnv("id")
// 读取环境变量
id := viper.Get("id") // 7
```

读取命令行参数

Viper 默认使用 github.com/spf13/pflag 库解析命令行参数。

如果你的程序中使用了 pflag，那么可以使用 BindPFlagsfang 方法绑定一组现有的 pflags（pflag.FlagSet）。例如：

```
pflag.Int("flagname", 1234, "help message for flagname")
pflag.Parse()
viper.BindPFlags(pflag.CommandLine)
i := viper.GetInt("flagname") // 从 viper 而不是从 pflag 检索值
```

如果程序中使用的是标准库中的 flag 包，那么 pflag 包支持通过调用 AddGoFlagSet()导入这些 flags。例如：

```
package main
import (
    "flag"
    "github.com/spf13/pflag"
)
func main() {

    // 程序中使用标准库 flag 包
    flag.Int("flagname", 1234, "help message for flagname")
    pflag.CommandLine.AddGoFlagSet(flag.CommandLine)
    pflag.Parse()
    viper.BindPFlags(pflag.CommandLine)
```

```
    i := viper.GetInt("flagname") // 从 viper 取值
    ...
}
```

从远程键-值存储读取配置

如果需要在 Viper 中启用远程读取配置，则要在代码中匿名导入 viper/remote 包。

```
import _ "github.com/spf13/viper/remote"
```

Viper 将从键-值存储（例如 etcd 或 Consul）的路径中读取配置字符串（如 JSON、TOML、YAML、HCL、envfile 和 Java properties 格式），这些值的优先级高于默认值，但是会被从磁盘、flag 或环境变量中读取的配置值覆盖[1]。

etcd

下面的代码演示如何从 etcd 读取配置。

```
viper.AddRemoteProvider("etcd", "http://127.0.0.1:4001","/config/hugo.json")
viper.SetConfigType("json") // 因为在字节流中没有文件扩展名，所以这里需要设置一下类型
// 支持的扩展名有 json、toml、yaml、yml、properties、props、prop、env、dotenv
err := viper.ReadRemoteConfig()
```

你需要在 Consul 中设置一个 key 并保存包含所需配置的 JSON 值。例如，创建一个 key MY_CONSUL_KEY 并将下面的 JSON 值存入。

```
{
    "port": 8080,
    "hostname": "liwenzhou.com"
}
```

然后在程序中使用 Viper 按如下方式从 consul 读取配置。

```
viper.AddRemoteProvider("consul", "localhost:8500", "MY_CONSUL_KEY")
viper.SetConfigType("json") // 需要显示设置成 json
err := viper.ReadRemoteConfig()

fmt.Println(viper.Get("port")) // 8080
fmt.Println(viper.Get("hostname")) // liwenzhou.com
```

从 Viper 获取值

在 Viper 中，有以下方法可以根据值的类型获取值：Get(key string)：interface{}；GetBool(key string)：bool；GetFloat64(key string)：float64；GetInt(key string)：int；GetIntSlice(key string)：[]int；GetString(key string)：string；GetStringMap(key string)：map[string]interface{}；GetStringMapString(key

---

1　也就是说，Viper 加载配置值的优先级为磁盘上的配置文件>命令行标志位>环境变量>远程键-值存储>默认值。

string)：map[string]string；GetStringSlice(key string)：[]string；GetTime(key string)：time.Time；GetDuration(key string)：time.Duration；IsSet(key string)：bool；AllSettings()：map[string]interface{}。

> **注意**：每个 Get 方法在找不到值时都会返回零值，为了检查给定的键是否存在，Viper 提供了 IsSet() 方法。

例如：

```
viper.GetString("logfile") // 不区分大小写的设置和获取
if viper.GetBool("verbose") {
    fmt.Println("verbose enabled")
}
```

提取子树

Viper 支持提取子树，假设一个 Viper 实例已经读取了以下配置。

```
app:
  cache1:
    max-items: 100
    item-size: 64
  cache2:
    max-items: 200
    item-size: 80
```

执行结果如下。

```
subv := viper.Sub("app.cache1")
```

subv 现在代表：

```
max-items: 100
item-size: 64
```

假设有如下函数。

```
func NewCache(cfg *Viper) *Cache {...}
```

它基于 subv 格式的配置信息创建缓存，可以轻松地分别创建以下两个缓存。

```
cfg1 := viper.Sub("app.cache1")
cache1 := NewCache(cfg1)
cfg2 := viper.Sub("app.cache2")
cache2 := NewCache(cfg2)
```

反序列化

你还可以选择将 Viper 读取到的所有或特定的配置值解析到结构体、map 等。

Viper 提供了两种反序列化方法：Unmarshal(rawVal interface{})：error 和 UnmarshalKey(key string, rawVal interface{})：error。

例如：

```
type config struct {
    Port int
    Name string
    PathMap string `mapstructure:"path_map"`
}
var C config
err := viper.Unmarshal(&C)
if err != nil {
    t.Fatalf("unable to decode into struct, %v", err)
}
```

如果想解析的键本身就包含.（默认的键分隔符）的配置，那么需要修改分隔符。

```
v := viper.NewWithOptions(viper.KeyDelimiter("::"))
v.SetDefault("chart::values", map[string]interface{}{
    "ingress": map[string]interface{}{
        "annotations": map[string]interface{}{
            "traefik.frontend.rule.type":                "PathPrefix",
            "traefik.ingress.kubernetes.io/ssl-redirect": "true",
        },
    },
})
type config struct {
    Chart struct{
        Values map[string]interface{}
    }
}
var C config
v.Unmarshal(&C)
```

Viper 还支持解析到嵌入的结构体。

```
/*
Example config:
module:
    enabled: true
    token: 89h3f98hbwf987h3f98wenf89ehf
*/
type config struct {
    Module struct {
        Enabled bool
        moduleConfig `mapstructure:",squash"`
    }
}
// moduleConfig could be in a module specific package
type moduleConfig struct {
```

```
    Token string
}
var C config
err := viper.Unmarshal(&C)
if err != nil {
    t.Fatalf("unable to decode into struct, %v", err)
}
```

Viper 内部使用 github.com/mitchellh/mapstructure 包来解析值，在默认情况下使用 mapstructure 作为结构体 tag。

注意：如果需要将 Viper 读取的配置反序列到我们定义的结构体变量中，那么结构体中一定要使用 mapstructure tag。

序列化成字符串

你可能需要将 Viper 中保存的所有设置序列化到一个字符串中，而不是将它们写入一个文件中。你可以将自己喜欢的格式的序列化器与 AllSettings() 返回的配置一起使用。

```
import (
    yaml "gopkg.in/yaml.v2"
    ...
)
func yamlStringSettings() string {
    c := viper.AllSettings()
    bs, err := yaml.Marshal(c)
    if err != nil {
        log.Fatalf("unable to marshal config to YAML: %v", err)
    }
    return string(bs)
}
```

写入配置文件

通常在使用 Viper 时从配置文件中读取配置，如果你想存储在运行时所做的所有修改，那么可以使用下面一组命令。

- WriteConfig：如果存在预定义的路径，则将当前的 Viper 配置写入预定义的路径并覆盖；如果没有预定义的路径，则报错。
- SafeWriteConfig：如果存在预定义的路径，则将当前的 Viper 配置写入预定义的路径，并且不会覆盖当前的配置文件；如果没有预定义的路径，则报错。
- WriteConfigAs：如果存在预定义的路径，则将当前的 Viper 配置写入预定义的文件路径，并且覆盖指定的文件。
- SafeWriteConfigAs：如果存在预定义的路径，则将当前的 Viper 配置写入给定的文件路径，并且不会覆盖指定的文件。这个方法不会覆盖任何文件。

例如：

```
viper.WriteConfig() // 将当前配置写入 viper.AddConfigPath()和
// viper.SetConfigName 设置的预定义路径
viper.SafeWriteConfig()
viper.WriteConfigAs("/path/to/my/.config")
viper.SafeWriteConfigAs("/path/to/my/.config") // 因为该配置文件写入过，所以会报错
viper.SafeWriteConfigAs("/path/to/my/.other_config")
```

完整使用示例

假设项目中使用一个名为./conf/config.yaml 的配置文件，其内容如下。

```
port: 8123
version: "v1.2.3"
```

接下来通过示例代码演示两种在项目中使用 Viper 管理项目配置信息的方式。

这里用一个 demo 演示如何在 gin 框架搭建的 web 项目中使用 Viper 加载配置文件中的信息，并在代码中直接使用 viper.GetXXX()方法获取对应的配置值。

```go
package main
import (
    "fmt"
    "net/http"

    "github.com/gin-gonic/gin"
    "github.com/spf13/viper"
)
func main() {
    viper.SetConfigFile("config.yaml") // 指定配置文件
    viper.AddConfigPath("./conf/")     // 指定查找配置文件的路径
    err := viper.ReadInConfig()        // 读取配置信息
    if err != nil {                    // 读取配置信息失败
        panic(fmt.Errorf("Fatal error config file: %s \n", err))
    }
    // 监控配置文件变化
    viper.WatchConfig()
    r := gin.Default()
    // 访问/version 的返回值会随配置文件的变化而变化
    r.GET("/version", func(c *gin.Context) {
        c.String(http.StatusOK, viper.GetString("version"))
    })
    if err := r.Run(
        fmt.Sprintf(":%d", viper.GetInt("port"))); err != nil {
        panic(err)
    }
}
```

除了上面的用法，还可以在项目中定义与配置文件对应的结构体，Viper 加载完配置信息后使用结构体变量保存配置信息。

```go
package main
import (
    "fmt"
    "net/http"
    "github.com/fsnotify/fsnotify"
    "github.com/gin-gonic/gin"
    "github.com/spf13/viper"
)
type Config struct {
    Port    int    `mapstructure:"port"`
    Version string `mapstructure:"version"`
}
var Conf = new(Config)
func main() {
    viper.SetConfigFile("./conf/config.yaml") // 指定配置文件路径
    err := viper.ReadInConfig()               // 读取配置信息
    if err != nil {                           // 读取配置信息失败
        panic(fmt.Errorf("Fatal error config file: %s \n", err))
    }
    // 将读取的配置信息保存至全局变量 Conf
    if err := viper.Unmarshal(Conf); err != nil {
        panic(fmt.Errorf("unmarshal conf failed, err:%s \n", err))
    }
    // 监控配置文件变化
    viper.WatchConfig()
    // 注意：配置文件发生变化后要同步到全局变量 Conf
    viper.OnConfigChange(func(in fsnotify.Event) {
        fmt.Println("天寿啦~配置文件被人修改啦...")
        if err := viper.Unmarshal(Conf); err != nil {
            panic(fmt.Errorf("unmarshal conf failed, err:%s \n", err))
        }
    })
    r := gin.Default()
    // 访问/version 的返回值会随配置文件的变化而变化
    r.GET("/version", func(c *gin.Context) {
        c.String(http.StatusOK, Conf.Version)
    })

    if err := r.Run(fmt.Sprintf(":%d", Conf.Port)); err != nil {
        panic(err)
    }
}
```

13.9　singleflight 包

截至 Go 1.20 版本，singleflight 包还属于 Go 的准标准库，它提供了重复调用函数抑制机制，使用它可以避免同时进行相同的函数调用。当第一个调用未完成时，后续的重复调用会等待，而一旦第一个调用完成就会与后续调用分享结果。这样一来，只需执行一次函数调用，所有的调用都可以获取最终的调用结果。

以下示例代码在第 1 次调用 getData 函数未返回结果时，再次调用 getData 函数。

```
package main
import (
    "fmt"
    "golang.org/x/sync/singleflight"
    "time"
)
func getData(id int64) string {
    fmt.Println("query...")
    time.Sleep(10 * time.Second) // 模拟一个比较耗时的操作
    return "liwenzhou.com"
}
func main() {
    g := new(singleflight.Group)

    // 第 1 次调用
    go func() {
        v1, _, shared := g.Do("getData", func() (interface{}, error) {
            ret := getData(1)
            return ret, nil
        })
        fmt.Printf("1st call: v1:%v, shared:%v\n", v1, shared)
    }()
    time.Sleep(2 * time.Second)
    // 第 2 次调用（第 1 次调用已开始但未结束）
    v2, _, shared := g.Do("getData", func() (interface{}, error) {
        ret := getData(1)
        return ret, nil
    })
    fmt.Printf("2nd call: v2:%v, shared:%v\n", v2, shared)
}
```

上述代码的执行结果如下。

```
query...
1st call: v1:liwenzhou.com, shared:true
2nd call: v2:liwenzhou.com, shared:true
```

可以看到，getData 函数只执行了一次（只输出了一次 query...），但是两次调用都获取到了结果

（liwenzhou.com）。

singleflight 包的主要方法

singleflight 包中定义了一个名为 Group 的结构体类型，它表示一类工作，并形成一个命名空间，在这个命名空间中，可以使用重复抑制来执行工作单元。

```
type Group struct {
    mu sync.Mutex      // 保护 m
    m  map[string]*call // 延迟初始化
}
```

Group 类型有 Do、DoChan 和 Forget 三个方法。

```
func (g *Group) Do(key string, fn func() (interface{}, error)) (v interface{},
err error, shared bool)
```

Do 执行并返回给定函数的结果，确保一次只有一个给定 key 在执行。如果进入重复调用，那么重复调用方将等待原始调用方完成，并会收到与第一个调用相同的结果。返回值 shared 表示是否为多个调用方赋值 v。

需要注意的是，在使用 Do 方法时，如果第一次调用发生了阻塞，那么后续的调用也会发生阻塞，在极端场景中可能导致程序 hang 住。

singleflight 包提供了 DoChan 方法，支持异步获取调用结果。

```
func (g *Group) DoChan(key string, fn func() (interface{}, error)) <-chan Result
```

DoChan 类似于 Do，但不是直接返回结果，而是返回一个通道，该通道将在结果准备就绪时接收结果。返回的通道不会关闭。

其中，Result 类型定义如下。

```
type Result struct {
    Val    interface{}
    Err    error
    Shared bool
}
```

Result 保存 Do 的结果，因此可以在通道上传递。

为了避免第一次调用阻塞所有调用的情况，我们可以结合使用 select 和 DoChan 为函数调用设置超时时间。

```
func doChanGetData(ctx context.Context, g *singleflight.Group, id int64) (string,
error) {
    ch := g.DoChan("getData", func() (interface{}, error) {
        ret := getData(id)
        return ret, nil
```

```
    })
    select {
    case <-ctx.Done():
        return "", ctx.Err()
    case ret := <-ch:
        return ret.Val.(string), ret.Err
    }
}
func main() {
    g := new(singleflight.Group)
    // 第 1 次调用
    go func() {
        ctx, cancel := context.WithTimeout(context.Background(), time.Second)
        defer cancel()
        v1, err := doChanGetData(ctx, g, 1)
        fmt.Printf("v1:%v err:%v\n", v1, err)
    }()
    time.Sleep(2 * time.Second)
    // 第 2 次调用（第 1 次调用已开始但未结束）
    ctx, cancel := context.WithTimeout(context.Background(), time.Second)
    defer cancel()
    v2, err := doChanGetData(ctx, g, 1)
    fmt.Printf("v2:%v err:%v\n", v2, err)
}
```

上述代码最终输出如下结果。

```
v1: err:context deadline exceeded
v2: err:context deadline exceeded
```

如果在某些场景中允许第 1 次调用失败后再次尝试调用该函数，而不希望同一时间内的多次请求都因第 1 次调用返回失败而失败，那么可以通过调用 Forget 方法来忘记这个 key。

```
func (g *Group) Forget(key string)
```

Forget 告诉 singleflight 包忘记一个 key，将来对这个 key 的 Do 调用将调用该函数，而不是等待以前的调用完成。

例如，可以在发起调用的同时，在另外的 goroutine 中延迟 100ms 调用 Forget 方法来忘记 key。

```
func doGetData(g *singleflight.Group, id int64) (string, error) {
    v, err, _ := g.Do("getData", func() (interface{}, error) {
        go func() {
            time.Sleep(100 * time.Millisecond) // 100ms 后忘记 key
            g.Forget("getData")
        }()
        ret := getData(id)
        return ret, nil
    })
```

```
        return v.(string), err
}
```

singleflight 应用场景

singleflight 包将并发调用合并成一个调用的特点决定了它非常适合用来防止缓存击穿。

下面是一段使用 singleflight 包进行查询的伪代码。

```
func getDataSingleFlight(key string) (interface{}, error) {
    v, err, _ := g.Do(key, func() (interface{}, error) {
        // 查缓存
        data, err := getDataFromCache(key)
        if err == nil {
            return data, nil
        }
        if err == errNotFound {
            // 查 DB
            data, err := getDataFromDB(key)
            if err == nil {
                setCache(data) // 设置缓存
                return data, nil
            }
            return nil, err
        }
        return nil, err // 缓存出错直接返回，防止灾难传递至 DB
    })
    if err != nil {
        return nil, err
    }
    return v, nil
}
```

如图 13-1 所示，在查询数据时使用 singleflight 包能够避免业务高峰期缓存失效导致大量请求直接打到 DB 的情况，从而提高系统的可用性。

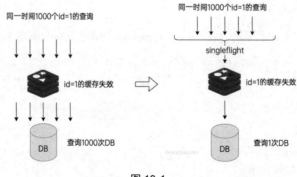

图 13-1

singleflight 包强制让一个函数的所有后续调用都等待第一个调用完成，以此消除了同时运行重复函数的低效性。与缓存不同，它只有在同时调用函数时才共享结果，它可以充当一个非常短暂的缓存，不需要手动作废或设置有效时间。

13.10　Wire

Wire 是 Go 社区常用的依赖注入工具，很多 Go 开源项目都使用它来完成依赖注入。

13.10.1　控制反转与依赖注入

控制反转（Inversion of Control，IoC）是面向对象编程的一种设计原则，可以降低计算机代码之间的耦合度，其中最常见的方式叫作依赖注入（Dependency Injection，DI）。依赖注入是生成灵活和松散耦合代码的标准技术，可以明确地向组件提供它们所需要的所有依赖关系。Go 语言通常采用将依赖项作为参数传递给构造函数的形式。

构造函数 NewBookRepo 在创建 BookRepo 时需要将依赖项 db 作为参数引入，从而实现代码解耦，我们无须关注 NewBookRepo 中 db 的创建逻辑。

```
// NewBookRepo 创建 BookRepo 的构造函数
func NewBookRepo(db *gorm.DB) *BookRepo {
 return &BookRepo{db: db}
}
```

区别于控制反转，如果在 NewBookRepo 函数中自行创建相关依赖，那么将导致代码高度耦合并且难以维护和调试。

```
// NewBookRepo 创建 BookRepo 的构造函数
func NewBookRepo() *BookRepo {
  db, _ := gorm.Open(sqlite.Open("gorm.db"), &gorm.Config{})
 return &BookRepo{db: db}
}
```

现在我们已经知道，在开发过程中应该尽可能地使用控制反转和依赖注入将程序解耦，从而编写出灵活和易测试的程序。在小型应用程序中，我们可以自行创建依赖并手动注入，但是在大型应用程序中，手动实现所有依赖的创建和注入会比较烦琐。

例如，一些常见的 HTTP 服务会根据业务需要划分不同的代码层。

```
├── internal
│   ├── conf
│   │   └── conf.go
│   ├── data
│   │   └── data.go
│   ├── server
```

```
|   |     └── server.go
|   └── service
|         └── service.go
└── main.go
```

我们的服务需要配置指定工作模式、连接的数据库和监听端口等信息。

```
// conf/conf.go

// NewDefaultConfig 返回默认配置，不需要依赖
func NewDefaultConfig() *Config {...}
```

这里定义了一个默认配置，当然，后续也可以从配置文件或环境变量中读取配置信息。

在程序的 data 层，需要定义一个连接数据库的函数，它依赖上面定义的 Config 并返回一个 *gorm.DB（这里使用 gorm 连接数据库）。

```
// data/data.go
// NewDB 返回数据库连接对象
func NewDB(cfg *conf.Config) (*gorm.DB, error) {...}
```

同时定义一个 BookRepo，它有一些数据操作的方法。BookRepo 的构造函数 NewBookRepo 依赖 *gorm.DB，并返回一个*BookRepo。

```
// data/data.go
type BookRepo struct {
    db *gorm.DB
}

func NewBookRepo(db *gorm.DB) *BookRepo {...}
```

service 层位于 data 层和 server 层之间，负责实现对外服务。其中，构造函数 NewBookService 依赖 Config 和 BookRepo。

```
// service/service.go
type BookService struct {
    config *conf.Config
    repo   *data.BookRepo
}
func NewBookService(cfg *conf.Config, repo *data.BookRepo) *BookService {...}
```

server 层还有一个 NewServer 构造函数，它依赖外部传入 Config 和 BookService。

```
// server/server.go
type Server struct {
    config *conf.Config
    service *service.BookService
}
func NewServer(cfg *conf.Config, srv *service.BookService) *Server {...}
```

main.go 文件依赖 Server 创建 App。

```
// main.go
type Server interface {
    Run()
}
type App struct {
    server Server
}
func newApp(server Server) *App {...}
```

由于程序中定义了大量需要依赖注入的构造函数，main 函数会出现以下情形，所有依赖的创建和顺序都需要手动维护。

```
// main.go
func main() {
    cfg := conf.NewDefaultConfig()
    db, _ := data.NewDB(cfg)
    repo := data.NewBookRepo(db)
    bookSrv := service.NewBookService(cfg, repo)
    server := server.NewServer(cfg, bookSrv)
    app := newApp(server)

    app.Run()
}
```

我们确实需要一个工具来解决这类问题。

13.10.2　Wire 核心概念

Go 社区中有很多依赖注入框架，例如 Uber 的 dig 和 Facebook 的 inject，它们都使用反射进行运行时依赖注入。

Wire 是 Google 开源的依赖注入工具，通过自动生成代码在编译期完成依赖注入，它有两个核心概念：提供者（Provider）和注入器（Injector）。

Provider

Wire 中的提供者是一个可以产生值的普通函数。

```
package demo
type X struct {
    Value int
}
// NewX 返回一个 X 对象
func NewX() X {
  return X{Value: 7}
}
```

提供者函数必须是可导出的（首字母大写），以便被其他包导入。

提供者函数可以使用参数指定依赖项。

```
package demo
...
type Y struct {
    Value int
}
// NewY 返回一个 Y 对象，需要传入一个 X 对象作为依赖。
func NewY(x X) Y {
  return Y{Value: x.Value+1}
}
```

提供者函数也可以返回错误。

```
package demo
import (
    "context"
    "errors"
)
...
type Z struct {
    Value int
}
// NewZ 返回一个 Z 对象，当传入依赖的 value 为 0 时会返回错误。
func NewZ(ctx context.Context, y Y) (Z, error) {
    if y.Value == 0 {
        return Z{}, errors.New("cannot provide z when value is zero")
    }
    return Z{Value: y.Value + 2}, nil
}
```

多个提供者函数可以组成一个提供者函数集（provider set），使用 wire.NewSet 函数可以将多个提供者函数添加到一个集合中。如果经常同时使用多个提供者函数，那么这非常有用。

```
package demo
import (
    ...
    "github.com/google/wire"
)
...
var ProviderSet = wire.NewSet(NewX, NewY, NewZ)
```

还可以将其他提供者函数集添加到某个提供者函数集中。

```
package demo
import (
    ...
```

```
    "example.com/some/other/pkg"
)
...
var MegaSet = wire.NewSet(ProviderSet, pkg.OtherSet)
```

Injector

应用程序中使用注入器连接提供者，注入器是按照依赖顺序调用提供者的函数。

在使用 Wire 时，只需要编写注入器的函数签名，就会生成对应的函数体。

要声明一个注入器函数只需在函数体中调用 wire.Build，这里无须在意函数的返回值[1]，只要函数的类型正确即可。假设上面的提供者函数是在名为 wire_demo/demo 的包中定义的，下面将声明一个注入器来得到 Z。

```
//go:build wireinject
// +build wireinject
package main
import (
    "context"
    "github.com/google/wire"
    "wire_demo/demo"
)
func initZ(ctx context.Context) (demo.Z, error) {
    wire.Build(demo.ProviderSet)
    return demo.Z{}, nil
}
```

与提供者一样，注入器也可以输入参数（然后将其发送给提供者），并且可以返回错误。

wire.Build 的参数和 wire.NewSet 一样，都是提供者集合，这些参数就是在注入器的代码生成期间使用的提供者函数集。

将上面的代码保存到 wire.go 中，文件最上面的//go:build wireinject 是必需的（Go 1.18 之前的版本使用// +build wireinject），它确保 wire.go 不会参与最终的项目编译。

执行以下命令安装 Wire 命令行工具。

```
go install github.com/google/wire/cmd/wire@latest
```

在 wire.go 同级目录下执行以下命令。

```
wire
```

Wire 会在同级目录下的 wire_gen.go 文件中生成注入器的具体实现。

1　这些值在生成的代码中将被忽略。

```
// Code generated by Wire. DO NOT EDIT.
//go:generate go run github.com/google/wire/cmd/wire
//go:build !wireinject
// +build !wireinject
package main
import (
    "context"
    "wire_demo/demo"
)
// Injectors from wire.go:
func initZ(ctx context.Context) (demo.Z, error) {
    x := demo.NewX()
    y := demo.NewY(x)
    z, err := demo.NewZ(ctx, y)
    if err != nil {
        return demo.Z{}, err
    }
    return z, nil
}
```

可以看出，Wire 生成的内容非常接近开发人员编写的。此外，运行时对 Wire 的依赖性很小，编写的所有代码都只是普通的 Go 代码，可以在没有 Wire 的情况下使用。

13.10.3　高级特性

Wire 除了支持使用构造函数作为提供者实现依赖注入，还支持以下高级特性。

绑定接口

依赖项注入通常用于绑定接口的具体实现。Wire 通过类型标识匹配输入与输出，因此倾向于创建一个返回接口类型的提供者。然而，这也不是习惯写法，因为 Go 的最佳实践是返回具体类型，你可以在提供者集中声明接口绑定。

```
type Fooer interface {
    Foo() string
}
type MyFooer string
func (b *MyFooer) Foo() string {
    return string(*b)
}
func provideMyFooer() *MyFooer {
    b := new(MyFooer)
    *b = "Hello, World!"
    return b
}
type Bar string
```

```
func provideBar(f Fooer) string {
    // f will be a *MyFooer.
    return f.Foo()
}
var Set = wire.NewSet(
    provideMyFooer,
    wire.Bind(new(Fooer), new(*MyFooer)),
    provideBar,
)
```

wire.Bind 的第 1 个参数是指向所需接口类型值的指针，第 2 个参数是指向实现该接口的类型值的指针。任何包含接口绑定的集合都必须具有提供具体类型的提供者。

结构体提供者

Wire 支持为结构体字段进行依赖注入。使用 wire.Struct 函数构造一个结构体类型，并告诉注入器应该注入哪个字段。注入器将使用字段类型的提供程序填充每个字段，对于生成的结构体类型 S，wire.struct 同时提供 S 和*S。例如，给定以下提供者。

```
type Foo int
type Bar int
func ProvideFoo() Foo {/* ... */}
func ProvideBar() Bar {/* ... */}
type FooBar struct {
    MyFoo Foo
    MyBar Bar
}
var Set = wire.NewSet(
    ProvideFoo,
    ProvideBar,
    wire.Struct(new(FooBar), "MyFoo", "MyBar"),
)
```

最终生成的 FooBar 注入器如下所示。

```
func injectFooBar() FooBar {
    foo := ProvideFoo()
    bar := ProvideBar()
    fooBar := FooBar{
        MyFoo: foo,
        MyBar: bar,
    }
    return fooBar
}
```

wire.Struct 的第 1 个参数是指向所需结构体类型的指针，随后的参数是要注入的字段的名称。可以使用一个特殊的字符串"*"作为快捷方式，告诉注入器注入结构体的所有字段。这里使用

wire.Struct(new(FooBar), "*")会产生和上面相同的结果。

对于上面的示例，如果只想注入 MyFoo 字段，那么可以将 Set 改写为以下内容。

```
var Set = wire.NewSet(
    ProvideFoo,
    wire.Struct(new(FooBar), "MyFoo"),
)
```

FooBar 生成的注入器如下所示。

```
func injectFooBar() FooBar {
    foo := ProvideFoo()
    fooBar := FooBar{
        MyFoo: foo,
    }
    return fooBar
}
```

如果注入器返回的是 *FooBar 而不是 FooBar，那么生成的注入器如下所示。

```
func injectFooBar() *FooBar {
    foo := ProvideFoo()
    fooBar := &FooBar{
        MyFoo: foo,
    }
    return fooBar
}
```

有时，防止结构体的某些字段被注入器填充很有必要，尤其是在将*传递给 wire.Struct 时。你可以用 wire:"-"标记字段，使 wire 忽略这些字段。例如：

```
type Foo struct {
    mu sync.Mutex `wire:"-"`
    Bar Bar
}
```

当使用 wire.Struct(new(Foo), "*")提供 Foo 类型时，Wire 将自动省略 mu 字段。此外，在 wire.Struct(new(Foo), "mu")中显式指定被忽略的字段也会报错。

绑定值

有时，将基本值（通常为 nil）绑定到类型是有用的，你可以向提供程序集添加一个值表达式，而不是让注入器依赖一次性提供者函数。

```
type Foo struct {
    X int
}
func injectFoo() Foo {
```

```
    wire.Build(wire.Value(Foo{X: 42}))
    return Foo{}
}
```

生成的注入器如下。

```
func injectFoo() Foo {
    foo := _wireFooValue
    return foo
}
var (
    _wireFooValue = Foo{X: 42}
)
```

需要注意的是，使用的值表达式将被复制到注入器的包中，程序会在注入器包的初始化过程中完成求值。如果表达式调用任何函数或从任何通道接收任何函数，那么 Wire 会报错。

对于接口值，使用 InterfaceValue。

```
func injectReader() io.Reader {
    wire.Build(wire.InterfaceValue(new(io.Reader), os.Stdin))
    return nil
}
```

将结构字段作为提供者

有时，用户希望将结构的某些字段作为提供者。例如，下面的示例中编写了一个类似 getS 的提供者，你可以尝试将结构字段作为提供者。

```
type Foo struct {
    S string
    N int
    F float64
}
func getS(foo Foo) string {
    // 这种方式不好，推荐使用 wire.FieldsOf
    return foo.S
}
func provideFoo() Foo {
    return Foo{ S: "Hello, World!", N: 1, F: 3.14 }
}
func injectedMessage() string {
    wire.Build(
        provideFoo,
        getS,
    )
    return ""
}
```

你可以通过 wire.FieldsOf 直接使用结构体的字段，而无须编写一个类似 getS 的函数。

```go
func injectedMessage() string {
    wire.Build(
        provideFoo,
        wire.FieldsOf(new(Foo), "S"),
    )
    return ""
}
```

生成的注射器如下所示。

```go
func injectedMessage() string {
    foo := provideFoo()
    string2 := foo.S
    return string2
}
```

你可以根据需要将任意多的字段名称添加到 wire.FieldsOf 中。

当提供程序创建了一个需要清理的值（例如关闭文件、关闭数据库连接等）时，可以返回闭包清理资源，如果稍后在注入器的实现中调用的提供程序返回错误，则注入器将使用这个函数向调用方返回聚合清理函数或清理资源。

```go
func provideFile(log Logger, path Path) (*os.File, func(), error) {
    f, err := os.Open(string(path))
    if err != nil {
        return nil, nil, err
    }
    cleanup := func() {
        if err := f.Close(); err != nil {
            log.Log(err)
        }
    }
    return f, cleanup, nil
}
```

cleanup 函数的签名必须是 func()，并且在提供者输入的 cleanup 函数之前被调用。

备用注入器语法

如果你厌倦了在注入器函数声明的末尾编写类似 return Foo{}, nil 的语句，那么可以简单粗暴地使用 panic。

```go
func injectFoo() Foo {
    panic(wire.Build(/* ... */))
}
```

在开发过程中使用 Wire 能极大提高依赖注入的开发效率。

13.11　gRPC

gRPC 是一种现代化的开源的高性能 RPC 框架，能够在任意环境中运行，它将 HTTP/2 作为传输协议。

在 gRPC 里，客户端可以像调用本地方法一样直接调用其他机器上的服务端应用程序的方法，帮助用户更容易地创建分布式应用程序和服务。与许多 RPC 系统一样，gRPC 通过定义服务来指定可以远程调用的、带有参数和返回类型的方法。在服务端程序中实现这个服务并且运行 gRPC 服务处理客户端调用。在客户端，有一个 Stub 提供和服务端相同的方法。gRPC 的工作模式如图 13-2 所示。

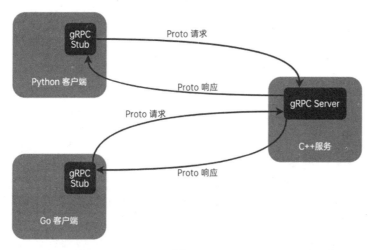

图 13-2

通过 gRPC，我们可以在.proto 文件中一次性定义服务，并使用任何支持它的语言去实现客户端和服务端。它们可以应用在各种场景中，从 Google 的服务器到你自己的平板电脑—— gRPC 帮你解决了不同语言及环境间通信的复杂性问题。使用 protocol buffers 还能获得其他好处，包括高效的序列化、简单的 IDL 以及更简便的接口更新，总之，它能让我们更容易编写跨语言的分布式代码。

IDL（Interface Description Language）指接口描述语言，是用来描述软件组件接口的计算机语言，是跨平台开发的基础。IDL 通过中立的方式描述接口，使得在不同平台上运行的对象和用不同语言编写的程序可以相互通信、交流。例如，一个组件用 C++编写，另一个组件用 Go 编写。

在项目目录下执行以下命令，下载 gRPC 作为项目依赖。

```
go get google.golang.org/grpc@latest
```

安装用于生成 gRPC 服务代码的协议编译器，最简单的方法是从 GitHub 代码库 google/protobuf/releases 下载预编译好的二进制文件（protoc-<version>-<platform>.zip）。

- protoc-3.20.1-win64.zip 适用于 64 位 Windows 操作系统。
- protoc-3.20.1-osx-x86_64.zip 适用于 64 位 Intel 芯片的 macOS 操作系统 。
- protoc-3.20.1-osx-aarch_64.zip 适用于 64 位 ARM 芯片的 macOS 操作系统 。
- protoc-3.20.1-linux-x86_64.zip 适用于 64 位 Linux 操作系统 。

例如，如果使用 Intel 芯片的 macOS 系统，则下载 protoc-3.20.1-osx-x86_64.zip 文件，解压后得到的内容如图 13-3 所示。

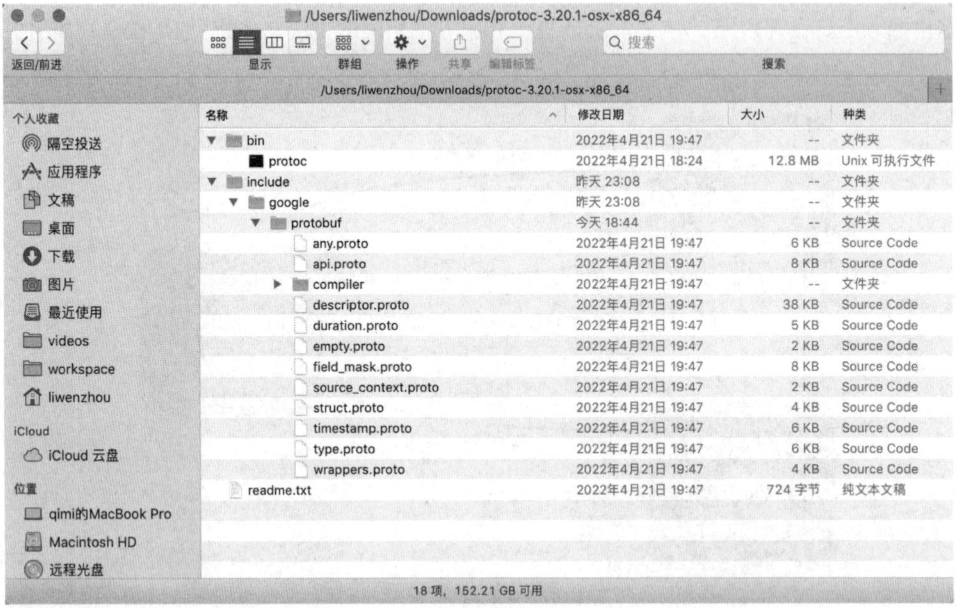

图 13-3

其中，bin 目录下的 protoc 是可执行文件。include 目录下是 google 定义的.proto 文件，import "google/protobuf/timestamp.proto"就是从此处导入的。

我们需要将下载得到的可执行文件 protoc 所在的 bin 目录添加到电脑的环境变量中。接下来执行下面的命令安装 protoc 的 Go 语言插件。

```
go install google.golang.org/protobuf/cmd/protoc-gen-go@v1.28
```

该插件会根据.proto 文件生成一个后缀为.pb.go 的文件，包含所有.proto 文件中定义的类型及序列化方法。

执行以下命令安装 grpc 插件。

```
go install google.golang.org/grpc/cmd/protoc-gen-go-grpc@v1.2
```

该插件会生成一个后缀为_grpc.pb.go 的文件，其中包含：

- 一种接口类型（或存根），作为供客户端调用的服务方法。
- 服务器要实现的接口类型。

上述命令会默认将插件安装到$GOPATH/bin，为了 protoc 编译器能找到这些插件，请确保你的 $GOPATH/bin 在环境变量中。

依次执行以下命令检查开发环境是否准备完毕。

确认 protoc 安装完成。

```
> protoc -version
libprotoc 3.20.1
```

确认 protoc-gen-go 安装完成。

```
> protoc-gen-go -version
protoc-gen-go v1.28.0
```

如果这里提示 protoc-gen-go 不是可执行的程序，那么请确保你的 GOPATH 下的 bin 目录在电脑的环境变量中。

确认 protoc-gen-go-grpc 安装完成。

```
> protoc-gen-go-grpc -version
protoc-gen-go-grpc 1.2.0
```

如果这里提示 protoc-gen-go-grpc 不是可执行的程序，那么请确保你的 GOPATH 下的 bin 目录在电脑的环境变量中。

13.11.1 gRPC 的开发步骤

gRPC 开发包括编写.proto 文件定义服务、生成指定语言的代码、编写业务逻辑代码 3 个步骤。

编写.proto 文件定义服务

像许多 RPC 系统一样，gRPC 基于定义服务的思想，指定可以通过参数和返回类型远程调用的方法。在默认情况下，gRPC 使用 protocol buffers 作为 IDL 来描述服务接口和有效负载消息的结构。开发者可以根据需要使用其他 IDL 代替。

例如，下面使用 protocol buffers 定义了一个 HelloService 服务。

```
service HelloService {
  rpc SayHello (HelloRequest) returns (HelloResponse);
}
message HelloRequest {
  string greeting = 1;
}
message HelloResponse {
```

```
    string reply = 1;
}
```

在 gRPC 中可以定义 4 种类型的服务方法。

- 普通 rpc：客户端向服务器发送一个请求，然后得到一个响应，就像普通的函数调用一样。

```
rpc SayHello(HelloRequest) returns (HelloResponse);
```

- 服务器流式 rpc：客户端向服务器发送请求，并从返回的流中读取消息。gRPC 保证在单个 RPC 调用中的消息是有序的。

```
rpc LotsOfReplies(HelloRequest) returns (stream HelloResponse);
```

- 客户端流式 rpc：客户端使用提供的流写入一系列消息并将其发送到服务器，客户端一旦完成了消息的写入，就等待服务器读取消息并返回响应。同样，gRPC 保证在单个 RPC 调用中对消息进行排序。

```
rpc LotsOfGreetings(stream HelloRequest) returns (HelloResponse);
```

- 双向流式 rpc：客户端和服务器使用读写流发送一系列消息。这两个流独立运行，因此客户端和服务器可以按照自己喜欢的顺序读写。例如，服务器可以等待接收所有客户端消息后再写响应，或者交替读取消息然后写入消息，或者采用其他读写组合。每个流中的消息都是有序的。

生成指定语言的代码

gRPC 提供了生成客户端和服务器端代码的 protocol buffers 编译器插件，可以生成 Java、Go、C++、Python 等语言的代码。我们通常会在客户端调用这些代码，并在服务器端实现相应的服务。

- 服务器在服务器端实现服务声明的方法，并运行一个 gRPC 服务器来处理客户端发来的调用请求。gRPC 底层会对传入的请求进行解码，执行被调用的服务方法，并对服务响应进行编码。
- 客户端有一个被称为存根（stub）的本地对象，它实现了与服务相同的方法，客户端可以在本地对象上调用这些方法，并将调用的参数包装在适当的 protocol buffers 消息类型中——gRPC 在向服务器发送请求并返回服务器的 protocol buffers 响应之后进行处理。

编写业务逻辑代码

gRPC 帮我们解决了 RPC 中的服务调用、数据传输以及消息编解码问题，剩下的工作是编写业务逻辑代码。

在服务端编写业务代码实现具体的服务方法，在客户端按需调用这些方法。

13.11.2 gRPC 基础示例

编写 proto 代码

Protocol Buffers 是一种与语言、平台无关的可扩展机制，用于序列化结构化数据。使用 Protocol Buffers 可以一次定义结构化的数据，然后通过特殊的源代码轻松地在各种数据流中使用各种语言编写和读取结构化数据。

关于 Protocol Buffers 的教程可以查看 Protocol Buffers V3 中文指南。

```
syntax = "proto3"; // 版本声明，使用 Protocol Buffers v3 版本
option go_package = "xx";  // 指定生成的 Go 代码在项目中的导入路径
package pb; // 包名
// 定义服务
service Greeter {
    // SayHello 方法
    rpc SayHello (HelloRequest) returns (HelloResponse) {}
}
// 请求消息
message HelloRequest {
    string name = 1;
}
// 响应消息
message HelloResponse {
    string reply = 1;
}
```

编写服务端 Go 代码

新建一个 hello_server 项目，在项目根目录下执行。

```
go mod init hello_server
```

新建一个 pb 文件夹，将上面的 proto 文件保存为 hello.proto，将 go_package 按如下方式修改。

```
option go_package = "hello_server/pb";
```

此时，项目的目录结构为

```
hello_server
├── go.mod
├── go.sum
├── main.go
└── pb
    └── hello.proto
```

在项目根目录下执行以下命令，根据 hello.proto 生成 go 源码文件。

```
protoc --go_out=. --go_opt=paths=source_relative \
--go-grpc_out=. --go-grpc_opt=paths=source_relative \
```

```
pb/hello.proto
```

注意：如果你的终端不支持\符（例如某些 Windows 操作系统），就执行下面不带\的命令。

```
protoc --go_out=. --go_opt=paths=source_relative --go-grpc_out=.
--go-grpc_opt=paths=source_relative pb/hello.proto
```

生成的 go 源码文件会保存在 pb 文件夹下。

```
hello_server
├── go.mod
├── go.sum
├── main.go
└── pb
    ├── hello.pb.go
    ├── hello.proto
    └── hello_grpc.pb.go
```

将下面的内容添加到 hello_server/main.go 中。

```go
package main
import (
    "context"
    "fmt"
    "hello_server/pb"
    "net"
    "google.golang.org/grpc"
)
// hello server
type server struct {
    pb.UnimplementedGreeterServer
}
func (s *server) SayHello(ctx context.Context, in *pb.HelloRequest)
(*pb.HelloResponse, error) {
    return &pb.HelloResponse{Reply: "Hello " + in.Name}, nil
}
func main() {
    // 监听本地的 8972 端口
    lis, err := net.Listen("tcp", ":8972")
    if err != nil {
        fmt.Printf("failed to listen: %v", err)
        return
    }
    s := grpc.NewServer()                  // 创建 gRPC 服务器
    pb.RegisterGreeterServer(s, &server{}) // 在 gRPC 服务端注册服务
    // 启动服务
    err = s.Serve(lis)
    if err != nil {
```

```
        fmt.Printf("failed to serve: %v", err)
        return
    }
}
```

编译并执行 http_server。

```
go build
./server
```

编写客户端 Go 代码

新建一个 hello_client 项目，在项目根目录下执行 go mod init hello_client。

新建一个 pb 文件夹，将上面的 proto 文件保存为 hello.proto，将 go_package 按如下方式修改。

```
option go_package = "hello_client/pb";
```

在项目根目录下执行以下命令，基于 hello.proto 文件在 http_client 项目下生成 Go 源码文件。

```
protoc --go_out=. --go_opt=paths=source_relative \
--go-grpc_out=. --go-grpc_opt=paths=source_relative \
pb/hello.proto
```

> **注意**：如果你的终端不支持\符（例如某些 Windows 操作系统），就执行下面不带\的命令。

```
    protoc --go_out=. --go_opt=paths=source_relative --go-grpc_out=.
--go-grpc_opt=paths=source_relative pb/hello.proto
```

此时，项目的目录结构为

```
http_client
├── go.mod
├── go.sum
├── main.go
└── pb
    ├── hello.pb.go
    ├── hello.proto
    └── hello_grpc.pb.go
```

在 http_client/main.go 文件中使用下面的代码调用 http_server 提供的 SayHello RPC 服务。

```
package main
import (
    "context"
    "flag"
    "log"
    "time"
    "hello_client/pb"
    "google.golang.org/grpc"
```

```
    "google.golang.org/grpc/credentials/insecure"
)
// hello_client
const (
    defaultName = "world"
)
var (
    addr = flag.String("addr", "127.0.0.1:8972", "the address to connect to")
    name = flag.String("name", defaultName, "Name to greet")
)
func main() {
    flag.Parse()
    // 连接到服务端，此处禁用安全传输
    conn, err := grpc.Dial(*addr,
grpc.WithTransportCredentials(insecure.NewCredentials()))
    if err != nil {
        log.Fatalf("did not connect: %v", err)
    }
    defer conn.Close()
    c := pb.NewGreeterClient(conn)
    // 执行 RPC 调用并打印收到的响应数据
    ctx, cancel := context.WithTimeout(context.Background(), time.Second)
    defer cancel()
    r, err := c.SayHello(ctx, &pb.HelloRequest{Name: *name})
    if err != nil {
        log.Fatalf("could not greet: %v", err)
    }
    log.Printf("Greeting: %s", r.GetReply())
}
```

保存后将 http_client 编译并执行。

```
go build
./hello_client -name=七米
```

得到以下输出结果，说明 RPC 调用成功。

```
2022/05/15 00:31:52 Greeting: Hello 七米
```

gRPC 跨语言调用

接下来，我们演示一下如何使用 gRPC 实现跨语言的 RPC 调用。

使用 Python 语言编写 Client，然后向使用 Go 语言编写的 server 发送 RPC 请求。

在 Python 环境下安装 gRPC。

```
python -m pip install grpcio
```

安装 gRPC tools。

```
python -m pip install grpcio-tools
```

生成 Python 代码

新建一个 py_client 目录，将 hello.proto 文件保存到 py_client/pb/目录下。在 py_client 目录下执行以下命令，生成 Python 源码文件。

```
cd py_cleint
python3 -m grpc_tools.protoc -Ipb --python_out=. --grpc_python_out=.
pb/hello.proto
```

编写 Python 版 RPC 客户端

将下面的代码保存到 py_client/client.py 文件中。

```
from __future__ import print_function
import logging
import grpc
import hello_pb2
import hello_pb2_grpc
def run():
    # NOTE(gRPC Python Team): .close() is possible on a channel and should be
    # used in circumstances in which the with statement does not fit the needs
    # of the code.
    with grpc.insecure_channel('127.0.0.1:8972') as channel:
        stub = hello_pb2_grpc.GreeterStub(channel)
        resp = stub.SayHello(hello_pb2.HelloRequest(name='q1mi'))
    print("Greeter client received: " + resp.reply)
if __name__ == '__main__':
    logging.basicConfig()
    run()
```

此时项目的目录结构图如下。

```
py_client
├── client.py
├── hello_pb2.py
├── hello_pb2_grpc.py
└── pb
    └── hello.proto
```

Python RPC 调用

执行 client.py 调用 Go 语言的 SayHelloRPC 服务。

```
> python3 client.py
Greeter client received: Hello q1mi
```

此时可以使用 Python 代码编写的 client 调用 Go 语言版本的 server。

gRPC_demo 完整代码见本书 GitHub 代码仓库 Q1mi/the-road-to-learn-golang。

13.11.3 gRPC 流式示例

在上面的示例中，客户端发起了一个 RPC 请求，服务端进行业务处理并响应客户端，这是 gRPC 最基本的工作方式（Unary RPC）。除此之外，依托于 HTTP2，gRPC 还支持流式 RPC（Streaming RPC）。

服务端流式 RPC

客户端发出一个 RPC 请求，服务端与客户端之间建立一个单向的流，服务端可以向流中写入多个响应消息，然后主动关闭流。而客户端需要监听这个流，不断获取响应直到流被关闭。应用场景举例：客户端向服务端发送一个股票代码，服务端就把该股票的实时数据源源不断地返回客户端。

这里编写一个使用多种语言打招呼的方法，客户端发来一个用户名，服务端分多次返回打招呼的信息。

定义服务。

```
// 服务端返回流式数据
rpc LotsOfReplies(HelloRequest) returns (stream HelloResponse);
```

修改.proto 文件后，需要重新使用 protocol buffers 编译器生成客户端和服务端代码。

在服务端实现 LotsOfReplies 方法。

```
// LotsOfReplies 使用多种语言打招呼
func (s *server) LotsOfReplies(in *pb.HelloRequest, stream
pb.Greeter_LotsOfRepliesServer) error {
    words := []string{
        "你好",
        "hello",
        "こんにちは",
        "안녕하세요",
    }
    for _, word := range words {
        data := &pb.HelloResponse{
            Reply: word + in.GetName(),
        }
        // 使用 Send 方法返回多个数据
        if err := stream.Send(data); err != nil {
            return err
        }
    }
    return nil
}
```

客户端调用 LotsOfReplies 并依次输出收到的数据。

```
func runLotsOfReplies(c pb.GreeterClient) {
    // 服务端流式 RPC
    ctx, cancel := context.WithTimeout(context.Background(), time.Second)
    defer cancel()
    stream, err := c.LotsOfReplies(ctx, &pb.HelloRequest{Name: *name})
    if err != nil {
        log.Fatalf("c.LotsOfReplies failed, err: %v", err)
    }
    for {
        // 接收服务端返回的流式数据，当收到 io.EOF 或错误时退出
        res, err := stream.Recv()
        if err == io.EOF {
            break
        }
        if err != nil {
            log.Fatalf("c.LotsOfReplies failed, err: %v", err)
        }
        log.Printf("got reply: %q\n", res.GetReply())
    }
}
```

执行程序后会输出如下结果。

```
2022/05/21 14:36:20 got reply: "你好七米"
2022/05/21 14:36:20 got reply: "hello 七米"
2022/05/21 14:36:20 got reply: "こんにちは七米"
2022/05/21 14:36:20 got reply: "안녕하세요七米"
```

客户端流式 RPC

客户端传入多个请求对象，服务端返回一个响应结果。典型的应用场景举例：物联网终端向服务器上报数据、大数据流式计算等。

在这个示例中，我们编写一个多次发送人名，服务端统一返回一个打招呼消息的程序。

定义服务。

```
// 客户端发送流式数据
rpc LotsOfGreetings(stream HelloRequest) returns (HelloResponse);
```

修改 .proto 文件后，需要重新使用 protocol buffers 编译器生成客户端和服务端代码。

在服务端实现 LotsOfGreetings 方法。

```
// LotsOfGreetings 接收流式数据
func (s *server) LotsOfGreetings(stream pb.Greeter_LotsOfGreetingsServer) error {
    reply := "你好: "
    for {
        // 接收客户端发来的流式数据
```

```
        res, err := stream.Recv()
        if err == io.EOF {
            // 最终统一回复
            return stream.SendAndClose(&pb.HelloResponse{
                Reply: reply,
            })
        }
        if err != nil {
            return err
        }
        reply += res.GetName()
    }
}
```

客户端调用 LotsOfGreetings 方法，向服务端发送流式请求数据，接收返回值并打印。

```
func runLotsOfGreeting(c pb.GreeterClient) {
    ctx, cancel := context.WithTimeout(context.Background(), time.Second)
    defer cancel()
    // 客户端流式 RPC
    stream, err := c.LotsOfGreetings(ctx)
    if err != nil {
        log.Fatalf("c.LotsOfGreetings failed, err: %v", err)
    }
    names := []string{"七米", "q1mi", "liwenzhou"}
    for _, name := range names {
        // 发送流式数据
        err := stream.Send(&pb.HelloRequest{Name: name})
        if err != nil {
            log.Fatalf("c.LotsOfGreetings stream.Send(%v) failed, err: %v", name,
err)
        }
    }
    res, err := stream.CloseAndRecv()
    if err != nil {
        log.Fatalf("c.LotsOfGreetings failed: %v", err)
    }
    log.Printf("got reply: %v", res.GetReply())
}
```

执行上述函数将得到如下结果。

```
2022/05/21 14:57:31 got reply: 你好: 七米 q1miliwenzhou
```

双向流式 RPC

双向流式 RPC 即客户端和服务端均为流式的 RPC，能发送多个请求对象，也能接收多个响应对象。典型应用示例：聊天应用等。

这里还是编写一个客户端和服务端进行人机对话的双向流式 RPC 示例。

定义服务。

```
// 双向流式数据
rpc BidiHello(stream HelloRequest) returns (stream HelloResponse);
```

修改.proto 文件后，需要重新使用 protocol buffers 编译器生成客户端和服务端代码。

在服务端实现 BidiHello 方法。

```
// BidiHello 双向流式打招呼
func (s *server) BidiHello(stream pb.Greeter_BidiHelloServer) error {
    for {
        // 接收流式请求
        in, err := stream.Recv()
        if err == io.EOF {
            return nil
        }
        if err != nil {
            return err
        }
        reply := magic(in.GetName()) // 处理收到的数据
        // 返回流式响应
        if err := stream.Send(&pb.HelloResponse{Reply: reply}); err != nil {
            return err
        }
    }
}
```

这里还定义了一个处理数据的 magic 函数，其内容如下。

```
// magic 一段价值连城的 "人工智能" 代码
func magic(s string) string {
    s = strings.ReplaceAll(s, "吗", "")
    s = strings.ReplaceAll(s, "吧", "")
    s = strings.ReplaceAll(s, "你", "我")
    s = strings.ReplaceAll(s, "? ", "!")
    s = strings.ReplaceAll(s, "?", "!")
    return s
}
```

客户端调用 BidiHello 方法，一边从终端获取输入的请求数据发送至服务端，一边从服务端接收流式响应。

```
func runBidiHello(c pb.GreeterClient) {
    ctx, cancel := context.WithTimeout(context.Background(), 2*time.Minute)
    defer cancel()
    // 双向流模式
```

```go
    stream, err := c.BidiHello(ctx)
    if err != nil {
        log.Fatalf("c.BidiHello failed, err: %v", err)
    }
    waitc := make(chan struct{})
    go func() {
        for {
            // 接收服务端返回的响应
            in, err := stream.Recv()
            if err == io.EOF {
                // read done
                close(waitc)
                return
            }
            if err != nil {
                log.Fatalf("c.BidiHello stream.Recv() failed, err: %v", err)
            }
            fmt.Printf("AI: %s\n", in.GetReply())
        }
    }()
    // 从标准输入获取用户输入
    reader := bufio.NewReader(os.Stdin) // 从标准输入生成读对象
    for {
        cmd, _ := reader.ReadString('\n') // 读到换行
        cmd = strings.TrimSpace(cmd)
        if len(cmd) == 0 {
            continue
        }
        if strings.ToUpper(cmd) == "QUIT" {
            break
        }
        // 将获取的数据发送至服务端
        if err := stream.Send(&pb.HelloRequest{Name: cmd}); err != nil {
            log.Fatalf("c.BidiHello stream.Send(%v) failed: %v", cmd, err)
        }
    }
    stream.CloseSend()
    <-waitc
}
```

将服务端和客户端的代码都运行起来，就可以实现简单的对话程序了。

```
hello
AI: hello
你吃饭了吗?
AI: 我吃饭了!
你会写代码吗
```

AI: 我会写代码
可以和你玩吗？
AI: 可以和我玩！
现在可以吗？
AI: 现在可以！
走吧？
AI: 走！

13.11.4　metadata

元数据（metadata）是在处理 RPC 请求和响应过程中需要但又不属于具体业务的信息，例如身份验证详细信息，采用键-值对列表的形式表示，其中键是 string 类型的，值通常是[]string 类型的，但也可以是二进制数据。gRPC 中的 metadata 类似于 HTTP headers 中的键-值对，元数据可以包含认证 token、请求标识和监控标签等。

metadata 中的键是大小写不敏感的，由字母、数字和特殊字符-、_、.组成，不能以 grpc-开头（gRPC 保留自用），二进制值的键名必须以-bin 结尾。

元数据对 gRPC 是不可见的，我们通常在应用程序代码或中间件中处理元数据，不需要在.proto 文件中指定元数据。

访问元数据的方法取决于使用的编程语言。Go 语言使用 google.golang.org/grpc/metadata 库来操作 metadata。

metadata 类型定义如下。

```
type MD map[string][]string
```

元数据可以像普通 map 一样读取。

> **注意：** 这个 map 的值类型是[]string，因此一个键可以附加多个值。

常用的创建 MD 的方法有以下两种。

一种是使用函数 New 基于 map[string]string 创建元数据。

```
md := metadata.New(map[string]string{"key1": "val1", "key2": "val2"})
```

另一种是使用 Pairs，具有相同键的值将被合并到一个列表中。

```
md := metadata.Pairs(
    "key1", "val1",
    "key1", "val1-2", // "key1"的值将会是 []string{"val1", "val1-2"}
    "key2", "val2",
)
```

> **注意**：所有的键都将自动转换为小写，因此"kEy1"和"Key1"将是相同的键，它们的值将被合并到相同的列表中。这种情况适用于 New 和 Pair。

在元数据中，键始终是字符串，但是值可以是字符串或二进制数据。要在元数据中存储二进制数据值，只需在密钥中添加"-bin"后缀。在创建元数据时，将对带有"-bin"后缀键的值进行编码。

```
md := metadata.Pairs(
    "key", "string value",
    "key-bin", string([]byte{96, 102}), // 二进制数据在发送前会进行(base64) 编码
                                        // 收到后会进行解码
)
```

可以使用 FromIncomingContext 从 RPC 请求的上下文中获取元数据。

```
func (s *server) SomeRPC(ctx context.Context, in *pb.SomeRequest)
(*pb.SomeResponse, err) {
    md, ok := metadata.FromIncomingContext(ctx)
    // do something with metadata
}
```

在客户端发送和接收元数据

有两种方法可以将元数据发送到服务端，推荐使用 AppendToOutgoingContext 将键-值对附加到 context，无论 context 中是否已经有元数据都可以使用这个方法。如果之前没有元数据，则添加元数据；如果 context 中已经存在元数据，则将键-值对合并进去。

```
// 创建带有 metadata 的 context
ctx := metadata.AppendToOutgoingContext(ctx, "k1", "v1", "k1", "v2", "k2", "v3")
// 添加一些 metadata 到 context (e.g. in an interceptor)
ctx := metadata.AppendToOutgoingContext(ctx, "k3", "v4")
// 发起普通 RPC 请求
response, err := client.SomeRPC(ctx, someRequest)
// 或者发起流式 RPC 请求
stream, err := client.SomeStreamingRPC(ctx)
```

或者，可以使用 NewOutgoingContext 将元数据附加到 context。但是，这将替换 context 中的任何已有的元数据，因此必须注意保留现有元数据（如果需要）。这个方法比使用 AppendToOutgoingContext 要慢，举例如下。

```
// 创建带有 metadata 的 context
md := metadata.Pairs("k1", "v1", "k1", "v2", "k2", "v3")
ctx := metadata.NewOutgoingContext(context.Background(), md)
// 添加一些 metadata 到 context (e.g. in an interceptor)
send, _ := metadata.FromOutgoingContext(ctx)
newMD := metadata.Pairs("k3", "v3")
ctx = metadata.NewOutgoingContext(ctx, metadata.Join(send, newMD))
// 发起普通 RPC 请求
```

```
response, err := client.SomeRPC(ctx, someRequest)
// 或者发起流式 RPC 请求
stream, err := client.SomeStreamingRPC(ctx)
```

客户端可以接收的元数据包括 header 和 trailer。

trailer 可以用于服务器希望在处理请求后给客户端发送内容的情景，例如，在流式 RPC 中只有等所有结果都流到客户端后才能计算出负载信息，这时就不能使用 headers（header 在数据之前，trailer 在数据之后）。

可以使用 CallOption 中的 Header 和 Trailer 函数来获取普通 RPC 调用发送的 header 和 trailer。

```
var header, trailer metadata.MD // 声明存储 header 和 trailer 的变量
r, err := client.SomeRPC(
    ctx,
    someRequest,
    grpc.Header(&header),    // 将会接收 header
    grpc.Trailer(&trailer),  // 将会接收 trailer
)
// do something with header and trailer
```

使用接口 ClientStream 中的 Header 和 Trailer 函数，可以从返回的流中接收 header 和 trailer。

```
stream, err := client.SomeStreamingRPC(ctx)
// 接收 header
header, err := stream.Header()
// 接收 trailer
trailer := stream.Trailer()
```

在服务器端发送和接收元数据

1. 接收 metadata

要读取客户端发送的元数据，需要服务器从 RPC 上下文检索它。如果是普通 RPC 调用，则可以使用 RPC 处理程序的上下文。对于流调用，服务器需要从流中获取上下文。

普通调用的方法如下。

```
func (s *server) SomeRPC(ctx context.Context, in *pb.someRequest)
(*pb.someResponse, error) {
    md, ok := metadata.FromIncomingContext(ctx)
    // 这里可以对获取到的元数据 md 进行操作
}
```

流式调用的方法如下。

```
func (s *server) SomeStreamingRPC(stream pb.Service_SomeStreamingRPCServer)
error {
    md, ok := metadata.FromIncomingContext(stream.Context()) // get context from
stream
```

```
    // 这里可以对获取到的元数据 md 进行操作
}
```

2. 发送 metadata

在普通调用中，服务器可以调用 grpc 模块中的 SendHeader 和 SetTrailer 函数向客户端发送 header 和 trailer。这两个函数都将 context 作为第一个参数，它应该是 RPC 处理程序的上下文或从中派生的上下文。

```
func (s *server) SomeRPC(ctx context.Context, in *pb.someRequest)
(*pb.someResponse, error) {
    // 创建和发送 header
    header := metadata.Pairs("header-key", "val")
    grpc.SendHeader(ctx, header)
    // 创建和发送 trailer
    trailer := metadata.Pairs("trailer-key", "val")
    grpc.SetTrailer(ctx, trailer)
}
```

对于流式调用，可以使用接口 ServerStream 中的 SendHeader 和 SetTrailer 函数发送 header 和 trailer。

```
func (s *server) SomeStreamingRPC(stream pb.Service_SomeStreamingRPCServer)
error {
    // 创建和发送 header
    header := metadata.Pairs("header-key", "val")
    stream.SendHeader(header)
    // 创建和发送 trailer
    trailer := metadata.Pairs("trailer-key", "val")
    stream.SetTrailer(trailer)
}
```

普通 RPC 调用 metadata 示例

下面的代码片段演示了客户端如何设置和获取 metadata。

```
// unaryCallWithMetadata 普通 RPC 调用客户端 metadata
func unaryCallWithMetadata(c pb.GreeterClient, name string) {
    fmt.Println("--- UnarySayHello client---")
    // 创建 metadata
    md := metadata.Pairs(
        "token", "app-test-q1mi",
        "request_id", "1234567",
    )
    // 基于 metadata 创建 context
    ctx := metadata.NewOutgoingContext(context.Background(), md)
    // RPC 调用
    var header, trailer metadata.MD
```

```
    r, err := c.SayHello(
        ctx,
        &pb.HelloRequest{Name: name},
        grpc.Header(&header),  // 接收服务端发来的 header
        grpc.Trailer(&trailer), // 接收服务端发来的 trailer
    )
    if err != nil {
        log.Printf("failed to call SayHello: %v", err)
        return
    }
    // 从 header 中读取 location
    if t, ok := header["location"]; ok {
        fmt.Printf("location from header:\n")
        for i, e := range t {
            fmt.Printf(" %d. %s\n", i, e)
        }
    } else {
        log.Printf("location expected but doesn't exist in header")
        return
    }
    // 获取响应结果
    fmt.Printf("got response: %s\n", r.Reply)
    // 从 trailer 中读取 timestamp
    if t, ok := trailer["timestamp"]; ok {
        fmt.Printf("timestamp from trailer:\n")
        for i, e := range t {
            fmt.Printf(" %d. %s\n", i, e)
        }
    } else {
        log.Printf("timestamp expected but doesn't exist in trailer")
    }
}
```

下面的代码片段演示了服务端如何设置和获取 metadata。

```
// UnarySayHello 普通 RPC 调用服务端 metadata
func (s *server) UnarySayHello(ctx context.Context, in *pb.HelloRequest)
(*pb.HelloResponse, error) {
    // 通过 defer 设置 trailer
    defer func() {
        trailer := metadata.Pairs("timestamp",
strconv.Itoa(int(time.Now().Unix())))
        grpc.SetTrailer(ctx, trailer)
    }()
    // 从客户端请求上下文中读取 metadata
    md, ok := metadata.FromIncomingContext(ctx)
    if !ok {
```

```
            return nil, status.Errorf(codes.DataLoss, "UnarySayHello: failed to get
metadata")
    }
    if t, ok := md["token"]; ok {
        fmt.Printf("token from metadata:\n")
        if len(t) < 1 || t[0] != "app-test-q1mi" {
            return nil, status.Error(codes.Unauthenticated, "认证失败")
        }
    }
    // 创建和发送 header
    header := metadata.New(map[string]string{"location": "BeiJing"})
    grpc.SendHeader(ctx, header)
    fmt.Printf("request received: %v, say hello...\n", in)

    return &pb.HelloResponse{Reply: in.Name}, nil
}
```

流式 RPC 调用 metadata

这里以双向流式 RPC 为例演示客户端和服务端如何进行 metadata 操作。

下面的代码片段演示了客户端在服务端流式 RPC 模式下如何设置和获取 metadata。

```
// bidirectionalWithMetadata 流式 RPC 调用客户端 metadata
func bidirectionalWithMetadata(c pb.GreeterClient, name string) {
    // 创建 metadata 和 context.
    md := metadata.Pairs("token", "app-test-q1mi")
    ctx := metadata.NewOutgoingContext(context.Background(), md)

    // 使用带有 metadata 的 context 调用 RPC
    stream, err := c.BidiHello(ctx)
    if err != nil {
        log.Fatalf("failed to call BidiHello: %v\n", err)
    }

    go func() {
        // 当 header 到达时读取 header
        header, err := stream.Header()
        if err != nil {
            log.Fatalf("failed to get header from stream: %v", err)
        }
        // 从返回响应的 header 中读取数据
        if l, ok := header["location"]; ok {
            fmt.Printf("location from header:\n")
            for i, e := range l {
                fmt.Printf(" %d. %s\n", i, e)
            }
        } else {
```

```
            log.Println("location expected but doesn't exist in header")
            return
        }

        // 发送所有的请求数据到服务端
        for i := 0; i < 5; i++ {
            if err := stream.Send(&pb.HelloRequest{Name: name}); err != nil {
                log.Fatalf("failed to send streaming: %v\n", err)
            }
        }
        stream.CloseSend()
    }()

    // 读取所有的响应
    var rpcStatus error
    fmt.Printf("got response:\n")
    for {
        r, err := stream.Recv()
        if err != nil {
            rpcStatus = err
            break
        }
        fmt.Printf(" - %s\n", r.Reply)
    }
    if rpcStatus != io.EOF {
        log.Printf("failed to finish server streaming: %v", rpcStatus)
        return
    }

    // 当 RPC 结束时读取 trailer
    trailer := stream.Trailer()
    // 从返回响应的 trailer 中读取 metadata
    if t, ok := trailer["timestamp"]; ok {
        fmt.Printf("timestamp from trailer:\n")
        for i, e := range t {
            fmt.Printf(" %d. %s\n", i, e)
        }
    } else {
        log.Printf("timestamp expected but doesn't exist in trailer")
    }
}
```

下面的代码片段演示了服务端在服务端流式 RPC 模式下如何设置和操作 metadata。

```
// BidirectionalStreamingSayHello 流式 RPC 调用客户端 metadata
func (s *server) BidirectionalStreamingSayHello(stream
pb.Greeter_BidiHelloServer) error {
```

```
        // 在 defer 中创建 trailer 记录函数的返回时间
        defer func() {
            trailer := metadata.Pairs("timestamp",
strconv.Itoa(int(time.Now().Unix())))
            stream.SetTrailer(trailer)
        }()

    // 从客户端读取 metadata
        md, ok := metadata.FromIncomingContext(stream.Context())
        if !ok {
            return status.Errorf(codes.DataLoss, "BidirectionalStreamingSayHello:
failed to get metadata")
        }

        if t, ok := md["token"]; ok {
            fmt.Printf("token from metadata:\n")
            for i, e := range t {
                fmt.Printf(" %d. %s\n", i, e)
            }
        }

        // 创建和发送 header
        header := metadata.New(map[string]string{"location": "X2Q"})
        stream.SendHeader(header)

        // 读取请求数据发送响应数据
        for {
            in, err := stream.Recv()
            if err == io.EOF {
                return nil
            }
            if err != nil {
                return err
            }
            fmt.Printf("request received %v, sending reply\n", in)
            if err := stream.Send(&pb.HelloResponse{Reply: in.Name}); err != nil {
                return err
            }
        }
    }
```

13.11.5 错误处理

gRPC Code

类似于 HTTP 定义了一套响应状态码，gRPC 也定义了一些状态码。Go 语言中此状态码由 codes 定义，本质上是一个 uint32。

```
type Code uint32
```

使用时需导入 google.golang.org/grpc/codes 包。

```
import "google.golang.org/grpc/codes"
```

目前已经定义的状态码如表 13-16 所示。

表 13-6

Code	值	含 义
OK	0	请求成功
Canceled	1	操作已取消
Unknown	2	未知错误。如果从另一个地址空间接收到的状态值属于该地址空间中未知的错误空间，则可以返回此错误的示例。没有返回足够的错误信息的 API 引发的错误也可能会转换为此错误
InvalidArgument	3	客户端指定的参数无效。请注意，这与 FailedPrecondition 不同，InvalidArgument 表示无论系统状态如何都有问题的参数，例如，格式错误的文件名
DeadlineExceeded	4	表示操作在完成之前已经过期。对于改变系统状态的操作，即使操作成功完成，也可能返回此错误。例如，来自服务器的成功响应可能已延迟足够长的时间以使截止日期到期
NotFound	5	表示未找到某些请求的实体，例如，文件或目录
AlreadyExists	6	创建实体的尝试失败，因为实体已经存在
PermissionDenied	7	表示调用者没有权限执行指定的操作，不能用于表示资源耗尽导致的拒绝状态（此时使用 ResourceExhausted）。如果无法识别调用者，那么也不能使用它（此时使用 Unauthenticated）
ResourceExhausted	8	表示某些资源已耗尽，可能是由于每个用户的配额，或者整个文件系统空间不足引起的
FailedPrecondition	9	因为系统未处于操作执行所需的状态，指示操作被拒绝，例如，要删除的目录可能是非空的，rmdir 操作应用于非目录等
Aborted	10	操作被中止，通常是由于并发问题引起的，如排序器检查失败、事务中止等
OutOfRange	11	表示尝试超出有效范围的操作
Unimplemented	12	表示此服务中未实施或不支持/启用操作
Internal	13	意味着底层系统预期的一些不变量已被破坏。如果你看到这个错误，那么说明问题很严重
Unavailable	14	表示服务当前不可用。这很可能是暂时的情况，可以通过回退重试来纠正。请注意，重试非幂等操作并不总是安全的
DataLoss	15	表示不可恢复的数据丢失或损坏
Unauthenticated	16	表示请求没有携带用于操作的有效身份验证凭据
_maxCode	17	

gRPC Status

Go 语言使用的 gRPC Status 定义在 google.golang.org/grpc/status，使用时需按如下方式导入。

```
import "google.golang.org/grpc/status"
```

RPC 服务的方法应该返回 nil 或来自 status.Status 类型的错误，客户端可以直接访问错误。

创建错误

当遇到错误时，gRPC 服务的方法函数应该创建一个 status.Status。通常我们会使用 status.New 函数并传入适当的 status.Code 和错误描述来生成一个 status.Status，调用 status.Err 方法能将 status.Status 转为 error 类型。

```
st := status.New(codes.NotFound, "some description") // 创建 status.Status
err := st.Err()  // 转为 error 类型
```

也可以通过 status.Error 方法直接生成 error。

```
err := status.Error(codes.NotFound, "some description")
```

为错误添加详细信息

在某些情况下，可能需要为服务器端的特定错误添加详细信息，status.WithDetails 为此而生，它可以添加任意个 proto.Message，我们使用 google.golang.org/genproto/googleapis/rpc/errdetails 中的定义或自定义的错误详情。

```
st := status.New(codes.ResourceExhausted, "Request limit exceeded.")
ds, _ := st.WithDetails(
    // proto.Message
)
return nil, ds.Err()
```

客户端可以先将普通 error 类型转换回 status.Status，再使用 status.Details 读取这些详细信息。

```
s := status.Convert(err)
for _, d := range s.Details() {
    ...
}
```

代码示例

我们现在要为 hello 服务设置访问限制，每个 name 只能调用一次 SayHello 方法，超过此限制就返回错误。

在服务端使用 map 存储每个 name 的请求次数，超过 1 次则返回错误，并且记录错误详情。

```
package main
import (
    "context"
    "fmt"
    "hello_server/pb"
    "net"
    "sync"
    "google.golang.org/genproto/googleapis/rpc/errdetails"
    "google.golang.org/grpc"
    "google.golang.org/grpc/codes"
```

```
        "google.golang.org/grpc/status"
    )
    // gRPC server

    type server struct {
        pb.UnimplementedGreeterServer
        mu    sync.Mutex    // count 的并发锁
        count map[string]int // 记录每个 name 的请求次数
    }
    // SayHello 是我们需要实现的方法
    // 这个方法是我们对外提供的服务
    func (s *server) SayHello(ctx context.Context, in *pb.HelloRequest)
(*pb.HelloResponse, error) {
        s.mu.Lock()
        defer s.mu.Unlock()
        s.count[in.Name]++ // 记录用户的请求次数
        // 超过 1 次就返回错误
        if s.count[in.Name] > 1 {
            st := status.New(codes.ResourceExhausted, "Request limit exceeded.")
            ds, err := st.WithDetails(
                &errdetails.QuotaFailure{
                    Violations: []*errdetails.QuotaFailure_Violation{{
                        Subject:     fmt.Sprintf("name:%s", in.Name),
                        Description: "限制每个 name 调用一次",
                    }},
                },
            )
            if err != nil {
                return nil, st.Err()
            }
            return nil, ds.Err()
        }
        // 正常返回响应
        reply := "hello " + in.GetName()
        return &pb.HelloResponse{Reply: reply}, nil
    }
    func main() {
        // 启动服务
        l, err := net.Listen("tcp", ":8972")
        if err != nil {
            fmt.Printf("failed to listen, err:%v\n", err)
            return
        }
        s := grpc.NewServer() // 创建 gRPC 服务
        // 注册服务，注意初始化 count
        pb.RegisterGreeterServer(s, &server{count: make(map[string]int)})
```

```go
    // 启动服务
    err = s.Serve(l)
    if err != nil {
        fmt.Printf("failed to serve,err:%v\n", err)
        return
    }
}
```

当服务端返回错误时，客户端尝试从错误中获取 detail 信息。

```go
package main
import (
    "context"
    "flag"
    "fmt"
    "google.golang.org/grpc/status"
    "hello_client/pb"
    "log"
    "time"
    "google.golang.org/genproto/googleapis/rpc/errdetails"
    "google.golang.org/grpc"
    "google.golang.org/grpc/credentials/insecure"
)
// gRPC 客户端
// 调用服务端的 SayHello 方法
var name = flag.String("name", "七米", "通过-name 告诉 server 你是谁")
func main() {
    flag.Parse() // 解析命令行参数
    // 连接服务端
    conn, err := grpc.Dial("127.0.0.1:8972",
grpc.WithTransportCredentials(insecure.NewCredentials()))
    if err != nil {
        log.Fatalf("grpc.Dial failed,err:%v", err)
        return
    }
    defer conn.Close()
    // 创建客户端
    c := pb.NewGreeterClient(conn) // 使用生成的 Go 代码
    // 调用 RPC 方法
    ctx, cancel := context.WithTimeout(context.Background(), time.Second)
    defer cancel()
    resp, err := c.SayHello(ctx, &pb.HelloRequest{Name: *name})
    if err != nil {
        s := status.Convert(err)        // 将 err 转为 status
        for _, d := range s.Details() { // 获取 details
            switch info := d.(type) {
            case *errdetails.QuotaFailure:
```

```
            fmt.Printf("Quota failure: %s\n", info)
        default:
            fmt.Printf("Unexpected type: %s\n", info)
        }
    }
    fmt.Printf("c.SayHello failed, err:%v\n", err)
    return
}
// 拿到了 RPC 响应
log.Printf("resp:%v\n", resp.GetReply())
}
```

13.11.6 加密或认证

在上面的示例中，我们没有为 gRPC 配置加密或认证，它属于不安全的连接（insecure connection）。

gRPC 的客户端配置如下。

```
conn, _ := grpc.Dial("127.0.0.1:8972",
grpc.WithTransportCredentials(insecure.NewCredentials()))
    client := pb.NewGreeterClient(conn)
```

gRPC 服务端的配置如下。

```
s := grpc.NewServer()
lis, _ := net.Listen("tcp", "127.0.0.1:8972")
s.Serve(lis)
```

gRPC 内置支持 SSL/TLS，可以通过 SSL/TLS 证书建立安全连接，对传输的数据进行加密。

这里演示如何使用自签名证书进行服务端加密，执行下面的命令生成私钥文件——server.key。

```
openssl ecparam -genkey -name secp384r1 -out server.key
```

这里生成的是 ECC 私钥，当然你也可以使用 RSA。

Go 1.15 之后，x509 弃用 Common Name，改用 SANs。当出现如下错误时，需要提供 SANs 信息。

```
transport: authentication handshake failed: x509: certificate relies on legacy
Common Name field, use SANs or temporarily enable Common Name matching with
GODEBUG=x509ignoreCN=0
```

为了在证书中添加 SANs 信息，我们将下面的自定义配置保存到 server.cnf 文件中。

```
[ req ]
default_bits       = 4096
default_md         = sha256
distinguished_name = req_distinguished_name
```

```
req_extensions      = req_ext
[ req_distinguished_name ]
countryName               = Country Name (2 letter code)
countryName_default       = CN
stateOrProvinceName       = State or Province Name (full name)
stateOrProvinceName_default = BEIJING
localityName              = Locality Name (eg, city)
localityName_default      = BEIJING
organizationName          = Organization Name (eg, company)
organizationName_default  = DEV
commonName                = Common Name (e.g. server FQDN or YOUR name)
commonName_max            = 64
commonName_default        = liwenzhou.com
[ req_ext ]
subjectAltName = @alt_names
[alt_names]
DNS.1   = localhost
DNS.2   = liwenzhou.com
IP      = 127.0.0.1
```

执行下面的命令生成自签名证书——server.crt。

```
openssl req -nodes -new -x509 -sha256 -days 3650 -config server.cnf -extensions
'req_ext' -key server.key -out server.crt
```

服务端使用 credentials.NewServerTLSFromFile 函数分别加载证书 server.cert 和密钥 server.key。

```
creds, _ := credentials.NewServerTLSFromFile(certFile, keyFile)
s := grpc.NewServer(grpc.Creds(creds))
lis, _ := net.Listen("tcp", "127.0.0.1:8972")
s.Serve(lis)
```

而客户端使用上一步生成的证书文件 server.cert 建立安全连接。

```
creds, _ := credentials.NewClientTLSFromFile(certFile, "")
conn, _ := grpc.Dial("127.0.0.1:8972", grpc.WithTransportCredentials(creds))
client := pb.NewGreeterClient(conn)
 ...
```

除了这种自签名证书，生产环境对外通信时通常需要使用受信任的 CA 证书。

13.11.7 拦截器

gRPC 支持在每个客户端和服务端的连接基础上实现和安装拦截器（中间件），以拦截 RPC 调用。用户可以使用拦截器实现日志记录、身份验证/授权、指标收集以及许多其他可以跨 RPC 共享的功能。

在 gRPC 中，根据拦截的 RPC 调用类型，可以将拦截器分为两类。一类是普通拦截器（一元

拦截器），它拦截普通 RPC 调用；另一类是流拦截器，它处理流式 RPC 调用。而客户端和服务端
又都有自己的普通拦截器和流拦截器类型，因此，在 gRPC 中共有 4 种不同类型的拦截器。

客户端拦截器

UnaryClientInterceptor 是客户端一元拦截器的类型，对应函数签名如下。

```
func(ctx context.Context, method string, req, reply interface{}, cc *ClientConn,
invoker UnaryInvoker, opts ...CallOption) error
```

一元拦截器的实现通常可以分为三部分：调用 RPC 方法之前（预处理）、调用 RPC 方法（RPC
调用）和调用 RPC 方法之后（调用后）。

- 预处理：用户可以通过检查传入的参数（如 RPC 上下文、方法字符串、要发送的请求和
  CallOptions 配置）来获得当前 RPC 调用的信息。
- RPC 调用：预处理完成后，可以通过执行 invoker 执行 RPC 调用。
- 调用后：一旦调用者返回应答和错误，用户就可以对 RPC 调用进行后处理。通常，这一环
  节是关于处理返回的响应和错误的。若要在 ClientConn 上安装一元拦截器，那么请使用
  DialOptionWithUnaryInterceptor 的 DialOption 配置 Dial 。

StreamClientInterceptor 是客户端流拦截器的类型。它的函数签名是

```
func(ctx context.Context, desc *StreamDesc, cc *ClientConn, method string,
streamer Streamer, opts ...CallOption) (ClientStream, error)
```

流拦截器的实现通常包括预处理和流操作拦截。

- 预处理：类似于一元拦截器。
- 流操作拦截：流拦截器并没有在事后进行 RPC 方法调用和后处理，而是拦截了用户在流上
  的操作。首先，拦截器调用传入的 streamer 以获取 ClientStream，然后包装 ClientStream 并
  用拦截逻辑重载其方法。最后，拦截器将包装好的 ClientStream 返回给用户进行操作。

请使用 WithStreamInterceptor 的 DialOption 配置 Dial 为 ClientConn 安装流拦截器。

服务端拦截器

服务器端拦截器与客户端拦截器类似，但提供的信息略有不同。UnaryServerInterceptor 是服务端
的一元拦截器类型，它的函数签名是

```
func(ctx context.Context, req interface{}, info *UnaryServerInfo, handler
UnaryHandler) (resp interface{}, err error)
```

服务端一元拦截器具体实现细节和客户端拦截器类似。请使用 UnaryInterceptor 的 ServerOption
配置 NewServer 为服务端安装一元拦截器。

StreamServerInterceptor 是服务端流式拦截器的类型，它的签名如下。

```
func(srv interface{}, ss ServerStream, info *StreamServerInfo, handler
StreamHandler) error
```

实现细节类似于客户端流拦截器部分。请使用 StreamInterceptor 的 ServerOption 配置 NewServer 为服务端安装流拦截器。

拦截器示例

下面将演示一个完整的拦截器示例，为一元 RPC 和流式 RPC 服务添加上拦截器。

首先定义一个名为 valid 的校验函数，这个校验函数实现了简单的 token 校验。

```
// valid 校验认证信息
func valid(authorization []string) bool {
    if len(authorization) < 1 {
        return false
    }
    token := strings.TrimPrefix(authorization[0], "Bearer ")
    // 执行 token 认证的逻辑
    // 为了演示方便，简单判断 token 是否与"some-secret-token"相等
    return token == "some-secret-token"
}
```

1. 客户端拦截器定义

在这个示例中，客户端的拦截器负责将认证 token 添加到 RPC 请求的元数据中，确保此次 RPC 请求能够通过服务端的 token 认证。下面的代码是客户端一元拦截器使用示例，客户端在每次请求发出之前通过拦截器在元数据中添加 token。

```
// unaryInterceptor 客户端一元拦截器
func unaryInterceptor(ctx context.Context, method string, req, reply interface{},
cc *grpc.ClientConn, invoker grpc.UnaryInvoker, opts ...grpc.CallOption) error {
    var credsConfigured bool
    for _, o := range opts {
        _, ok := o.(grpc.PerRPCCredsCallOption)
        if ok {
            credsConfigured = true
            break
        }
    }
    if !credsConfigured {
        opts = append(opts,
grpc.PerRPCCredentials(oauth.NewOauthAccess(&oauth2.Token{
            AccessToken: "some-secret-token",
        })))
    }
    start := time.Now()
    err := invoker(ctx, method, req, reply, cc, opts...)
```

```
    end := time.Now()
    fmt.Printf("RPC: %s, start time: %s, end time: %s, err: %v\n", method,
start.Format("Basic"), end.Format(time.RFC3339), err)
    return err
}
```

其中，grpc.PerRPCCredentials() 函数指明每个 RPC 请求使用的凭据，它接收一个 credentials.PerRPCCredentials 接口类型的参数。credentials.PerRPCCredentials 接口的定义如下。

```
type PerRPCCredentials interface {
    // GetRequestMetadata 获取当前请求的元数据，如果需要则会设置 token
    // 在每个请求上调用该方法，数据会被填充到 headers 或其他 context
    GetRequestMetadata(ctx context.Context, uri ...string) (map[string]string,
error)
    // RequireTransportSecurity 指示该 Credentials 的传输是否需要 TLS 加密
    RequireTransportSecurity() bool
}
```

示例代码中使用的 oauth.NewOauthAccess() 是内置 oauth 包提供的函数，用来返回包含给定 token 的 PerRPCCredentials。

```
func NewOauthAccess(token *oauth2.Token) credentials.PerRPCCredentials {
    return oauthAccess{token: *token}
}
func (oa oauthAccess) GetRequestMetadata(ctx context.Context, uri ...string)
(map[string]string, error) {
    ri, _ := credentials.RequestInfoFromContext(ctx)
    if err := credentials.CheckSecurityLevel(ri.AuthInfo,
credentials.PrivacyAndIntegrity); err != nil {
        return nil, fmt.Errorf("unable to transfer oauthAccess
PerRPCCredentials: %v", err)
    }
    return map[string]string{
        "authorization": oa.token.Type() + " " + oa.token.AccessToken,
    }, nil
}
func (oa oauthAccess) RequireTransportSecurity() bool {
    return true
}
```

下面是一个流式 RPC 拦截器示例，客户端必须在请求的元信息中携带 authorization token，否则服务端会返回 invalid token 错误。

首先，自定义一个 ClientStream 类型。

```
type wrappedStream struct {
    grpc.ClientStream
}
```

wrappedStream 重写 grpc.ClientStream 接口的 RecvMsg 和 SendMsg 方法。

```go
func (w *wrappedStream) RecvMsg(m interface{}) error {
    logger("Receive a message (Type: %T) at %v", m,
time.Now().Format(time.RFC3339))
    return w.ClientStream.RecvMsg(m)
}
func (w *wrappedStream) SendMsg(m interface{}) error {
    logger("Send a message (Type: %T) at %v", m, time.Now().Format(time.RFC3339))
    return w.ClientStream.SendMsg(m)
}
func newWrappedStream(s grpc.ClientStream) grpc.ClientStream {
    return &wrappedStream{s}
}
```

这里的 wrappedStream 嵌入了 grpc.ClientStream 接口类型，然后重新实现了 grpc.ClientStream 接口的方法。

下面定义一个流式拦截器，返回上面定义的 wrappedStream。

```go
// streamInterceptor 客户端流式拦截器
func streamInterceptor(ctx context.Context, desc *grpc.StreamDesc, cc
*grpc.ClientConn, method string, streamer grpc.Streamer, opts ...grpc.CallOption)
(grpc.ClientStream, error) {
    var credsConfigured bool
    for _, o := range opts {
        _, ok := o.(*grpc.PerRPCCredsCallOption)
        if ok {
            credsConfigured = true
            break
        }
    }
    if !credsConfigured {
        opts = append(opts,
grpc.PerRPCCredentials(oauth.NewOauthAccess(&oauth2.Token{
            AccessToken: "some-secret-token",
        })))
    }
    s, err := streamer(ctx, desc, cc, method, opts...)
    if err != nil {
        return nil, err
    }
    return newWrappedStream(s), nil
}
```

2. 服务端拦截器定义

在这个示例中，服务端拦截器需要对来自客户端的 RPC 请求进行 token 认证，具体逻辑是从 RPC

请求中的元数据中获取认证 token，传入之前定义的 valid 函数进行校验，没有通过 token 校验的请求会收到 invalid token 错误。

服务端定义一个一元拦截器，校验从请求元数据中获取的 authorization。

```go
// unaryInterceptor 服务端一元拦截器
func unaryInterceptor(ctx context.Context, req interface{}, info
*grpc.UnaryServerInfo, handler grpc.UnaryHandler) (interface{}, error) {
    md, ok := metadata.FromIncomingContext(ctx)
    if !ok {
        return nil, status.Errorf(codes.InvalidArgument, "missing metadata")
    }
    if !valid(md["authorization"]) {
        return nil, status.Errorf(codes.Unauthenticated, "invalid token")
    }
    m, err := handler(ctx, req)
    if err != nil {
        fmt.Printf("RPC failed with error %v\n", err)
    }
    return m, err
}
```

为流式 RPC 定义一个从元数据中获取认证信息的拦截器。

```go
// streamInterceptor 服务端流拦截器
func streamInterceptor(srv interface{}, ss grpc.ServerStream, info
*grpc.StreamServerInfo, handler grpc.StreamHandler) error {
    md, ok := metadata.FromIncomingContext(ss.Context())
    if !ok {
        return status.Errorf(codes.InvalidArgument, "missing metadata")
    }
    if !valid(md["authorization"]) {
        return status.Errorf(codes.Unauthenticated, "invalid token")
    }
    err := handler(srv, newWrappedStream(ss))
    if err != nil {
        fmt.Printf("RPC failed with error %v\n", err)
    }
    return err
}
```

客户端注册拦截器的代码如下。

```go
conn, err := grpc.Dial("127.0.0.1:8972",
    grpc.WithTransportCredentials(creds),
    grpc.WithUnaryInterceptor(unaryInterceptor),
    grpc.WithStreamInterceptor(streamInterceptor),
)
```

在服务端按以下方式注册拦截器。

```
s := grpc.NewServer(
    grpc.Creds(creds),
    grpc.UnaryInterceptor(unaryInterceptor),
    grpc.StreamInterceptor(streamInterceptor),
)
```

第 14 章
Go 语言最佳实践

本章学习目标

掌握本节列出的 Go 语言最佳实践。

本节列出了 Go 语言开发过程中的一些最佳实践案例，掌握这些"小技巧"通常能让你写出更简洁高效的代码。

14.1 error 接口和错误处理

Go 语言把错误当成特殊的值来处理，不支持其他语言中使用的 try、catch 捕获异常的方式。

Go 语言中使用一个名为 error 的接口来表示错误类型。

```
type error interface {
    Error() string
}
```

error 接口只包含一个方法——Error，这个方法需要返回一个描述错误信息的字符串。

当一个函数或方法需要返回错误时，我们通常把错误作为最后一个返回值。例如下面标准库 os 中打开文件的函数。

```
func Open(name string) (*File, error) {
    return OpenFile(name, O_RDONLY, 0)
}
```

由于 error 是一个接口类型，默认零值为 nil，所以我们通常将调用函数返回的错误与 nil 进行比较，以此来判断函数是否返回错误。例如下面的错误判断代码。

```
file, err := os.Open("./xx.go")
if err != nil {
    fmt.Println("打开文件失败,err:", err)
    return
}
```

> **注意**：当我们使用 fmt 包输出错误时，会自动调用 error 类型的 Error 方法，也就是输出错误的描述信息。

我们可以根据需求自定义 error 接口，最简单的方式是使用 errors 包提供的 New 函数创建一个错误。

errors.New

函数签名如下。

```
func New(text string) error
```

它接收一个字符串参数返回包含该字符串的错误，我们可以在函数返回时快速创建一个错误。

```
func queryById(id int64) (*Info, error) {
    if id <= 0 {
        return nil, errors.New("无效的 id")
    }
    ...
}
```

或者用来定义一个错误变量，例如标准库 io.EOF 错误定义如下。

```
var EOF = errors.New("EOF")
```

当我们需要传入格式化的错误描述信息时，使用 fmt.Errorf 是个更好的选择。

```
fmt.Errorf("查询数据库失败, err:%v", err)
```

但是上面的方式会丢失原有的错误类型，只能得到描述错误的文本信息。

为了不丢失函数调用的错误链，使用 fmt.Errorf 时搭配使用特殊的格式化动词%w 可以基于已有的错误再包装得到一个新的错误。

```
fmt.Errorf("查询数据库失败, err:%w", err)
```

wrap

对于这种二次包装的错误，errors 包中提供了以下三个方法。

```
func Unwrap(err error) error              // 获得 err 包含下一层错误
func Is(err, target error) bool           // 判断 err 是否包含 target
func As(err error, target interface{}) bool  // 判断 err 是否为 target 类型
```

此外还可以自己定义结构体类型，实现 error 接口。

```
// OpError 自定义结构体类型
type OpError struct {
    Op string
}
// Error OpError 类型实现error 接口
func (e *OpError) Error() string {
    return fmt.Sprintf("无权执行%s 操作", e.Op)
}
```

我们知道可以在代码中使用 recover 来会恢复程序中意想不到的 panic，而 panic 只会触发当前 goroutine 中的 defer 操作。

例如，在下面的代码中，无法在 main 函数中 recover 另一个 goroutine 中引发的 panic。

```
func f1() {
    defer func() {
        if e := recover(); e != nil {
            fmt.Printf("recover panic:%v\n", e)
        }
    }()
    // 开启一个 goroutine 执行任务
    go func() {
        fmt.Println("in goroutine....")
        // 只能触发当前 goroutine 中的 defer
        panic("panic in goroutine")
    }()
    time.Sleep(time.Second)
    fmt.Println("exit")
}
```

执行上面的 f1 函数会得到如下结果：

```
in goroutine....
panic: panic in goroutine
goroutine 6 [running]:
main.f1.func2()
        /Users/liwenzhou/workspace/github/the-road-to-learn-golang/ch12/
goroutine_recover.go:20 +0x65
    created by main.f1
        /Users/liwenzhou/workspace/github/the-road-to-learn-golang/ch12/
goroutine_recover.go:17 +0x48
Process finished with exit code 2
```

可以看出，程序并没有正常退出，而是由于 panic 异常退出了（exit code 2）。

正如上面示例演示的那样，在启用 goroutine 执行任务的场景中，如果希望 recover goroutine

的 panic，就需要在 goroutine 中使用 recover，例如下面代码中的 f2 函数。

```
func f2() {
    defer func() {
        if r := recover(); r != nil {
            fmt.Printf("recover outer panic:%v\n", r)
        }
    }()
    // 开启一个 goroutine 执行任务
    go func() {
        defer func() {
            if r := recover(); r != nil {
                fmt.Printf("recover inner panic:%v\n", r)
            }
        }()
        fmt.Println("in goroutine....")
        // 只能触发当前 goroutine 中的 defer
        panic("panic in goroutine")
    }()

    time.Sleep(time.Second)
    fmt.Println("exit")
}
```

执行 f2 函数会输出如下结果。

```
in goroutine....
recover inner panic:panic in goroutine
exit
```

程序中的 panic 被 recover 成功捕获，程序正常退出。

errgroup 包

在之前的并发示例中，我们通常在 go 关键字后调用一个函数或匿名函数，如下所示。

```
go func(){
...
}
go foo()
```

在并发的代码示例中，我们默认并发的函数不会返回错误，但真实情况往往事与愿违。

当我们想将一个任务拆分成多个子任务交给多个 goroutine 运行时，该如何获取子任务可能返回的错误呢？

下面的代码可以并发获取多个网址，如果在 HTTP GET 请求时出错了，那么如何在 goroutine 中返回错误呢？

```
// fetchUrlDemo 并发获取 url 内容
func fetchUrlDemo() {
    wg := sync.WaitGroup{}
    var urls = []string{
        "http://pkg.go.dev",
        "http://www.liwenzhou.com",
        "http://www.yixieqitawangzhi.com",
    }
    for _, url := range urls {
        wg.Add(1)
        go func(url string) {
            defer wg.Done()
            resp, err := http.Get(url)
            if err == nil {
                fmt.Printf("获取%s 成功\n", url)
                resp.Body.Close()
            }
            return
        }(url)
    }
    wg.Wait()
    // 如何获取 goroutine 中可能出现的错误
}
```

执行上述 fetchUrlDemo 函数得到如下输出结果，由于 http://www.yixieqitawangzhi.com 不是真实的 url，所以对它的 HTTP 请求会返回错误。

```
获取 http://pkg.go.dev 成功
获取 http://www.liwenzhou.com 成功
```

上面的示例代码开启了 3 个 goroutine 分别获取 3 个 url 的内容，这种将任务分为若干子任务的场景有很多，那么我们如何获取子任务中可能出现的错误呢？

errgroup 包就是为了解决这类问题而开发的，它能为因处理公共任务的子任务而开启的一组 goroutine 提供同步、error 传播和基于 context 的取消功能。

errgroup 包中定义了一个 Group 类型，它包含了若干不可导出的字段。

```
type Group struct {
    cancel func()
    wg sync.WaitGroup
    errOnce sync.Once
    err     error
}
```

errgroup.Group 提供了 Go 和 Wait 两个方法。

```
func (g *Group) Go(f func() error)
```

- Go 方法会在新的 goroutine 中调用传入的函数 f。
- 第一个返回非零错误的调用将取消该 Group。下面的 Wait 方法会返回该错误。

```
func (g *Group) Wait() error
```

- Wait 方法会阻塞至由上述 Go 方法调用的所有函数都返回，然后返回第一个非 nil 的错误（如果有）。

下面的示例代码演示了如何使用 errgroup 包来处理多个子任务 goroutine 中可能返回的 error。

```go
// fetchUrlDemo2 使用 errgroup 并发获取 url 内容
func fetchUrlDemo2() error {
    g := new(errgroup.Group) // 创建等待组（类似 sync.WaitGroup）
    var urls = []string{
        "http://pkg.go.dev",
        "http://www.liwenzhou.com",
        "http://www.yixieqitawangzhi.com",
    }
    for _, url := range urls {
        url := url // 注意此处声明新的变量
        // 启动一个 goroutine 获取 url 内容
        g.Go(func() error {
            resp, err := http.Get(url)
            if err == nil {
                fmt.Printf("获取%s 成功\n", url)
                resp.Body.Close()
            }
            return err // 返回错误
        })
    }
    if err := g.Wait(); err != nil {
        // 处理可能出现的错误
        fmt.Println(err)
        return err
    }
    fmt.Println("所有 goroutine 均成功")
    return nil
}
```

执行上面的 fetchUrlDemo2 函数会得到如下结果。

```
获取 http://pkg.go.dev 成功
获取 http://www.liwenzhou.com 成功
Get "http://www.yixieqitawangzhi.com": dial tcp: lookup
www.yixieqitawangzhi.com: no such host
```

当子任务的 goroutine 对 http://www.yixieqitawangzhi.com 发起 HTTP 请求时会返回一个错误，这个错误会由 errgroup.Group 的 Wait 方法返回。

通过下方 errgroup.Group 的 Go 源码可以看出，当任意函数 f 返回错误时，会通过 g.errOnce.Do 只记录第一个返回的错误，如果存在 cancel 方法，则会调用 cancel。

```go
func (g *Group) Go(f func() error) {
    g.wg.Add(1)
    go func() {
        defer g.wg.Done()

        if err := f(); err != nil {
            g.errOnce.Do(func() {
                g.err = err
                if g.cancel != nil {
                    g.cancel()
                }
            })
        }
    }()
}
```

那么如何创建带有 cancel 方法的 errgroup.Group 呢？答案是通过 errorgroup 包提供的 WithContext 函数。

```go
func WithContext(ctx context.Context) (*Group, context.Context)
```

WithContext 函数接收一个父 context，返回一个新的 Group 对象和一个关联的子 context 对象。下面是官方文档给出的示例。

```go
package main
import (
    "context"
    "crypto/md5"
    "fmt"
    "log"
    "os"
    "path/filepath"

    "golang.org/x/sync/errgroup"
)
func main() {
    m, err := MD5All(context.Background(), ".")
    if err != nil {
        log.Fatal(err)
    }
    for k, sum := range m {
        fmt.Printf("%s:\t%x\n", k, sum)
    }
}
```

```
    type result struct {
        path string
        sum  [md5.Size]byte
    }
    // MD5All 读取以 root 为根目录的所有文件，并计算每个文件的 MD5 值并返回一个 map
    // 如果目录遍历失败或者任何读取操作失败，则返回错误
    func MD5All(ctx context.Context, root string) (map[string][md5.Size]byte, error) {
        // 当 g.Wait() 返回时取消 ctx
        // 当 MD5All 返回时说明所有的 goroutines 都已经完成。
        g, ctx := errgroup.WithContext(ctx)
        paths := make(chan string)
        g.Go(func() error {
            return filepath.Walk(root, func(path string, info os.FileInfo, err error)
error {
                if err != nil {
                    return err
                }
                if !info.Mode().IsRegular() {
                    return nil
                }
                select {
                case paths <- path:
                case <-ctx.Done():
                    return ctx.Err()
                }
                return nil
            })
        })
        // 开启固定数量的 goroutine 读取文件内容并计算 MD5
        c := make(chan result)
        const numDigesters = 20
        for i := 0; i < numDigesters; i++ {
            g.Go(func() error {
                for path := range paths {
                    data, err := os.ReadFile(path)
                    if err != nil {
                        return err
                    }
                    select {
                    case c <- result{path, md5.Sum(data)}:
                    case <-ctx.Done():
                        return ctx.Err()
                    }
                }
                return nil
            })
```

```
    }
    go func() {
        g.Wait()
        close(c)
    }()
    m := make(map[string][md5.Size]byte)
    for r := range c {
        m[r.path] = r.sum
    }
    // 检查是否有 goroutine 出错
    if err := g.Wait(); err != nil {
        return nil, err
    }
    return m, nil
}
```

Go 语言通过定义接口类型的方式实现代码的解耦，有时我们需要在程序编译阶段验证某一结构体是否满足接口类型。

```
type I interface{ ... }
type S struct { ... }
var _ I = (*S)(nil)
```

通过在代码中添加诸如 var _ I = (*S)(nil)的语句，能够在程序的编译阶段检测结构体是否符合接口类型。

14.2　在 select 语句中实现优先级

Go 语言的 select 语句用于监控并选择一组 case 语句执行相应的代码，它看起来类似于 switch 语句，不同的是，select 语句所有 case 的表达式都必须是 channel 的发送或接收操作。一个典型的 select 使用示例如下。

```
select {
case <-ch1:
    fmt.Println("liwenzhou.com")
case ch2 <- 1:
    fmt.Println("q1mi")
}
```

Go 语言的 select 语句也能让当前 goroutine 同时等待 ch1 的可读和 ch2 的可写，在 ch1 和 ch2 状态改变之前，select 语句会一直阻塞下去，直到其中的一个 channel 转为就绪状态才执行对应 case 分支的代码。如果多个 channel 同时就绪，则随机选择一个 case 执行。

接下来介绍一些 select 的特殊示例。

空 select 内部不包含任何 case。例如：

```
select{
}
```

空 select 语句会直接阻塞当前的 goroutine，使该 goroutine 进入无法被唤醒的永久休眠状态。

如果 select 语句中只包含一个 case，那么该 select 就变成了阻塞的 channel 读/写操作。

```
select {
case <-ch1:
    fmt.Println("liwenzhou.com")
}
```

上面代码的 ch1 可读时会执行输出操作，否则会阻塞。

当其他 case 都不满足时，可以用包含 default 语句的 select 执行一些默认操作。

```
select {
case <-ch1:
    fmt.Println("liwenzhou.com")
default:
    time.Sleep(time.Second)
}
```

当 ch1 可读时，上面的代码会执行输出操作，否则就执行 default 语句中的代码，这里相当于做了一个非阻塞的 channel 读取操作。

当 select 语句存在多个 case 时会随机选择一个满足条件的 case 执行。如果函数持续从 ch1 和 ch2 中分别接收任务 1 和任务 2，那么如何确保当 ch1 和 ch2 同时达到就绪状态时优先执行任务 1，在没有任务 1 的时候再去执行任务 2 呢？

有些读者可能会给出如下代码。

```
func worker(ch1, ch2 <-chan int, stopCh chan struct{}) {
    for {
        select {
        case <-stopCh:
            return
        case job1 := <-ch1:
            fmt.Println(job1)
        default:
            select {
            case job2 := <-ch2:
                fmt.Println(job2)
            default:
            }
        }
    }
```

```
    }
```

上面的代码通过嵌套两个 select 语句实现了"优先级"，看起来是满足题目要求的。但如果 ch1 和 ch2 都没有达到就绪状态，整个程序就会进入死循环。

我们给出另一个解决方案。

```
func worker2(ch1, ch2 <-chan int, stopCh chan struct{}) {
    for {
        select {
        case <-stopCh:
            return
        case job1 := <-ch1:
            fmt.Println(job1)
        case job2 := <-ch2:
        priority:
            for {
                select {
                case job1 := <-ch1:
                    fmt.Println(job1)
                default:
                    break priority
                }
            }
            fmt.Println(job2)
        }
    }
}
```

上面的代码不仅使用了嵌套的 select 语句, 还组合使用了 for 循环和 LABEL 来实现题目的要求。在外层 select 中执行 job2 := <-ch2 时，进入内层 select 循环继续尝试执行 job1 := <-ch1。如果 ch1 就绪则一直执行，否则跳出内层 select 语句。

在 select 语句中实现优先级是有实际应用场景的，例如 K8s 的 controller 中就有关于上面这个技巧的实际使用示例，以下代码的关键处都已添加了注释，具体逻辑这里不再赘述。

```
// kubernetes/pkg/controller/nodelifecycle/scheduler/taint_manager.go
func (tc *NoExecuteTaintManager) worker(worker int, done func(), stopCh <-chan
struct{}) {
    defer done()
    // 当处理具体事件时，我们希望 Node 的更新操作优先于 Pod
    // NodeUpdates 与 NoExecuteTaintManager 无关，应该尽快处理
    // 我们不希望用户(或系统)在 PodUpdate 队列被耗尽后，才开始从受污染的 Node 中清除 Pod
    for {
        select {
        case <-stopCh:
            return
```

```
        case nodeUpdate := <-tc.nodeUpdateChannels[worker]:
            tc.handleNodeUpdate(nodeUpdate)
            tc.nodeUpdateQueue.Done(nodeUpdate)
        case podUpdate := <-tc.podUpdateChannels[worker]:
            // 如果发现 Pod 需要更新，那么需要先清空 Node 队列
        priority:
            for {
                select {
                case nodeUpdate := <-tc.nodeUpdateChannels[worker]:
                    tc.handleNodeUpdate(nodeUpdate)
                    tc.nodeUpdateQueue.Done(nodeUpdate)
                default:
                    break priority
                }
            }
            //Node 队列清空后再处理 podUpdate
            tc.handlePodUpdate(podUpdate)
            tc.podUpdateQueue.Done(podUpdate)
        }
    }
}
```

相比其他语言，Go 没有奇怪的语法糖和代码格式化，不会存在看不懂别人写的代码的情况。所以我们可以通过阅读优秀库的源代码，与巨人为伍、与高朋为伴，不断提升自己。

JSON 序列化与反序列化是非常常见的场景，本节将介绍 Go 对象与 JSON 字符串相互转换的常用技巧。

14.3 JSON 序列化技巧

JSON 序列化与反序列化是非常常见的场景，本节将介绍 Go 对象与 JSON 字符串相互转换的常用技巧。

基本序列化

首先来看一下 Go 语言中 json.Marshal()（系列化）与 json.Unmarshal（反序列化）的基本用法。

```
type Person struct {
    Name   string
    Age    int64
    Weight float64
}
func main() {
    p1 := Person{
        Name:  "七米",
```

```
        Age:    18,
        Weight: 71.5,
    }
    // struct -> json string
    b, err := json.Marshal(p1)
    if err != nil {
        fmt.Printf("json.Marshal failed, err:%v\n", err)
        return
    }
    fmt.Printf("str:%s\n", b)
    // json string -> struct
    var p2 Person
    err = json.Unmarshal(b, &p2)
    if err != nil {
        fmt.Printf("json.Unmarshal failed, err:%v\n", err)
        return
    }
    fmt.Printf("p2:%#v\n", p2)
}
```

输出如下。

```
str:{"Name":"七米","Age":18,"Weight":71.5}
p2:main.Person{Name:"七米", Age:18, Weight:71.5}
```

结构体 tag

tag 是结构体的元信息，可以在运行的时候通过反射的机制被读取出来。

tag 在结构体字段的后方定义由一对**反引号**（``）包裹起来，具体的格式如下。

```
`key1:"value1" key2:"value2"`
```

结构体 tag 由一个或多个键-值对组成。键与值使用**冒号**分隔，值用**双引号**括起来。

同一个结构体字段可以设置多个键-值对 tag，不同的键-值对之间使用**空格**分隔。

使用 tag 指定 JSON 字段名

在默认情况下，序列化与反序列化使用结构体的字段名，我们可以通过给结构体字段添加 tag 来指定 JSON 序列化生成的字段名。

```
// 使用 json tag 指定序列化与反序列化时的行为
type Person struct {
    Name    string `json:"name"` // 指定 JSON 序列化、反序列化时使用小写 name
    Age     int64
    Weight  float64
}
```

忽略某个字段

如果想在 JSON 序列化、反序列化时忽略结构体中的某个字段，那么可以按如下方式在 tag 中添加 -。

```go
// 使用 json tag 指定 JSON 序列化与反序列化时的行为
type Person struct {
    Name   string  `json:"name"` // 指定 JSON 序列化、反序列化时使用小写 name
    Age    int64
    Weight float64 `json:"-"` // 指定 JSON 序列化、反序列化时忽略此字段
}
```

忽略空值字段

当 struct 语句中的字段没有值时，json.Marshal()序列化不会忽略这些字段，而是默认输出字段的类型零值。例如，int 和 float 的类型零值是 0，string 的类型零值是""，对象的类型零值是 nil。如果需要在序列化时忽略这些没有值的字段，那么可以在对应字段添加 omitempty tag。例如：

```go
type User struct {
    Name  string   `json:"name"`
    Email string   `json:"email"`
    Hobby []string `json:"hobby"`
}
func omitemptyDemo() {
    u1 := User{
        Name: "七米",
    }
    // struct -> JSON string
    b, err := json.Marshal(u1)
    if err != nil {
        fmt.Printf("json.Marshal failed, err:%v\n", err)
        return
    }
    fmt.Printf("str:%s\n", b)
}
```

输出结果如下。

```
str:{"name":"七米","email":"","hobby":null}
```

如果需要在序列化结果中去掉空值字段，那么可以如下定义结构体。

```go
// 在 tag 中添加 omitempty 忽略空值
// 注意 hobby 与 omitempty 合起来是 json tag 值，中间用英文逗号分隔
type User struct {
    Name  string   `json:"name"`
    Email string   `json:"email,omitempty"`
    Hobby []string `json:"hobby,omitempty"`
```

```
}
```

执行上述 omitemptyDemo，输出结果如下。

```
str:{"name":"七米"} // 序列化结果中没有 email 和 hobby 字段
```

忽略嵌套结构体空值字段

首先来看几种结构体嵌套的示例。

```go
type User struct {
    Name  string   `json:"name"`
    Email string   `json:"email,omitempty"`
    Hobby []string `json:"hobby,omitempty"`
    Profile
}
type Profile struct {
    Website string `json:"site"`
    Slogan  string `json:"slogan"`
}
func nestedStructDemo() {
    u1 := User{
        Name: "七米",
        Hobby: []string{"足球", "双色球"},
    }
    b, err := json.Marshal(u1)
    if err != nil {
        fmt.Printf("json.Marshal failed, err:%v\n", err)
        return
    }
    fmt.Printf("str:%s\n", b)
}
```

匿名嵌套 Profile 时序列化后的 JSON 字符串为单层。

```
str:{"name":"七米","hobby":["足球","双色球"],"site":"","slogan":""}
```

改为具名嵌套或定义字段 tag，可以变成嵌套的 JSON 字符串。

```go
type User struct {
    Name    string   `json:"name"`
    Email   string   `json:"email,omitempty"`
    Hobby   []string `json:"hobby,omitempty"`
    Profile `json:"profile"`
}
// str:{"name":"七米","hobby":["足球","双色球"],"profile":{"site":"", "slogan":""}}
```

如果需要在嵌套的结构体为空值时忽略该字段，那么仅添加 omitempty 是不够的，

```go
type User struct {
    Name    string   `json:"name"`
```

```
    Email    string `json:"email,omitempty"`
    Hobby    []string `json:"hobby,omitempty"`
    Profile `json:"profile,omitempty"`
}
// str:{"name":"七米","hobby":["足球","双色球"],"profile":{"site":"", "slogan
":""}}
```

还需要使用嵌套的结构体指针。

```
type User struct {
    Name     string   `json:"name"`
    Email    string   `json:"email,omitempty"`
    Hobby    []string `json:"hobby,omitempty"`
    *Profile `json:"profile,omitempty"`
}
// str:{"name":"七米","hobby":["足球","双色球"]}
```

不修改原结构体，忽略空值字段

如果需要 JSON 序列化 User，但是不想把密码序列化，也不想修改 User 结构体，那么可以创建另一个结构体 PublicUser 匿名嵌套原 User，同时指定 Password 字段为匿名结构体指针类型，并添加 omitempty tag，示例代码如下。

```
type User struct {
    Name     string `json:"name"`
    Password string `json:"password"`
}
type PublicUser struct {
    *User                // 匿名嵌套
    Password *struct{} `json:"password,omitempty"`
}
func omitPasswordDemo() {
    u1 := User{
        Name:    "七米",
        Password: "123456",
    }
    b, err := json.Marshal(PublicUser{User: &u1})
    if err != nil {
        fmt.Printf("json.Marshal u1 failed, err:%v\n", err)
        return
    }
    fmt.Printf("str:%s\n", b)  // str:{"name":"七米"}
}
```

优雅处理字符串格式的数字

前端在传递来的 JSON 数据中可能使用字符串类型的数字，这时可以在结构体 tag 中添加 string，指定 JSON 反序列化时从字符串中解析相应字段的数据。

```go
type Card struct {
    ID    int64   `json:"id,string"`    // 添加 string tag
    Score float64 `json:"score,string"` // 添加 string tag
}
func intAndStringDemo() {
    jsonStr1 := `{"id": "1234567","score": "88.50"}`
    var c1 Card
    if err := json.Unmarshal([]byte(jsonStr1), &c1); err != nil {
        fmt.Printf("json.Unmarsha jsonStr1 failed, err:%v\n", err)
        return
    }
    fmt.Printf("c1:%#v\n", c1) // c1:main.Card{ID:1234567, Score:88.5}
}
```

整数变浮点数

JSON 协议中没有整型和浮点型之分，它们被统称为 number。JSON 字符串中的数字经过 Go 语言的 json 包反序列化后都会成为 float64 类型，如下所示。

```go
func jsonDemo() {
    // map[string]interface{} -> json string
    var m = make(map[string]interface{}, 1)
    m["count"] = 1 // int
    b, err := json.Marshal(m)
    if err != nil {
        fmt.Printf("marshal failed, err:%v\n", err)
    }
    fmt.Printf("str:%#v\n", string(b))
    // json string -> map[string]interface{}
    var m2 map[string]interface{}
    err = json.Unmarshal(b, &m2)
    if err != nil {
        fmt.Printf("unmarshal failed, err:%v\n", err)
        return
    }
    fmt.Printf("value:%v\n", m2["count"]) // 1
    fmt.Printf("type:%T\n", m2["count"])  // float64
}
```

在这种场景中，如果需要更合理地处理数字就需要使用 decoder 反序列化，代码如下。

```go
func decoderDemo() {
    // map[string]interface{} -> json string
    var m = make(map[string]interface{}, 1)
    m["count"] = 1 // int
    b, err := json.Marshal(m)
```

```
        if err != nil {
            fmt.Printf("marshal failed, err:%v\n", err)
        }
        fmt.Printf("str:%#v\n", string(b))
        // json string -> map[string]interface{}
        var m2 map[string]interface{}
        // 使用 decoder 反序列化，指定使用 number 类型
        decoder := json.NewDecoder(bytes.NewReader(b))
        decoder.UseNumber()
        err = decoder.Decode(&m2)
        if err != nil {
            fmt.Printf("unmarshal failed, err:%v\n", err)
            return
        }
        fmt.Printf("value:%v\n", m2["count"]) // 1
        fmt.Printf("type:%T\n", m2["count"])  // json.Number
        // 将 m2["count"]转换为 json.Number 后调用 Int64()方法获得 int64 类型的值
        count, err := m2["count"].(json.Number).Int64()
        if err != nil {
            fmt.Printf("parse to int64 failed, err:%v\n", err)
            return
        }
        fmt.Printf("type:%T\n", int(count)) // int
}
```

json.Number 的源码定义如下。

```
type Number string

func (n Number) String() string { return string(n) }

func (n Number) Float64() (float64, error) {
    return strconv.ParseFloat(string(n), 64)
}

func (n Number) Int64() (int64, error) {
    return strconv.ParseInt(string(n), 10, 64)
}
```

在处理 number 类型的 json 字段时需要先得到 json.Number 类型，然后根据该字段的实际类型调用 Float64()或 Int64()。

自定义解析时间字段

Go 语言内置的 json 包使用 RFC3339 标准中定义的时间格式，对序列化时间字段有很多限制。

```
type Post struct {
    CreateTime time.Time `json:"create_time"`
```

```
}
func timeFieldDemo() {
    p1 := Post{CreateTime: time.Now()}
    b, err := json.Marshal(p1)
    if err != nil {
        fmt.Printf("json.Marshal p1 failed, err:%v\n", err)
        return
    }
    fmt.Printf("str:%s\n", b)
    jsonStr := `{"create_time":"2020-04-05 12:25:42"}`
    var p2 Post
    if err := json.Unmarshal([]byte(jsonStr), &p2); err != nil {
        fmt.Printf("json.Unmarshal failed, err:%v\n", err)
        return
    }
    fmt.Printf("p2:%#v\n", p2)
}
```

上面的代码输出结果如下。

```
str:{"create_time":"2020-04-05T12:28:06.799214+08:00"}
json.Unmarshal failed, err:parsing time ""2020-04-05 12:25:42"" as
""2006-01-02T15:04:05Z07:00"": cannot parse " 12:25:42"" as "T"
```

内置的 json 包不识别常用的字符串时间格式，如 2020-04-05 12:25:42。我们可以通过实现 json.Marshaler/json.Unmarshaler 接口，进一步实现自定义的事件格式解析。

```
type CustomTime struct {
    time.Time
}
const ctLayout = "2006-01-02 15:04:05"
var nilTime = (time.Time{}).UnixNano()
func (ct *CustomTime) UnmarshalJSON(b []byte) (err error) {
    s := strings.Trim(string(b), "\"")
    if s == "null" {
        ct.Time = time.Time{}
        return
    }
    ct.Time, err = time.Parse(ctLayout, s)
    return
}
func (ct *CustomTime) MarshalJSON() ([]byte, error) {
    if ct.Time.UnixNano() == nilTime {
        return []byte("null"), nil
    }
    return []byte(fmt.Sprintf("\"%s\"", ct.Time.Format(ctLayout))), nil
}
func (ct *CustomTime) IsSet() bool {
```

```
    return ct.UnixNano() != nilTime
}
type Post struct {
    CreateTime CustomTime `json:"create_time"`
}
func timeFieldDemo() {
    p1 := Post{CreateTime: CustomTime{time.Now()}}
    b, err := json.Marshal(p1)
    if err != nil {
        fmt.Printf("json.Marshal p1 failed, err:%v\n", err)
        return
    }
    fmt.Printf("str:%s\n", b)
    jsonStr := `{"create_time":"2020-04-05 12:25:42"}`
    var p2 Post
    if err := json.Unmarshal([]byte(jsonStr), &p2); err != nil {
        fmt.Printf("json.Unmarshal failed, err:%v\n", err)
        return
    }
    fmt.Printf("p2:%#v\n", p2)
}
```

自定义 MarshalJSON 和 UnmarshalJSON 方法

上面的自定义类型的方法稍显啰唆，下面来看一种相对便捷的方法。

如果你为某个类型实现了 MarshalJSON()([]byte, error)和 UnmarshalJSON(b []byte) error 方法，那么这个类型在序列化（MarshalJSON）、反序列化（UnmarshalJSON）时就会使用定制的方法。

```
type Order struct {
    ID          int       `json:"id"`
    Title       string    `json:"title"`
    CreatedTime time.Time `json:"created_time"`
}
const layout = "2006-01-02 15:04:05"
// MarshalJSON 为 Order 类型实现自定义的 MarshalJSON 方法
func (o *Order) MarshalJSON() ([]byte, error) {
    type TempOrder Order // 定义与 Order 字段一致的新类型
    return json.Marshal(struct {
        CreatedTime string `json:"created_time"`
        *TempOrder            // 避免直接嵌套 Order 进入死循环
    }{
        CreatedTime: o.CreatedTime.Format(layout),
        TempOrder:   (*TempOrder)(o),
    })
}
// UnmarshalJSON 为 Order 类型实现自定义的 UnmarshalJSON 方法
```

```go
func (o *Order) UnmarshalJSON(data []byte) error {
    type TempOrder Order // 定义与 Order 字段一致的新类型
    ot := struct {
        CreatedTime string `json:"created_time"`
        *TempOrder              // 避免直接嵌套 Order 进入死循环
    }{
        TempOrder: (*TempOrder)(o),
    }
    if err := json.Unmarshal(data, &ot); err != nil {
        return err
    }
    var err error
    o.CreatedTime, err = time.Parse(layout, ot.CreatedTime)
    if err != nil {
        return err
    }
    return nil
}
// 自定义序列化方法
func customMethodDemo() {
    o1 := Order{
        ID:          123456,
        Title:       "《七米的 Go 学习笔记》",
        CreatedTime: time.Now(),
    }
    // 通过自定义的 MarshalJSON 方法实现 struct -> json string
    b, err := json.Marshal(&o1)
    if err != nil {
        fmt.Printf("json.Marshal o1 failed, err:%v\n", err)
        return
    }
    fmt.Printf("str:%s\n", b)
    // 通过自定义的 UnmarshalJSON 方法实现 json string -> struct
    jsonStr := `{"created_time":"2020-04-05 10:18:20","id":123456,"title":"《七
米的 Go 学习笔记》"}`
    var o2 Order
    if err := json.Unmarshal([]byte(jsonStr), &o2); err != nil {
        fmt.Printf("json.Unmarshal failed, err:%v\n", err)
        return
    }
    fmt.Printf("o2:%#v\n", o2)
}
```

输出结果如下。

```
str:{"created_time":"2020-04-05 10:32:20","id":123456,"title":"《七米的 Go 学习笔
记》"}
```

```
o2:main.Order{ID:123456, Title:"《七米的 Go 学习笔记》",
CreatedTime:time.Time{wall:0x0, ext:63721678700, loc:(*time.Location)(nil)}}
```

使用匿名结构体添加字段

使用内嵌结构体能够扩展结构体的字段，但有时没有必要单独定义结构体，可以使用匿名结构体简化操作。

```go
type UserInfo struct {
    ID   int    `json:"id"`
    Name string `json:"name"`
}
func anonymousStructDemo() {
    u1 := UserInfo{
        ID:   123456,
        Name: "七米",
    }
    // 使用匿名结构体内嵌 User 并添加额外字段 Token
    b, err := json.Marshal(struct {
        *UserInfo
        Token string `json:"token"`
    }{
        &u1,
        "91je3a4s72d1da96h",
    })
    if err != nil {
        fmt.Printf("json.Marsha failed, err:%v\n", err)
        return
    }
    fmt.Printf("str:%s\n", b)
    // str:{"id":123456,"name":"七米","token":"91je3a4s72d1da96h"}
}
```

使用匿名结构体组合多个结构体

同理，也可以使用匿名结构体组合多个结构体来序列化与反序列化数据。

```go
type Comment struct {
    Content string
}
type Image struct {
    Title string `json:"title"`
    URL   string `json:"url"`
}
func anonymousStructDemo2() {
    c1 := Comment{
        Content: "永远不要高估自己",
    }
```

```go
    i1 := Image{
        Title: "赞赏码",
        URL:   "https://www.liwenzhou.com/images/zanshang_qr.jpg",
    }
    // struct -> json string
    b, err := json.Marshal(struct {
        *Comment
        *Image
    }{&c1, &i1})
    if err != nil {
        fmt.Printf("json.Marshal failed, err:%v\n", err)
        return
    }
    fmt.Printf("str:%s\n", b)
    // json string -> struct
    jsonStr := `{"Content":"永远不要高估自己","title":"赞赏码",
"url":"https://www.liwenzhou.com/images/zanshang_qr.jpg"}`
    var (
        c2 Comment
        i2 Image
    )
    if err := json.Unmarshal([]byte(jsonStr), &struct {
        *Comment
        *Image
    }{&c2, &i2}); err != nil {
        fmt.Printf("json.Unmarshal failed, err:%v\n", err)
        return
    }
    fmt.Printf("c2:%#v i2:%#v\n", c2, i2)
}
```

输出结果如下。

```
str:{"Content":"永远不要高估自己","title":"赞赏码","url":"https://www.
liwenzhou.com/images/zanshang_qr.jpg"}
    c2:main.Comment{Content:"永远不要高估自己"} i2:main.Image{Title:"赞赏码",
URL:"https://www.liwenzhou.com/images/zanshang_qr.jpg"}
```

处理不确定层级的 JSON 字符串

如果 JSON 字符串没有固定的格式导致不好定义与其相对应的结构体，那么可以使用
json.RawMessage 将原始字节数据保存下来。

```go
type sendMsg struct {
    User string `json:"user"`
    Msg  string `json:"msg"`
}
func rawMessageDemo() {
```

```
jsonStr := `{"sendMsg":{"user":"q1mi","msg":"永远不要高估自己"},"say":
"Hello"}`
// 定义一个 map, value 类型为 json.RawMessage, 方便后续更灵活地处理
var data map[string]json.RawMessage
if err := json.Unmarshal([]byte(jsonStr), &data); err != nil {
    fmt.Printf("json.Unmarshal jsonStr failed, err:%v\n", err)
    return
}
var msg sendMsg
if err := json.Unmarshal(data["sendMsg"], &msg); err != nil {
    fmt.Printf("json.Unmarshal failed, err:%v\n", err)
    return
}
fmt.Printf("msg:%#v\n", msg)
// msg:main.sendMsg{User:"q1mi", Msg:"永远不要高估自己"}
}
```

序列化时不转义

json 包中的 encoder 可以通过 SetEscapeHTML 指定是否应该在 JSON 字符串中转义有问题的 HTML 字符。它默认将&、<和>转义为\u0026、\u003c 和\u003e，以避免在 HTML 中嵌入 JSON 时出现安全问题。

如果在非 HTML 场景中不想被转义，那么可以通过 SetEscapeHTML(false)禁用此行为。

例如，在有些业务场景中可能需要序列化带查询参数的 URL，我们并不希望转义&符号。

```
// URLInfo 一个包含 URL 字段的结构体
type URLInfo struct {
    URL string
    ...
}
// JSONEncodeDontEscapeHTML json 序列化时不转义 &, < 和 >
// & \u0026
// < \u003c
// > \u003e
func JSONEncodeDontEscapeHTML(data URLInfo) {
    b, err := json.Marshal(data)
    if err != nil {
        fmt.Printf("json.Marshal(data) failed, err:%v\n", err)
    }
    fmt.Printf("json.Marshal(data) result:%s\n", b)
    buf := bytes.Buffer{}
    encoder := json.NewEncoder(&buf)
    encoder.SetEscapeHTML(false) // 告知 encoder 不转义
    if err := encoder.Encode(data); err != nil {
        fmt.Printf("encoder.Encode(data) failed, err:%v\n", err)
```

```
    }
    fmt.Printf("encoder.Encode(data) result:%s\n", buf.String())
}
```

输出结果如下。

```
json.Marshal(data) result:{"URL":"https://liwenzhou.com?name=q1mi\
u0026age=18"}
encoder.Encode(data) result:{"URL":"https://liwenzhou.com?name=q1mi&age=18"}
```

14.4　结构体与 map 的格式转换

Go 语言通常使用结构体保存数据，例如，可能会定义如下结构体存储用户信息。

```
// UserInfo 用户信息
type UserInfo struct {
    Name string `json:"name"`
    Age  int    `json:"age"`
}
u1 := UserInfo{Name: "q1mi", Age: 18}
```

假设现在要将上面的 u1 转换成 map[string]interface{}，该如何操作呢？

14.4.1　结构体转 map[string]interface{}

将结构体转为 map[string]interface{}有以下几种方式。

JSON 序列化方式

这看似很简单：用 JSON 序列化 u1，再反序列化成 map 就可以了，代码如下。

```
func main() {
    u1 := UserInfo{Name: "q1mi", Age: 18}
    b, _ := json.Marshal(&u1)
    var m map[string]interface{}
    _ = json.Unmarshal(b, &m)
    for k, v := range m{
        fmt.Printf("key:%v value:%v\n", k, v)
    }
}
```

输出结果如下。

```
key:name value:q1mi
key:age value:18
```

看似没问题，但这里其实有一个"坑"：Go 语言中的 json 包在序列化存放数字类型（整型、浮点型等）的空接口时会将其序列化成 float64 类型。

也就是上例中 m["age"]的底层已经成为 float64，而不是 int 了。验证如下。

```go
func main() {
    u1 := UserInfo{Name: "q1mi", Age: 18}
    b, _ := json.Marshal(&u1)
    var m map[string]interface{}
    _ = json.Unmarshal(b, &m)
    for k, v := range m{
        fmt.Printf("key:%v value:%v value type:%T\n", k, v, v)
    }
}
```

输出结果如下。

```
key:name value:q1mi value type:string
key:age value:18 value type:float64
```

我们需要想办法规避这个问题。

反射

使用反射遍历结构体字段的方式生成 map，具体代码如下。

```go
// ToMap 结构体转为 Map[string]interface{}
func ToMap(in interface{}, tagName string) (map[string]interface{}, error){
    out := make(map[string]interface{})
    v := reflect.ValueOf(in)
    if v.Kind() == reflect.Ptr {
        v = v.Elem()
    }
    if v.Kind() != reflect.Struct {  // 非结构体返回错误提示
        return nil, fmt.Errorf("ToMap only accepts struct or struct pointer; got %T", v)
    }
    t := v.Type()
    // 遍历结构体字段
    // 指定 tagName 值为 map 中的 key, 字段值为 map 中的 value
    for i := 0; i < v.NumField(); i++ {
        fi := t.Field(i)
        if tagValue := fi.Tag.Get(tagName); tagValue != "" {
            out[tagValue] = v.Field(i).Interface()
        }
    }
    return out, nil
}
```

验证一下。

```go
m2, _ := ToMap(&u1, "json")
for k, v := range m2{
```

```
    fmt.Printf("key:%v value:%v value type:%T\n", k, v, v)
}
```

输出结果如下。

```
key:name value:q1mi value type:string
key:age value:18 value type:int
```

这一次 map["age"]的类型正确。

第三方库 structs

除了自己实现，也可以使用 Github 上现成的轮子，例如第三方库 https://github.com/fatih/structs，它使用的自定义结构体 tag 是 structs。

```
// UserInfo 用户信息
type UserInfo struct {
    Name string `json:"name" structs:"name"`
    Age  int    `json:"age" structs:"age"`
}
```

用法很简单，如下所示。

```
m3 := structs.Map(&u1)
for k, v := range m3 {
    fmt.Printf("key:%v value:%v value type:%T\n", k, v, v)
}
```

读者可以自行查询 structs 包的其他使用示例。

14.4.2　嵌套结构体转 map[string]interface{}

structs 支持嵌套结构体转 map[string]interface{}，遇到结构体嵌套时会转换为 map[string]interface{} 嵌套 map[string]interface{}的模式。

定义一组嵌套的结构体如下。

```
// UserInfo 用户信息
type UserInfo struct {
    Name string `json:"name" structs:"name"`
    Age  int    `json:"age" structs:"age"`
    Profile `json:"profile" structs:"profile"`
}

// Profile 配置信息
type Profile struct {
    Hobby string `json:"hobby" structs:"hobby"`
}
```

声明结构体变量 u1。

```
u1 := UserInfo{Name: "q1mi", Age: 18, Profile: Profile{"双色球"}}
```

第三方库 structs

代码如下。

```
m3 := structs.Map(&u1)
for k, v := range m3 {
    fmt.Printf("key:%v value:%v value type:%T\n", k, v, v)
}
```

输出结果如下。

```
key:name value:q1mi value type:string
key:age value:18 value type:int
key:profile value:map[hobby:双色球] value type:map[string]interface {}
```

从结果来看，最后的嵌套字段 profile 是 map[string]interface {}，属于 map 嵌套 map。

使用反射转换成单层 map

如果想把嵌套的结构体转换成单层 map，那么该怎么做呢？

把上面反射的代码稍微修改一下就可以了。

```go
// ToMap2 将结构体转为单层 map
func ToMap2(in interface{}, tag string) (map[string]interface{}, error) {
    // 当前函数只接收 struct 类型
    v := reflect.ValueOf(in)
    if v.Kind() == reflect.Ptr { // 结构体指针
        v = v.Elem()
    }
    if v.Kind() != reflect.Struct {
        return nil, fmt.Errorf("ToMap only accepts struct or struct pointer; got %T", v)
    }

    out := make(map[string]interface{})
    queue := make([]interface{}, 0, 1)
    queue = append(queue, in)

    for len(queue) > 0 {
        v := reflect.ValueOf(queue[0])
        if v.Kind() == reflect.Ptr { // 结构体指针
            v = v.Elem()
        }
        queue = queue[1:]
        t := v.Type()
        for i := 0; i < v.NumField(); i++ {
            vi := v.Field(i)
            if vi.Kind() == reflect.Ptr { // 内嵌指针
```

```
                        vi = vi.Elem()
                        if vi.Kind() == reflect.Struct { // 结构体
                            queue = append(queue, vi.Interface())
                        } else {
                            ti := t.Field(i)
                            if tagValue := ti.Tag.Get(tag); tagValue != "" {
                                // 存入 map
                                out[tagValue] = vi.Interface()
                            }
                        }
                        break
                    }
                    if vi.Kind() == reflect.Struct { // 内嵌结构体
                        queue = append(queue, vi.Interface())
                        break
                    }
                    // 一般字段
                    ti := t.Field(i)
                    if tagValue := ti.Tag.Get(tag); tagValue != "" {
                        // 存入 map
                        out[tagValue] = vi.Interface()
                    }
                }
            }
            return out, nil
    }
```

测试一下。

```
m4, _ := ToMap2(&u1, "json")
for k, v := range m4 {
    fmt.Printf("key:%v value:%v value type:%T\n", k, v, v)
}
```

输出结果如下。

```
key:name value:q1mi value type:string
key:age value:18 value type:int
key:hobby value:双色球 value type:string
```

注意： 在这种场景中，结构体和嵌套结构体的字段需要避免重复。

14.5　单例模式

在过去的几年中，Go 语言的发展是惊人的，吸引了很多由其他语言（如 Python、PHP、Ruby 等）转向 Go 语言的跨语言学习者。

在过去的很长时间里，很多开发人员和初创公司都习惯使用 Python、PHP 或 Ruby 快速开发功能强大的系统，并且在大多数情况下都不需要担心内部事务如何工作，也不需要担心线程安全性和并发性。直到最近几年，多线程高并发的系统开始流行，开发者不仅需要快速开发功能强大的系统，还要保证被开发的系统能够快速运行。

对于被 Go 语言天生支持并发的特性吸引来的跨语言学习者来说，最难的是突破既有的思维定式，真正理解并发并使用并发来解决实际问题。

Go 语言太容易实现并发了，以至于它在很多地方被不正确地使用，例如不考虑并发安全的单例模式。

```go
package singleton
type singleton struct {}
var instance *singleton
func GetInstance() *singleton {
    if instance == nil {
        instance = &singleton{}   // 不是并发安全的
    }
    return instance
}
```

在上述情况下，多个 goroutine 可以执行第一个检查，并且都创建该 singleton 类型的实例并相互覆盖，因此无法保证 GetInstance 函数将返回哪个实例。同时，该实例的进一步操作可能与开发人员的期望不一致。

如果有代码保留了对该单例实例的引用，则可能存在不同状态的该类型的多个实例，从而潜在不同代码行为。该错误很难被发现，是调试过程中的一个噩梦。因为在调试时，由于运行时暂停不会出现任何错误，所以非并发安全执行的可能性降到了最低，很容易隐藏代码中存在的问题。

有很多对并发安全问题的糟糕解决方案。例如，使用下面的代码通过加锁把对该函数的并发调用变成了串行，这样做确实能解决并发安全问题，但会带来其他严重的潜在问题。

```go
var mu Sync.Mutex
func GetInstance() *singleton {
    mu.Lock()                     // 如果实例存在则没有必要加锁
    defer mu.Unlock()
    if instance == nil {
        instance = &singleton{}
    }
    return instance
}
```

上面的代码在创建单例实例前通过引入 Sync.Mutex 和获取 Lock 来解决并发安全问题，执行了过多的锁定，在高并发的代码中，这可能成为性能瓶颈，因为一次只有一个 goroutine 可以获得单例实例。在实例已经创建的情况下，我们应该简单地返回缓存的单例实例。

Check-Lock-Check 模式

在 C ++和其他语言中，确保最小程度地锁定且并发安全的最佳方法是利用 Check-Lock-Check 模式获取锁定。该模式的伪代码如下。

```
if check() {
    lock() {
        if check() {
            // 在这里执行加锁安全的代码
        }
    }
}
```

该模式背后的思想是，首先进行检查，以最小化任何主动锁定，因为 if 语句的开销比加锁小。其次，我们希望等待并获取互斥锁，这样同一时刻在块中只有一个 goroutine 执行。由于在第一次检查和获取互斥锁之前，可能有其他 goroutine 获取了锁，所以需要在锁的内部再次进行检查，以避免用另一个实例覆盖当前实例。

将这种模式应用于 GetInstance()方法，可以写出下面的代码。

```
func GetInstance() *singleton {
    if instance == nil {    // 不太完美，因为这里不是完全原子的
        mu.Lock()
        defer mu.Unlock()
        if instance == nil {
            instance = &singleton{}
        }
    }
    return instance
}
```

使用 sync/atomic 包可以原子化加载并设置一个标志，该标志表示是否已初始化实例。

```
import "sync"
import "sync/atomic"
var initialized uint32
...
func GetInstance() *singleton {
    if atomic.LoadUInt32(&initialized) == 1 {  // 原子操作
            return instance
    }
    mu.Lock()
    defer mu.Unlock()
    if initialized == 0 {
        instance = &singleton{}
```

```
        atomic.StoreUint32(&initialized, 1)
    }
    return instance
}
```

这看起来有些烦琐，通过 Go 语言和标准库实现 goroutine 同步是更好的方案。

Go 语言惯用的单例模式

我们希望利用 Go 语言惯用的方式来实现这个单例模式，标准库 sync 的 Once 类型能保证某个操作执行且只执行一次。下面是来自 Go 标准库的源码（部分注释有删改）。

```
// Once 是只执行一个操作的对象
type Once struct {
    // done 表示该操作是否已执行
    done uint32
    m    Mutex
}
func (o *Once) Do(f func()) {
    if atomic.LoadUint32(&o.done) == 0 { // check
        // 允许内联
        o.doSlow(f)
    }
}
func (o *Once) doSlow(f func()) {
    o.m.Lock()                          // lock
    defer o.m.Unlock()
    if o.done == 0 {                    // check
        defer atomic.StoreUint32(&o.done, 1)
        f()
    }
}
```

我们可以借助它实现只执行一次某个函数或方法，once.Do()的用法如下。

```
once.Do(func() {
    // 在这里执行安全的初始化
})
```

下面就是单例实现的完整代码，该实现利用 sync.Once 类型同步对 GetInstance()的访问，并确保类型仅被初始化一次。

```
package singleton
import (
    "sync"
)
type singleton struct {}
var instance *singleton
```

```
var once sync.Once

func GetInstance() *singleton {
    once.Do(func() {
        instance = &singleton{}
    })
    return instance
}
```

使用 sync.Once 包是安全地实现此目标的首选方式，类似于 Objective-C 和 Swift（Cocoa）通过实现 dispatch_once 方法进行初始化。

当涉及并发和并行代码时，需要对代码进行更仔细的检查，始终让团队成员进行代码审查。

开发者必须真正了解并发安全性原理以更好地改进代码。在某些情况下，单纯依靠语言特性无能为力，你仍然需要在开发代码时应用最佳实践。

14.6　函数选项模式

函数选项模式（Functional Options Pattern）也被称为选项模式（Options Pattern），是一种创造性的设计模式，允许接受零个或多个函数作为参数的可变构造函数构建复杂结构。我们将这些函数称为选项，由此得名函数选项模式。

我们来看一段 go-micro/options.go 源码，思考 newOptions 函数如此实现的目的。

```
type Options struct {
    Broker    broker.Broker
    Cmd       cmd.Cmd
    Client    client.Client
    Server    server.Server
    Registry  registry.Registry
    Transport transport.Transport

    BeforeStart []func() error
    BeforeStop  []func() error
    AfterStart  []func() error
    AfterStop   []func() error

    Context context.Context
}

func newOptions(opts ...Option) Options {
    opt := Options{
        Broker:    broker.DefaultBroker,
        Cmd:       cmd.DefaultCmd,
```

```
        Client:    client.DefaultClient,
        Server:    server.DefaultServer,
        Registry:  registry.DefaultRegistry,
        Transport: transport.DefaultTransport,
        Context:   context.Background(),
    }

    for _, o := range opts {
        o(&opt)
    }

    return opt
}
```

newOptions 函数是通过 Go 语言常用的设计模式——**函数式选项模式**实现的。

我们把这种设计模式适用的场景简单提炼一下。假设现在需要定义一个包含多个配置项的结构体，具体定义如下。

```
// DoSomethingOption 定义了一些配置项
type DoSomethingOption struct {
    a string
    b int
    c bool
    ...
}
```

这个配置结构体中的字段可能有几个也可能有十几个，并且可能随着业务的发展不断增加。

现在需要为其编写一个构造函数，如下所示。

```
// NewDoSomethingOption 创建并返回一个 DoSomethingOption
func NewDoSomethingOption(a string, b int, c bool) *DoSomethingOption {
    return &DoSomethingOption{
        a: a,
        b: b,
        c: c,
    }
}
```

仔细想一下，这样一个构造函数在实际生产场景中不可避免会遇到一些问题。

- 如果 DoSomethingOption 有十几个字段，那么构造函数需要定义十几个参数吗？如何为某些配置项指定默认值？
- 随着业务发展，DoSomethingOption 会不断新增字段，我们的构造函数是否也需要同步变更？变更了构造函数是否又会影响既有代码？

可选参数

Go 语言中的函数不支持默认参数，可以使用可变长参数来实现。可变长参数的具体类型需要好好设计，必须满足以下条件。

- 不同的函数参数拥有相同的类型。
- 指定函数参数能为特定的配置项赋值。
- 支持扩展新的配置项。

定义一个名为 OptionFunc 的类型，它实际上是一个接收 *DoSomethingOption 作为参数并在函数内部修改其字段的函数。

```
type OptionFunc func(*DoSomethingOption)
```

接下来，为 DoSomethingOption 字段编写一系列 WithXxx 函数，其返回值是一个修改指定字段的闭包函数。

```
// WithB 将 DoSomethingOption 的 b 字段设置为指定值
func WithB(b int) OptionFunc {
    return func(o *DoSomethingOption) {
        o.b = b
    }
}

// WithC 将 DoSomethingOption 的 b 字段设置为指定值
func WithC(c bool) OptionFunc {
    return func(o *DoSomethingOption) {
        o.c = c
    }
}
```

> 注意：WithXxx 是函数选项模式中约定成俗的函数名称格式。

这样，构造函数就可以改写为如下方式了，除了必须传递 a 参数，其他的参数都是可选的。

```
func NewDoSomethingOption(a string, opts ...OptionFunc) *DoSomethingOption {
    o := &DoSomethingOption{a: a}
    for _, opt := range opts {
        opt(o)
    }
    return o
}
```

当只想传入 a 和 b 参数时，可以写成如下方式。

```
NewDoSomethingOption("q1mi", WithB(10))
```

默认值

使用函数选项模式可以方便地为某些字段设置默认值，例如，下面代码中的的默认值为 100。

```
const defaultValueB = 100
func NewDoSomethingOption(a string, opts ...OptionFunc) *DoSomethingOption {
    o := &DoSomethingOption{a: a; b: defaultValueB}  // 字段 b 使用默认值
    for _, opt := range opts {
        opt(o)
    }
    return o
}
```

至此，我们拥有了一个支持默认值和任意参数的构造函数，为 DoSomethingOption 添加新的字段时不会影响之前的代码，只需为新字段编写对应的 With 函数。

接口类型版本

在有些场景中，我们不想暴露具体的配置结构体，而仅对外提供一个功能函数。这时可以将对应的结构体定义为小写字母开头，限制其只在包内部使用。

```
// doSomethingOption 定义一个内部使用的配置项结构体
// 类型名称及字段的首字母小写（包内私有）
type doSomethingOption struct {
    a string
    b int
    c bool
    ...
}
```

同样是使用函数选项模式，这一次我们使用接口类型来"隐藏"内部逻辑。

```
// IOption 定义一个接口类型
type IOption interface {
    apply(*doSomethingOption)
}
// funcOption 定义 funcOption 类型，实现 IOption 接口
type funcOption struct {
    f func(*doSomethingOption)
}
func (fo funcOption) apply(o *doSomethingOption) {
    fo.f(o)
}
func newFuncOption(f func(*doSomethingOption)) IOption {
    return &funcOption{
        f: f,
    }
}
```

```go
// WithB 将 b 字段设置为指定值的函数
func WithB(b int) IOption {
    return newFuncOption(func(o *doSomethingOption) {
        o.b = b
    })
}
// DoSomething 包对外提供的函数
func DoSomething(a string, opts ...IOption) {
    o := &doSomethingOption{a: a}
    for _, opt := range opts {
        opt.apply(o)
    }
    // 在包内部基于 o 实现逻辑
    fmt.Printf("o:%#v\n", o)
}
```

如此，我们只需对外提供一个 DoSomething 的功能函数和一系列 WithXxx 函数。调用方使用起来也很方便。

```go
DoSomething("q1mi")
DoSomething("q1mi", WithB(100))
```

grpc-go 也采用了类似的实现方式，读者可以自行查阅相关源码，理解使用函数选项模式的妙处。

14.7　部署 Go 语言项目

本节将介绍部署 Go 语言项目常用的几种方式。

独立部署

Go 语言支持跨平台交叉编译，可以在 Windows 或 macOS 操作系统下编写代码，并且将代码编译成能够在 Linux amd64 服务器上运行的程序。

对于简单的项目，只需将编译后的二进制文件复制到服务器，并将其设置为后台守护进程运行。

可以通过以下命令或编写 makefile 进行编译。

```
CGO_ENABLED=0 GOOS=linux GOARCH=amd64 go build -o ./bin/bluebell
```

如果编译后的二进制文件太大，那么可以在编译的时候加上 -ldflags "-s -w" 参数去掉符号表和调试信息，一般能减小 20% 左右。

将本地编译好的 bluebell 二进制文件、配置文件和静态文件等上传到服务器的 /data/app/bluebell 目录下。

```
CGO_ENABLED=0 GOOS=linux GOARCH=amd64 go build -ldflags "-s -w" -o ./bin/bluebell
```

如果文件还是大，那么可以继续使用 upx 工具压缩二进制可执行文件。

编译好 bluebell 项目后，相关必要文件的目录结构如下。

```
├── bin
│   └── bluebell
├── conf
│   └── config.yaml
├── static
│   ├── css
│   │   └── app.0afe9dae.css
│   ├── favicon.ico
│   ├── img
│   │   ├── avatar.7b0a9835.png
│   │   ├── iconfont.cdbe38a0.svg
│   │   ├── logo.da56125f.png
│   │   └── search.8e85063d.png
│   └── js
│       ├── app.9f3efa6d.js
│       ├── app.9f3efa6d.js.map
│       ├── chunk-vendors.57f9e9d6.js
│       └── chunk-vendors.57f9e9d6.js.map
└── templates
    └── index.html
```

使用 nohup 部署

nohup 用于在系统后台**不挂断**地执行命令，不挂断指退出的终端不会影响程序运行。

可以使用 nohup 命令来运行应用程序，使其作为后台守护进程运行。主流的 Linux 版本都会默认安装 nohup 命令工具，可以直接输入以下命令来启动项目。

```
sudo nohup ./bin/bluebell conf/config.yaml > nohup_bluebell.log 2>&1 &
```

其中，./bluebell conf/config.yaml 是应用程序的启动命令；nohup ... &表示在后台不挂断地执行上述应用程序的启动命令；> nohup_bluebell.log 表示将命令的标准输出重定向到 nohup_bluebell.log 文件；2>&1 表示将标准错误输出也重定向到标准输出中，结合上一条就是把执行命令的输出都定向到 nohup_bluebell.log 文件中。

上面的命令执行后会返回进程 id。

```
[1] 6338
```

也可以通过以下命令查看 bluebell 相关活动进程。

```
ps -ef | grep bluebell
```

输出结果如下。

```
root      6338  4048  0 08:43 pts/0    00:00:00 ./bin/bluebell conf/config.yaml
root      6376  4048  0 08:43 pts/0    00:00:00 grep --color=auto bluebell
```

此时就可以打开浏览器输入 IP 地址和端口查看应用程序的展示效果了，如图 14-1 所示。

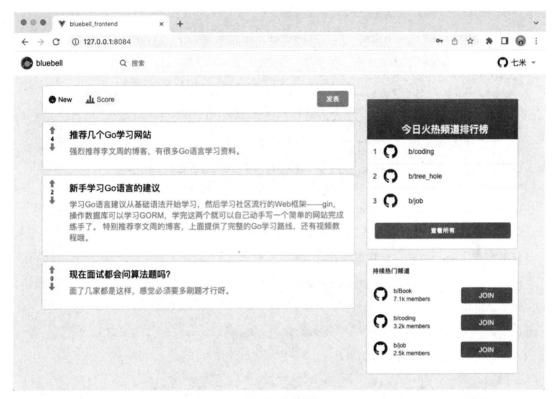

图 14-1

使用 Supervisor 部署

Supervisor 是业界流行的通用的进程管理程序，能将普通的命令行进程变为后台守护进程，并监控该进程的运行状态，当该进程异常退出时能将其自动重启。

首先使用 yum 安装 Supervisor。如果你还没有安装过 EPEL，那么可以通过运行下面的命令来完成安装，如果已安装则跳过此步骤。

```
sudo yum install epel-release
```

安装 Supervisor。

```
sudo yum install supervisor
```

Supervisor 的配置文件为 /etc/supervisord.conf，Supervisor 所管理的应用的配置文件在 /etc/supervisord.d/ 目录中，这个目录可以在 supervisord.conf 中的 include 配置。

```
[include]
files = /etc/supervisord.d/*.conf
```

启动 Supervisor 服务。

```
sudo supervisord -c /etc/supervisord.conf
```

在/etc/supervisord.d 目录下创建一个名为 bluebell.conf 的配置文件，具体内容如下。

```
[program:bluebell];程序名称
user=root;执行程序的用户
command=/data/app/bluebell/bin/bluebell /data/app/bluebell/conf/config.yaml;
directory=/data/app/bluebell/;执行命令的目录
stopsignal=TERM;重启时发送的信号
autostart=true
autorestart=true;是否自动重启
stdout_logfile=/var/log/bluebell-stdout.log;标准输出日志位置
stderr_logfile=/var/log/bluebell-stderr.log;标准错误日志位置
```

创建好配置文件后，重启 Supervisor 服务。

```
sudo supervisorctl update # 更新配置文件并重启相关的程序
```

接下来查看 bluebell 的运行状态。

```
sudo supervisorctl status bluebell
```

输出结果如下。

```
bluebell                      RUNNING   pid 10918, uptime 0:05:46
```

补充常用的 Supervisr 管理命令如下。

```
supervisorctl status         # 查看所有任务状态
supervisorctl shutdown       # 关闭所有任务
supervisorctl start 程序名    # 启动任务
supervisorctl stop 程序名     # 关闭任务
supervisorctl reload         # 重启 supervisor
```

最后，打开浏览器查看网站是否正常。

搭配 Nginx 部署

在需要静态文件分离、配置多个域名及证书，以及自建负载均衡层等稍复杂的场景中，一般需要搭配第三方的 Web 服务器（例如 Nginx、Apache）来部署程序。Nginx 是目前常用的 Web 服务器和反向代理服务器。

正向代理可以简单理解为客户端的代理，如图 14-2 所示。

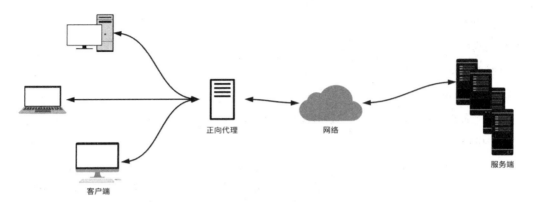

图 14-2

反向代理可以简单理解为服务器的代理，图 14-3 所示的 Nginx 和 Apache 就属于反向代理。

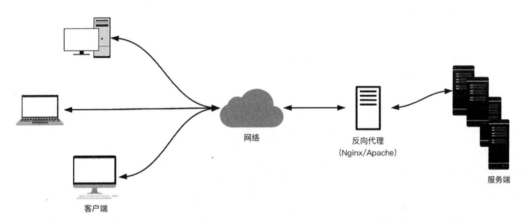

图 14-3

　　Nginx 是免费的、开源的、高性能的 HTTP 和反向代理服务，主要负责负载一些访问量比较大的站点。Nginx 可以作为独立的 Web 服务，也可以用来为 Apache 或是其他的 Web 服务做反向代理。相比于 Apache，Nginx 可以处理更多的并发连接，而且每个连接的内存占用都非常小。

EPEL 仓库中有 Nginx 的安装包，可以通过运行下面的命令进行安装。

```
sudo yum install epel-release
```

安装 Nginx。

```
sudo yum install nginx
```

安装完成后，执行下面的命令将 Nginx 设置为开机启动。

```
sudo systemctl enable nginx
```

启动 Nginx。

```
sudo systemctl start nginx
```

查看 Nginx 运行状态。

```
sudo systemctl status nginx
```

通过上面的方法安装 Nginx 后，所有配置文件都在 /etc/nginx/ 目录中。Nginx 的主配置文件是 /etc/nginx/nginx.conf。

还有一个 nginx.conf.default 默认的配置文件后面是方法，可以作为参考，为多个服务创建不同的配置文件（建议为每个服务（域名）创建一个单独的配置文件），每个独立的 Nginx 服务配置文件都必须以 .conf 结尾，并存储在 /etc/nginx/conf.d 目录中。

补充几个 Nginx 常用命令。

```
nginx -s stop      # 停止 Nginx 服务
nginx -s reload    # 重新加载配置文件
nginx -s quit      # 平滑停止 Nginx 服务
nginx -t           # 测试配置文件是否正确
```

Nginx 反向代理部署

推荐使用 Nginx 作为反向代理来部署程序，按照下面的代码修改 Nginx 的配置文件。

```
worker_processes  1;
events {
    worker_connections  1024;
}
http {
    include       mime.types;
    default_type  application/octet-stream;
    sendfile        on;
    keepalive_timeout 65;
    server {
        listen        80;
        server_name  localhost;
        access_log   /var/log/bluebell-access.log;
        error_log    /var/log/bluebell-error.log;
        location / {
            proxy_pass            http://127.0.0.1:8084;
            proxy_redirect        off;
            proxy_set_header      Host            $host;
            proxy_set_header      X-Real-IP       $remote_addr;
            proxy_set_header      X-Forwarded-For $proxy_add_x_forwarded_for;
        }
    }
}
```

执行下面的命令检查配置文件语法。

```
nginx -t
```

执行下面的命令重新加载配置文件。

```
nginx -s reload
```

接下来，打开浏览器查看网站是否正常。

还可以使用 Nginx 的 upstream 配置添加多个服务器地址实现负载均衡。

```
worker_processes  1;
events {
    worker_connections  1024;
}
http {
    include       mime.types;
    default_type  application/octet-stream;
    sendfile        on;
    keepalive_timeout  65;
    upstream backend {
      server 127.0.0.1:8084;
      # 这里需要填真实可用的地址，默认轮询
      #server backend1.example.com;
      #server backend2.example.com;
    }
    server {
       listen        80;
       server_name  localhost;
       access_log   /var/log/bluebell-access.log;
       error_log    /var/log/bluebell-error.log;
       location / {
          proxy_pass                http://backend/;
          proxy_redirect            off;
          proxy_set_header          Host              $host;
          proxy_set_header          X-Real-IP          $remote_addr;
          proxy_set_header          X-Forwarded-For  $proxy_add_x_forwarded_for;
       }
    }
}
```

上面的配置将 Nginx 作为反向代理处理所有的请求，并转发给 Go 程序处理。其实我们还可以直接使用 Nginx 处理静态文件的部分请求，将接口类的动态处理请求转发给后端的 Go 程序处理。

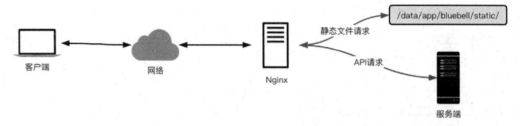

图 14-4

继续修改 Nginx 的配置文件来实现上述功能。

```
worker_processes 1;
events {
    worker_connections 1024;
}
http {
    include       mime.types;
    default_type  application/octet-stream;
    sendfile        on;
    keepalive_timeout  65;
    server {
        listen        80;
        server_name  bluebell;
        access_log  /var/log/bluebell-access.log;
        error_log   /var/log/bluebell-error.log;
        # 静态文件请求
        location ~ .*\.(gif|jpg|jpeg|png|js|css|eot|ttf|woff|svg|otf)$ {
            access_log off;
            expires    1d;
            root       /data/app/bluebell;
        }
        # index.html 页面请求
        # 因为是单页面应用, 这里使用 try_files 处理一下, 避免刷新页面时出现 404 问题
        location / {
            root /data/app/bluebell/templates;
            index index.html;
            try_files $uri $uri/ /index.html;
        }
        # API 请求
        location /api {
            proxy_pass              http://127.0.0.1:8084;
            proxy_redirect          off;
            proxy_set_header        Host            $host;
            proxy_set_header        X-Real-IP       $remote_addr;
            proxy_set_header        X-Forwarded-For $proxy_add_x_forwarded_for;
        }
```

```
    }
}
```

前后端分开部署

前后端代码没必要部署到相同的服务器上，可以分开部署到不同的服务器上，图 11-5 是前端服务将 API 请求转发至后端服务的方案。

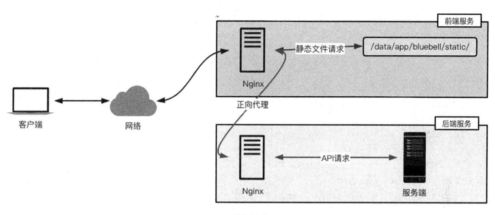

图 11-5

在上面的部署方案中，所有浏览器的请求都直接访问前端服务。浏览器直接访问后端 API 服务的部署模式如图 11-6 所示，此时前端和后端通常不在同一个域中，还需要在后端代码中添加跨域支持。

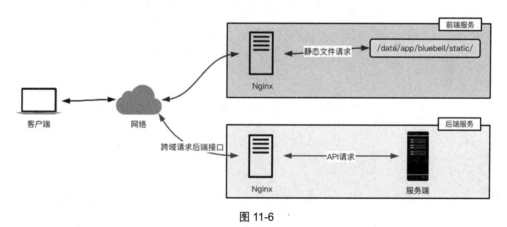

图 11-6

这里使用 github.com/gin-contrib/cors 库来支持跨域请求。

最简单的允许跨域的配置是使用 cors.Default()，它默认允许所有跨域请求。

```
func main() {
    router := gin.Default()
```

```
    // 和 cors.Default()效果一样
    // config := cors.DefaultConfig()
    // config.AllowAllOrigins = true
    // router.Use(cors.New(config))
    router.Use(cors.Default())
    router.Run()
}
```

此外，还可以使用 cors.Config 自定义具体的跨域请求配置项。

```
package main
import (
    "time"
    "github.com/gin-contrib/cors"
    "github.com/gin-gonic/gin"
)
func main() {
    router := gin.Default()
    // CORS 针对 https://foo.com 和 https://github.com 两个请求源，允许 PUT and
// PATCH 方法、Origin header、凭证共享、预检请求缓存 12h
    router.Use(cors.New(cors.Config{
        AllowOrigins:     []string{"https://foo.com"},
        AllowMethods:     []string{"PUT", "PATCH"},
        AllowHeaders:     []string{"Origin"},
        ExposeHeaders:    []string{"Content-Length"},
        AllowCredentials: true,
        AllowOriginFunc: func(origin string) bool {
            return origin == "https://github.com"
        },
        MaxAge: 12 * time.Hour,
    }))
    router.Run()
}
```

上文提及的 bluebell 是笔者开发的 Go Web 项目，源码在 https://github.com/Q1mi/bluebell。